建设行业专业技术管理人员继续教育培训教材

建设工程施工组织设计方法与实例

JIANSHE GONGCHENG SHIGONG ZUZHI

SHEJI FANGFA YU SHILI

丛培经　张义昆◎编著

中国电力出版社
CHINA ELECTRIC POWER PRESS

内 容 提 要

为了给广大建设工程施工技术人员及管理人员提供一本工程施工组织设计方法与实例的继续教育教材，本书努力按照标准化、简明化、实用化、可操作化的原则进行编写。全书共有3章：第1章是建设工程施工组织设计方法；第2章是建设工程流水施工方法；第3章是建设工程施工网络计划技术。为了协助学员学习和运用这些方法，在主要的章节中都包含了实例。

本书可作为建设工程施工现场专业技术管理人员的继续教育培训教材，也可供大中专院校相关专业师生参考。

图书在版编目（CIP）数据

建设工程施工组织设计方法与实例/丛培经，张义昆编著. —
北京：中国电力出版社，2015.7
建设行业专业技术管理人员继续教育培训教材
ISBN 978 - 7 - 5123 - 7687 - 8

Ⅰ．①建…　Ⅱ．①丛…②张…　Ⅲ．①建筑工程-施工组织-设计-技术培训-教材　Ⅳ．①TU7

中国版本图书馆 CIP 数据核字（2015）第 093322 号

中国电力出版社出版发行
（北京市东城区北京站西街 19 号　100005　http：//www.cepp.sgcc.com.cn）
责任编辑：周娟华　　E-mail：juanhuazhou@163.com
责任印制：蔺义舟　　责任校对：常燕昆
北京市同江印刷厂印刷·各地新华书店经售
2015 年 7 月第 1 版·第 1 次印刷
787mm×1092mm　16 开本　15.5 印张　373 千字
定价 46.00 元

敬 告 读 者

前　　言

将中国建设教育协会继续教育委员会推荐培训教材中编写的《建设工程施工网络计划技术》改写为这本《建设工程施工组织设计方法与实例》，并将前者纳入后者之中，原因有三个：一是网络计划技术是被推荐的施工组织设计中进度计划编制的主要方法；二是为了贯彻GB/T 50502—2009《建筑施工组织设计规范》；三是为了实施 GB/T 50905—2014《建筑工程绿色施工规范》。

GB/T 50502—2009《建筑施工组织设计规范》（以下简称《规范》）翻开了建筑施工组织设计（以下简称施工组织设计）新的一页，它的意义如下：

第一，《规范》统一了全国的施工组织设计。正如《规范》"条文说明"的总则中所指出的，"由于以前没有专门的规范加以约束，各地方、各企业对施工组织设计的编制和管理要求各异，给施工企业跨地区经营和内部管理造成一些混乱。同时，由于我国幅员辽阔，各地方企业的机具装备、管理能力和管理水平差异较大，也造成各施工企业编制的施工组织设计质量参差不齐。因此，有必要制定一部国家级的《建筑施工组织设计规范》予以规范和指导"。发布并实施《规范》后，上述的统一全国施工组织设计、减少混乱、提高质量的目的有望达到。

第二，《规范》提高了施工组织设计的科学性和实践性。施工组织设计是一门科学，有其科学的理念、理论、术语、内容、程序、方法和适用范围。但是自 20 世纪 50 年代初从原苏联引进施工组织设计的 50 多年来，虽然在大专学校教学中它是一门重要课程，在建筑施工中它是应用广泛、不可或缺、不可替代的重要文件，发挥着重大作用，但是其科学性却始终不够成熟，表现为理论体系没有建立，术语定义五花八门，原则、内容、程序、依据、方法存在不确定性乃至严重分歧，适用范围界定不清等。《规范》的发布给学科的建立和实践中的应用提供了统一性的标准依据，无疑提高了施工组织设计的科学性和实践性。

第三，《规范》统一了施工组织设计的术语。《规范》中定义的术语有 15 个，包括施工组织设计、施工组织总设计、单位工程施工组织设计、施工方案、施工组织设计的动态管理、施工部署、项目管理组织机构、施工进度计划、施工资源、施工现场平面布置、进度管理计划、质量管理计划、安全管理计划、环境管理计划和成本管理计划。这 15 个术语是施工组织设计理论的重要组成部分，在未来的教学和实践中将发挥统一概念、明确认识、规范文件、减少矛盾的作用。

第四，《规范》确定了施工组织设计的管理性质。《规范》的 2.0.1 条规定，施工组织设计是"指导施工的技术、经济和管理的综合性文件"，改变了传统的只指导"技术、经济"的提法，为施工组织设计服务于施工管理提供了理论依据，扩大了施工组织设计的作用范围和应包含的（管理）内容，为施工项目管理提供了工具。"综合性"三字使三种作用形成相互联系、相互制约的统一体，《规范》的性质更明确了。

第五，《规范》明确了施工组织设计的原则。施工组织设计原则也是指导思想，是技术和管理政策，是实践守则，还是施工组织设计理论的重要组成部分，向来被教学单位、技术和管理人员所重视。但是长时间以来对这么重要的内容的认识却存在严重的不确定性、不全面性、甚至不适用。《规范》中规定的施工组织设计5条原则，使原则统一了，规定简练、明确，符合当今的技术管理政策，尤其是将合同、招标文件、环境保护、节能、绿色施工、三个管理体系等纳入原则之中，体现了施工组织设计为当代建筑服务的原则要求。

第六，《规范》详细规定了施工组织设计的基本内容和主要内容。《规范》第3.0.4条规定了施工组织设计的8项基本内容，包括编制依据、工程概况、施工部署、施工进度计划、施工准备与资源配置计划、主要施工方法、施工现场平面布置、主要施工管理计划；之后又在基本内容的框架下，用三章分别详细规定了三类施工组织设计的主要内容。施工组织总设计的内容包括工程概况、总体施工部署、施工总进度计划、总体施工准备与主要资源配置计划、主要施工方法、施工总平面布置；单位施工组织设计的主要内容包括工程概况、施工部署、施工进度计划、施工准备与资源配置计划、主要施工方案、施工现场平面布置；施工方案的主要内容包括工程概况、施工安排、施工进度计划、施工准备与资源配置计划、施工方法与工艺要求。内容的规定有下列意义：有利于编制人员明确目标；有利于审查人员明确审查方向和重点；有利于不同地区、不同企业施工组织设计的交流；有利于跨地区工程承包与管理。

第七，《规范》规定的管理计划是一项管理创新。《规范》的第7章规定了主要施工管理计划及其主要内容，包括进度管理计划、质量管理计划、安全管理计划、环境管理计划、成本管理计划、其他管理计划。在《规范》"条文说明"7.1.1条中说道："施工管理计划在目前多作为管理和技术措施编制在施工组织设计中，这是施工组织设计必不可少的内容。"从管理和技术措施中分离出来成为单独的管理计划，是一种创新，它说明施工组织设计为管理服务的基本性质得到了确认和重视，也明确了施工组织设计为管理服务的5大重点领域的基本内容，有利于提高施工项目管理水平。

第八，《规范》明确了施工组织设计编制和审批的责任。管理责任制是重要的管理制度，在各项管理中不可或缺。《规范》第3.0.5条就是施工组织设计的责任制度，对管理施工组织设计及其服务于施工管理很有意义。第3.0.6条用3款对施工组织设计本身的动态管理作出了规定，对施工组织设计的贯彻执行和实现其设计目标的控制提供了保证条件。

以上8点意义总起来就是：《规范》从无到有，使50多年的混乱状态转变为有规律可循、有规定可遵、有框架可填、有创新内容，有方法可用，因此《规范》是可行的，施工企业应遵照执行。

2014年10月1日开始实施的GB/T 50905—2014《建筑工程绿色施工规范》是对GB/T 50502—2009《规范》的重要补充和提升，使施工组织设计更加适应当代建设工程施工的需要，它把绿色施工的组织与管理、施工中的资源节约和环境保护用规范条文做了详细的规定，同时也对施工准备、施工场地、各主要分部分项工程的绿色施工操作进行了详细的规范，无疑是建设工程施工组织设计必须遵循的原则和章法，给施工组织设计提出了更新、更高、更加适用并具有当代意义的要求。

当代的建设工程施工与计划经济时代和改革的前30年相比大不相同，建设工程施工变得大规模、大市场、大过程、大环境、大科技、大运作，使施工及其管理产生了巨大变化，对施工组织设计也有了更新、更高的要求。全国各地都有许多施工组织设计创新，上述两个

《规范》既应适应这一变化，也应当吸收重要的创新内容。所以应大胆解放思想，对传统的施工组织设计进行改革。例如，北京市 2006 年发布的 DB11/T 363—2006《建筑工程施工组织设计规程》中提出的编制"施工组织纲要"的规定，既适应了施工组织的需要，也充分考虑了施工组织设计在投标活动中的重要作用，对于企业投标取胜、承包工程具有重要意义，本书既对此作了详细的介绍，也列举了 5 个实例，即厦门大学翔安校区施工组织设计的 5 篇"摘录"（附录 1～附录 5）。该工程贯彻了上述标准的基本精神，用施工组织纲要作为投标书的技术标而中标承包了工程；用施工组织总设计做出了工程施工的总体规划与部署，确定了各项总目标、各项计划和平面布置；用 3 号楼单位工程施工组织设计贯彻了施工组织总设计，安排了重点工程的施工技术、质量、安全、组织与管理计划等；用 3 号楼高大模板工程安全专项施工方案为典型，做出了施工难度大的主要分部工程和专项工程的施工方案；用施工质量管理计划作为施工管理计划的典型，指导了施工组织设计与施工项目管理的有机结合，促进了主要管理目标的实现。该工程的成功建成，证明了这 5 个案例可作为业界对于做好施工组织设计及进行改革的"引玉之砖"。我们也希望，根据《规范》中 2.0.1 条所规定的，施工组织设计是"以施工项目为对象编制的，用以指导施工的技术、经济和管理的综合文件"的内容，更多地发挥施工组织设计的经济和项目管理作用。

本书的第 2 章和第 3 章是施工组织设计传统的两个重要方法——流水施工方法和网络计划技术。流水施工方法的最显著效果是充分利用时间和空间进行连续施工，以节约劳动资源，提高劳动效率；网络计划技术的最大优点是能够为项目管理提供最佳模型，优化工作之间的逻辑关系，便于在管理中抓住主要矛盾强化管理。我们提倡将两种方法结合应用，以取得更多管理效益。

网络计划技术在 20 世纪 50 年代产生时，以其在计划管理中的奇效而轰动世界。它催生了项目管理科学，支撑项目管理成为 21 世纪最受欢迎的职业。它提供了进度控制和时间管理的最佳模型，成为计算机技术在建设工程施工领域最先应用的载体和全面应用的纽带。人们看中的是它优越的图示模型和统筹思想的应用。如果在模型上变得面目全非，实际上是对网络计划技术的亵渎和背叛，便失去了它神奇的效力。

我国把数学大师华罗庚教授倡导的统筹法继承了下来。华罗庚教授在网络计划技术上的贡献起码可以归纳为 3 点：第一点是他把网络计划技术可以提供的关键线路形象化为"主要矛盾线"，从而创立了统筹法的概念，而今"统筹兼顾"已经成为科学发展观的根本方法。第二点是他把复杂的数学问题简单化、大众化，使之成为"百万人的应用数学"、生产和经营中容易为千百万管理人员、技术人员乃至工人掌握与应用的有效管理方法。第三点是他身体力行，抱着病残的身体，走到全国 28 个省、市、自治区的厂、矿、企业推广统筹法的精神和产生的巨大效果。因此，全书坚持应用我国的网络计划技术标准和规程，以忠实于原创网络计划技术模型和算法。

尽管网络计划已经把复杂数学问题简单化了，但是由于它本身的特点，带给了应用者较大负担，这些重负只有应用计算机才能释放而变得轻松自如；况且，现今时代，计算机应用已经普及到各个专业的各个领域，其时、其势，使网络计划技术必须应用计算机。网络计划技术与项目管理具有"血缘"关系，应当把网络计划融于项目管理科学及其应用之中，而项目管理只有应用计算机才能进行系统集成管理。

网络计划技术的产生，催生了项目管理科学，并很快地成为工程项目管理的核心技术。

科学技术发展到现在，工程网络计划技术已经和工程项目管理科学融为一体，成为工程项目管理系统不可分割的构成部分。我们应用工程网络计划技术，应和工程项目管理相结合，与施工组织设计相结合；换言之，进行工程项目管理和施工组织设计要用好网络计划技术；使两者能有机结合，又应当借力于计算机技术。

目前，网络计划技术的应用遇到了一些困难，出现了重编而轻用的状况。但是我们相信，只要继承华罗庚教授的统筹法思想，认真而全面地执行网络计划技术标准和规程，将网络计划技术与工程项目管理及计算机的应用紧密结合起来，网络计划技术一定会应用得更好。厦门大学翔安校区工程是应用网络计划技术进行施工组织设计和进度控制取得成功的实例之一。

由于水平有限，错误在所难免，恳切希望读者提出批评意见，以便修改与完善。

编著者
2015 年 5 月于北京

目　　　录

第1章　建设工程施工组织设计方法

1.1　建设工程施工组织设计概述

1.1.1　施工组织设计的概念和必要性

1. 建筑工程施工组织设计的概念

建设工程施工组织设计（以下简称施工组织设计）是以施工项目为对象编制的，用以规划和指导工程施工投标、签订合同、施工准备以及施工全过程的全局性的技术、经济和管理的综合性文件。

首先，施工组织设计的编制对象是施工项目，施工项目分为单体项目和群体项目。其内容既包括技术的，也包括管理的；既解决技术和管理问题，又考虑经济和环境的效果。

其次，施工组织设计是全局性的文件。全局性是指施工项目的整体性，文件内容的全面性，发挥作用的和管理职能的多元性。

再次，施工组织设计指导施工项目的全过程。施工项目从投标开始，至工程竣工交付使用及维修保护期为止，施工组织设计担负着指导技术、经济和管理活动的任务。在市场经济中，施工组织设计对施工之前的作用不可忽视，应该在承包人的经营中发挥作用。

施工组织设计的基本宗旨是：按照工程建设的基本规律、施工工艺规律和经营管理规律，制定科学合理的组织方案和技术方案，科学安排施工顺序和进度计划，有效利用和管理施工场地，优化配置和节约使用人力、物力、资金、技术等生产要素，使环境友好、工作协调、竞争有力、经营有效、计划性强，保证质量、进度、安全和文明施工，取得良好的经济效益、社会效益和环境效益。

2. 施工组织设计的必要性

施工组织设计的必要性是由建筑产品的特点、建筑施工的特点和建筑市场交易活动的特点决定的；固定性、多样性和庞大性是建筑产品的特点；流动性、单件性和露天性是与建筑产品特点相对应的建筑施工特点；建筑施工活动和交易活动同时进行（统一性）、建筑交易活动的长期性和阶段性、建筑交易活动结算方式的特殊性（预付款、按月或按阶段结算、竣工结算）是建筑施工交易活动的特点。这些特点造成了建筑施工、管理和经营活动的复杂性，要求在事前编制施工组织设计进行科学、周密的策划，确保一次成功（取决于项目的一次性要求）。编制施工组织设计是施工项目管理的需要，是事前确定项目管理目标、依据、内容、组织、资源、方法、程序和控制措施的必需的规划设计文件。

1.1.2　施工组织设计的分类

施工组织设计的分类见表1-1。

表1-1　　　　　　　　　　　施工组织设计的分类

分　类	服务范围	编制时间	编制者	主要特征
施工组织纲要	投标与签约	投标书编制前	经营层	纲领性
施工组织总设计	建筑群、特大型项目	项目施工准备前	项目负责人	规划性

分 类	服务范围	编制时间	编制者	主要特征
单位工程施工组织设计	单位（子单位）工程	单位（子单位）工程施工准备前	项目负责人	实施性
施工方案	分部分项工程专项工程	分部（分项工程）或专项工程施工前	项目负责人	作业性

1. 施工组织纲要

施工组织纲要是施工项目招标投标阶段，投标单位的经营层根据招标文件、设计文件及工程特点与条件编制的有关施工组织的纲要性文件，即投标文件中的技术标。在项目管理规划文件中，施工组织纲要可以代替施工项目管理规划大纲。

2. 施工组织总设计

（1）施工组织总设计的概念。施工组织总设计是以多个单位工程组成的群体工程或特大型项目为主要对象编制的施工组织设计，对整个项目的施工过程起统筹规划、重点控制的作用。

（2）大型房屋建筑工程标准。根据工程的不同类型，国家对大中型工程项目的规模有规定标准。大型房屋建筑工程标准如下：

1）25 屋以上的房屋建筑工程。

2）高度 100m 及以上的构筑物或建筑物工程。

3）单体建筑面积 3 万 m² 以上的房屋建筑工程。

4）单跨跨度 30m 及以上的房屋建筑工程。

5）建筑面积 10 万 m² 及以上的住宅小区或建筑群体工程。

6）单项建安合同额 1 亿元及以上的房屋建筑工程。

需要编制施工组织总设计的特大型建筑工程，其规模应当超过上述大型建筑工程的标准，通常需要分期分批建设。

（3）施工组织总设计的作用。施工组织总设计的作用如下：

1）确定设计方案施工的可能性和经济合理性。

2）为建设单位编制建设计划提供资料。

3）为承包方编制施工计划提供依据。

4）为组织物资技术供应提供依据。

5）为及时进行技术准备提供依据。

6）规划施工用生产、生活设施的建设。

3. 单位工程施工组织设计

（1）单位工程施工组织设计的概念。单位工程施工组织设计是以单位（子单位）工程为主要对象编制的施工组织设计，对单位（子单位）工程的施工过程起指导和制约作用。在项目管理规划文件中，单位工程施工组织设计可以代替施工项目管理实施规划。

（2）单位工程和子单位工程的划分。单位工程和子单位工程的划分，原则按照 GB 50300—2013《建筑工程施工质量验收统一标准》执行。已经编制了施工组织总设计的项目，单位工程施工组织设计应是施工组织总设计的具体化，直接指导单位工程的施工管理和技术经济活动。

（3）单位工程施工组织设计的作用。单位工程施工组织设计的作用是指导单位工程的施工准备、施工及其管理。

4. 施工方案

（1）施工方案的概念。施工方案是以分部（分项）工程或专项工程为对象编制的施工技术与组织方案，以具体指导其施工过程。它是单位工程施工组织设计的细化，因此单位工程施工组织设计的某些内容在施工方案中不需赘述。在项目管理规划文件中，施工方案是施工项目管理实施规划的补充文件。

（2）编制专项施工方案的工程。2003 年国务院令第 393 号文公布的《建设工程安全生产管理条例》第 26 条规定，施工单位应当在施工组织设计中编制安全技术措施和施工现场临时用电方案，对下列达到一定规模的危险性较大的分部（分项）工程编制专项施工方案，并附具安全验算结果，经施工单位技术负责人、总监理工程师批准后实施，由专职安全生产管理人员进行现场监督：

1）基坑支护与降水工程。

2）土方开挖工程。

3）模板工程。

4）起重吊装工程。

5）脚手架工程。

6）拆除爆破工程。

7）国务院建设行政主管部门规定或其他危险性较大的工程。

以上所列工程中涉及深基坑、地下暗挖工程、高大模板工程的专项施工方案，施工单位还应组织专家进行论证、审查。

1.1.3　施工组织设计的编制原则、依据和基本内容

1. 施工组织设计的编制原则

施工组织设计的编制原则如下：

（1）符合施工合同或招标文件中有关工程进度、质量、安全、环境保护、造价等方面的要求。

（2）积极开发、使用新技术和新工艺，推广应用新材料和新设备。

（3）坚持科学的施工程序和合理的施工顺序，采用流水施工和网络计划等方法，科学配置资源，合理布置现场，采取季节性施工措施，实现均衡施工，达到合理的技术经济指标。

（4）采取技术和管理措施，推广建筑节能和绿色施工。

（5）与质量、环境和职业健康安全三个管理体系有效结合。为保证持续满足过程能力和质量保证的要求，国家鼓励企业执行质量、环境和职业健康安全管理体系的认证制度，建立企业管理体系文件。编制施工组织设计时，不应违背管理体系文件的要求。

（6）施工组织设计亦应为施工项目管理服务。

2. 施工组织设计的编制依据

施工组织设计的编制依据包括下列内容：

（1）与工程建设有关的法律、法规和文件。

（2）国家现行有关标准和技术经济指标。

（3）工程所在地区行政主管部门的批准文件，建设单位对施工的要求。

（4）工程施工合同或招标投标文件。

（5）工程设计文件。

（6）工程施工范围内的现场条件，工程地质、水文地质、气象等自然条件。

（7）与工程有关的资源供应情况。

（8）施工企业的生产能力、机具设备状况、技术水平等。

3. 施工组织设计的基本内容

施工组织设计应包括下列基本内容：

（1）编制依据。

（2）工程概况。

（3）项目管理组织机构。指施工单位为完成施工项目建立的项目施工管理机构，以及项目管理组织或项目团队（项目经理部）。

（4）施工部署。指对项目实施过程做出的统筹规划和全面安排，包括项目施工主要目标、施工顺序及空间组织、施工组织安排等。施工部署是施工组织设计的纲领性内容，其他的施工组织设计内容都应该围绕施工部署的安排编制。

（5）施工进度计划。指为实现项目设定的工期目标，对各项施工过程的施工顺序、起止时间和相互衔接关系所做的统筹策划和安排。

（6）施工准备与资源配置计划。施工准备是在项目施工前为保证施工及管理进行需要的主要条件的筹备和提供。施工资源是指为完成施工项目所需要的人力、物资等生产要素。

（7）主要施工方法。施工方法主要是指技术方法和必要的组织管理方法。

（8）施工现场平面布置。指在施工用地范围内对各项生产、生活设施及其他辅助设施等进行规划和布置。

（9）主要施工管理计划。它是为完成施工项目管理目标而编制的管理计划，包括进度管理计划、质量管理计划、安全管理计划、环境管理计划、成本管理计划、风险管理计划等。

1.1.4 施工组织设计的编制职责、审批职权和动态管理

1. 施工组织设计的编制职责和审批职权

（1）施工组织设计由项目负责人主持编制，可一次编制和审批，也可根据需要分阶段编制和审批。

（2）施工组织总设计由总承包单位技术负责人审批。

（3）单位工程施工组织设计应由施工单位技术负责人或技术负责人授权的技术人员审批。

（4）施工方案由项目技术负责人审批。

（5）重点、难点分部（分项）工程和专项施工方案由施工单位技术部门组织相关专家评审，施工单位技术负责人批准。

（6）由专业承包单位施工的分部（分项）工程或专项工程的施工方案，由专业承包单位技术负责人或技术负责人授权的技术人员审批；有总承包单位时，由总承包单位项目技术负责人核准备案。

（7）规模较大的分部（分项）工程和专项工程的施工方案，按单位工程施工组织设计进

行编制和审批。

（8）专项施工方案及附具的安全验算结果，经施工单位技术负责人、总监理工程师签字后实施。深基坑工程、地下暗挖工程、高大模板工程的专项施工方案，施工单位还应当组织专家进行论证审查。

（9）经过修改或补充的施工组织设计，原则上需经原审批级别重新审批。

2. 施工组织设计的动态管理

（1）在项目施工过程中，发生下列情况之一时，应该及时修改或补充施工组织设计：

1）工程设计有重大修改，如地基基础或主体结构的形式发生变化，装修材料或做法发生重大变化，机电设备系统发生大的调整，需要对施工组织设计进行修改；对工程设计图纸的一般性修改，视变化情况对施工组织设计进行补充；对工程设计图纸的细微修改或更正，施工组织设计则不需调整。

2）有关法律、法规、规范和标准实施、修订和废止。

3）主要施工方法有重大调整。

4）主要施工资源配置有重大调整，对施工进度、质量、安全、环境、造价等造成潜在的重大影响时。

5）施工环境有重大改变，如施工延期造成季节性施工方法变化，施工场地变化造成现场布置和施工方式改变等，致使原来的施工组织设计已不能正确地指导施工。

（2）经修改或补充的施工组织设计应重新审批后才能付诸实施。

（3）项目施工前，要对施工组织设计进行逐级交底；项目施工过程中，要对施工组织设计的执行情况进行检查、分析并适时调整。

（4）竣工验收后，应按照建设工程资料归档的有关规定归档。

1.1.5　施工组织设计概述思考题问答

（1）施工组织设计是什么性质的文件？它有什么作用？它的对象是什么？

答：施工组织设计的性质：是全局性的技术、经济和管理的综合性文件。

施工组织设计的作用：用以规划和指导工程施工投标、签订合同、施工准备以及施工全过程。

施工组织设计的对象：施工项目，包括单体工程施工项目和群体工程施工项目。

（2）为什么需要编制施工组织设计？它满足哪些需要？

答：建筑产品的特点、建筑施工的特点和建筑市场交易活动的特点决定了施工组织设计的必要性，因为这些特点造成了建筑施工、管理和经营活动的复杂性，要求在事前编制施工组织设计进行科学、周密的策划，确保一次成功。

编制施工组织设计满足施工项目管理的需要，是事前确定项目管理目标、依据、内容、组织、资源、方法、程序和控制措施的必需的规划设计文件。

（3）施工组织设计分成哪几类，各类施工组织设计的用途和特性是什么？

答：施工组织设计种类包括施工组织纲要、施工组织总设计、单位工程施工组织设计、施工方案。

服务范围和特征：施工组织纲要服务于投标和签约，具有纲领性；施工组织总设计服务于建筑群和大型工程，具有规划性；单位工程施工组织设计服务于单位（子单位）工程，具有实施性；施工方案服务于分部分项和专项工程，具有作业性。

（4）简述编制施工组织设计执行的原则。

答：编制施工组织设计执行的原则是：符合施工合同或招标文件的要求；开发和使用"四新"；科学施工；绿色施工；结合三个体系；为施工项目管理服务。

（5）施工组织设计有哪些基本内容？

答：施工组织设计应包括下列基本内容：编制依据、工程概况、项目管理组织机构、施工部署、施工进度计划、施工准备与资源配置计划、主要施工方法、施工现场平面布置、主要施工管理计划。

（6）施工组织设计由谁编制？什么是施工组织设计的动态管理？哪些情况下实施动态管理？

答：施工组织设计由项目负责人主持编制。施工组织设计的动态管理是指施工组织设计的修改或补充。下列情况下实施动态管理：工程设计有重大修改，有关法律、法规、规范和标准的实施、修订和废止，主要施工方法有重大调整，主要施工资源配置有重大调整，施工环境有重大改变。

1.2　施工组织纲要

1.2.1　施工组织纲要概述

1. 施工组织纲要的内容

施工组织纲要包括下列内容：

（1）编制说明。

（2）编制依据。

（3）项目概况。

（4）施工目标及风险分析。

（5）项目管理体系和施工部署。

（6）施工准备工作。

（7）本工程的特点、重点、难点分析及应对措施。

（8）本工程采用的新技术、新材料、新工艺、新设备。

2. 施工组织纲要的编制依据

编制施工组织纲要的依据如下：

（1）工程设计文件，国家、行业和地方有关工程建设的法律、法规、规范、规程、图集等。

（2）招标方提供的工程招标文件、补充招标文件、答疑文件。

（3）工程项目现场勘查的情况，招标方提供的其他资料，包括用地范围，地形、地貌、地物标高，地上或地下管线及障碍物，现场周边道路有无特殊交通限制，现场周边建筑物新旧程度，结构形式，基础埋深、高度与招标工程间距，市政给水、消防供水、污水、雨水、燃气、热力、通信、供电电缆等管线坐标、管径、压力，污水废水处理方式等。

（4）企业有关技术标准、技术管理措施。

1.2.2　施工组织纲要的编制

1. 施工组织纲要的项目概况

项目概况应阐述下列内容：

（1）项目的投资规模和来源。

（2）工程项目的基本情况，包括工程项目的名称、建设地点、建设规模、招标方及设计方等基本情况。

（3）工程项目发包情况，包括招标方拟订的工程项目发包范围，各单位工程和各专业工程的发包范围等。

（4）项目设计概况，包括项目总体设计及各单位工程设计、各专业工程简要介绍。

2. 施工组织纲要的施工项目目标及风险分析

（1）施工项目目标。投标方对实现项目目标按表 1-2 的要求编写。

表 1-2　　　　　　　　　　　　　投标方项目目标承诺

项　　　目	招标方要求	投标方承诺	备　　　注
工期目标			
质量目标			
环保目标			
安全目标			
文明目标			
其　　　他			

（2）施工目标风险分析。对实现承诺的目标，施工单位应当进行风险分析，提出防范风险的对策和具体措施。风险主要来自设计和施工两个方面。应对设计文件缺陷和设计标准变更带来的风险进行分析，制定对策和有效措施予以防止。

3. 施工组织纲要的项目管理体系和施工部署

（1）项目管理体系。项目管理体系指项目的组织机构，技术管理体系，质量管理与保证体系，职业健康安全管理体系，环境管理体系等。各类管理体系的内容包括组织机构框图，岗位设置及其职责等。

（2）施工部署。施工部署应视为施工组织纲要的核心加以特别重视。施工部署带有宏观性，综合反映出统筹全局重大施工活动的能力和水平。编写要求如下：

1）结合施工特点，阐述完成该工程的总体主导思想及宏观的施工部署原则。

2）施工资源的组织和配备（包括材料、劳动力的供应、施工机械及设备等计划）。

3）施工活动的时间安排和空间组织（施工进度控制计划，施工区域划分及其合理衔接，单位工程流水段划分等）。

4. 施工准备工作

（1）水源、电源和热源的设置。在建设单位提供"三通一平"基础上，对施工所需的水源、电源和热源进行规划。

（2）临时设施。对施工现场的围挡、道路及生活用房、各种作业场所、临时设施及原材料、构配件堆放场地等进行统筹安排。

（3）施工总平面图。施工总平面图应按常规内容标注齐全，根据需要按基础工程、结构工程、装饰装修工程施工阶段分别绘制，并符合国家有关绘图标准。

5. 本工程的特点、重点、难点分析及应对措施

（1）施工组织纲要应突出阐述投标工程的管理重点、技术难点和新技术、新材料、新工艺、新设备的应用，以体现企业自身的创新能力、生产技术水平和管理水平。

（2）根据拟建工程的地理位置、人文环境等特点，分析确定施工管理难点和重点，有针对性地制定相应的对策和措施。

（3）根据设计特点和施工单位的具体情况，分析确定本工程施工技术难点，有针对性地编制相应的技术措施。

6. 拟采用的"四新"描述

所谓"四新"是指新技术、新材料、新工艺、新设备，是指本企业独创的或是经过科研部门转化的成果，均应有鉴定结论，并已被政府部门推广。在施工组织纲要中，应对本工程拟采用的"四新"进行简要描述。

1.2.3 厦门大学翔安校区工程施工组织纲要及评析

1. 厦门大学翔安校区工程施工组织纲要

厦门大学翔安校区工程施工组织纲要（摘录）见"附录1"。

2. "厦门大学翔安校区工程施工组织纲要"评析

（1）本纲要贯彻了北京市地方标准 DB 11/T 363—2006《建筑工程施工组织设计管理规程》中关于施工组织纲要的有关规定。

（2）本纲要作为投标书的技术标而中标承包了工程。

（3）本纲要的最大特点是针对招标方的期望响应了招标文件，提出了具有竞争力的目标和措施，例如创"厦门市优质工程"的质量控制目标，预防台风等应急准备，确保安全的技术组织措施，实现进度目标的技术组织措施，履行施工总承包职责，与各单位协调配合的安排等，都具有先进性，对招标方很有吸引力。

（4）本纲要要接受招标方的严格审查，并作为业主方和监理方监督施工的重要依据之一。

（5）本纲要对编制施工组织总设计具有指导作用。

（6）虽然在 GB/T 50502—2009《建筑工程施工组织设计规范》中对"施工组织纲要"没有作出规定，但是这项工作内容是任何工程项目投标书中都要包含的。投标者都要高质量地编制，以争取竞争取胜。本实例的目的就是向读者介绍编制"施工组织纲要"的必要性和编制方法，以供参考。

1.3 施工组织总设计

1.3.1 施工组织总设计的编制程序

施工组织总设计的编制程序，根据其各项内容的内在联系确定如下：获得编制依据→描述工程概况→编制总体施工部署→编制施工总进度计划→编制总体施工准备与资源配置计划→确定主要施工方法→设计施工总平面布置图→计算技术经济指标→审批。现作以下说明：

（1）进行调查研究，获得编制依据。这是编制施工组织总设计的准备工作，目的是获得足够的信息，作为编制施工组织总设计的依据。

（2）描述工程概况。工程概况可根据获得的编制依据进行描述，它是施工组织设计的前提。

（3）确定总体施工部署。总体施工部署是战略性安排，是编制其他施工组织设计内容的总依据。

（4）编制施工总进度计划。施工总进度计划是时间设计，必须在编制施工部署之后进行，而只有编制了施工总进度计划，才具备了编制其他各种计划的条件。

（5）编制总体施工准备与主要资源配置计划。这是资源设计。在具备施工部署和施工总进度计划以后，如何进行总体施工准备和资源配置的总体要求就比较明确了，便可以编制施工准备与主要资源配置计划。

（6）确定主要施工方法。只对主要施工方法进行简要说明。

（7）编制施工总平面布置图（以下简称施工总平面图）。施工总平面图是施工空间设计，只有在编制了施工方法和各种计划以后才具备条件。例如，只有编制了生产和生活的临时设施计划以后，才能确定施工总平面图中临时设施的数量和现场布置等。

（8）技术经济指标的计算。技术经济指标的计算目的是对所编制的各项内容进行量化展示，它可以用来评价施工组织总设计的设计水平，为决策使用提供依据。

1.3.2　施工组织总设计的编制内容

1. "工程概况"的编制

工程概况包括两类内容，一类是项目主要情况，另一类是项目主要施工条件。为了清晰易读，宜尽量采用图表说明，包括施工项目一览表，主要建筑物、构筑物一览表，工程量总表等。现说明如下：

（1）施工项目的主要情况。施工项目的主要情况包括下列内容：

1）项目名称，性质，地理位置，建设规模。项目性质可分为工业和民用两大类。应简要介绍项目的使用功能；建设规模，可包括项目的占地面积、投资规模（产量）、分期分批建设范围等。

2）项目的建设、勘察、设计和监理等相关单位的情况。

3）项目设计情况。简要介绍项目的建筑面积、建筑高度、建筑层数、结构形式、建筑结构及装饰用料、建筑抗震设防烈度、安装工程和机电设备的配置等情况。

4）项目承包范围及主要分包工程范围。

5）施工合同及招标文件对项目施工的重点要求。

6）其他应说明的情况。

（2）项目主要施工条件。项目主要施工条件包括下列内容：

1）项目建设地点气象状况。简要介绍项目建设地点的气温、雨、雪、风和雷电等气象变化情况，冬、雨期的期限和冬季土的冻结深度等情况。

2）项目施工区域地形和工程水文地质情况。简要介绍项目施工区域地形变化和绝对标高，地质构造，土的性质和类别，地基土的承载力，河流流量和水质，最高洪水和枯水期的水位，地下水位的高低变化，含水层的厚度、流向、流量和水质等情况。

3）项目施工区域的地上、地下管线及相邻的地上、地下建（构）筑物情况。

4）与项目施工有关的道路、河流等状况。

5）当地建筑材料、设备供应和交通运输等服务能力状况。简要介绍建设项目的主要材料、特殊材料和生产工艺设备供应条件及交通运输条件。

6）当地供水、供电、供热和通信能力状况。根据当地供水、供电、供热和通信情况，按照施工需求，描述相关资源提供能力及解决方案。

7）其他与施工有关的主要因素。例如，有关本建设项目的决策、指示和文件，拆迁要求，场地"七通一平"要求等。

2. 总体施工部署的编制

(1) 总体施工部署的内容。

1) 施工总目标。施工项目总目标包括进度、质量、安全、环境和成本等。这些目标应根据合同目标或施工组织纲要确定的目标确定，并根据单项工程或单位工程进行分解，使之具体化，并做到积极可靠。

2) 项目分阶段交付的计划。所谓分阶段，就是把施工项目划分为相对独立交付使用或投产的子系统，在保证施工总目标的前提下，实行分期分批建设，既可以使整体项目迅速建成，尽早投入使用，又可在全局上实现施工的连续性和均衡性，减少暂设工程数量，降低工程成本。例如，大型工业项目可以划分为主体生产系统、辅助生产系统、附属生产系统；住宅小区可以划分为居住建筑、服务性建筑、附属性建筑。

3) 项目分阶段（期）施工的合理顺序及空间组织。根据项目分阶段交付的计划，合理地确定每个单位工程的开竣工时间，划分各参与施工单位的工作任务，明确各单位之间的分工与协作关系，确定综合的和专业化的施工组织，保证先后投产或交付使用的系统都能正常运行。

4) 对于项目施工的重点和难点进行简要分析。确定施工的合理顺序及空间组织以后，就要具体分析施工的重点和难点，以便抓住关键进行各项施工组织总体设计。所谓重点，就是对总目标的实现起重要作用的施工对象；所谓难点，就是施工实施技术难度和组织难度大的、消耗时间和资源多的施工对象。

5) 总承包单位明确项目管理组织形式。根据项目的规模、复杂程度、专业特点、人员特点和地域范围确定项目管理的组织形式，绘制施工组织结构体系框图。

6) 对项目施工中开发和使用的新技术、新工艺做出部署。开发和使用新技术应在现有技术水平和管理水平的基础上，立足创新，以建设部（或其他相关行业）推行的各项新技术为纲进行规划，采取可行的技术、管理措施，满足工期和质量等要求。

7) 对主要分包工程施工单位的资质和能力提出明确要求。

(2) 工程开展程序的确定。工程开展程序既是总体施工部署问题，也是施工方法问题，重要的是应确立以下指导思想：

1) 在满足合同工期要求的前提下，分期分批施工。合同工期是施工的时间总目标，不能随意改变。有些工程在编制施工组织总设计时没有签订合同；则应保证总工期控制在定额工期之内。在这个大前提下，进行合理的分期分批与搭接。例如，施工期长的、技术复杂的、施工困难多的工程，应提前安排施工；急需的和关键的工程应先期施工和交工；应提前施工和交工可供施工使用的永久性工程和公用基础设施工程（包括水源及供水设施、排水干线、铁路专用线、卸货台、输电线路、配电变压所、交通道路等）；按生产工艺要求起主导作用或须先期投入生产的工程应优先安排；在生产上应先期使用的机修、车库、办公楼及家属宿舍等工程应提前施工和交工等。

2) 一般应按先地下、后地上，先深、后浅，先干线、后支线的原则进行安排；路下的管线先施工，然后筑路。

3) 安排施工程序时要注意工程的配套交工，使建成的工程能迅速投入生产或交付使用，尽早发挥该部分的投资效益。这一点对于工业建设项目尤其重要。

4) 在安排施工程序时还应注意使已完工程的生产或使用和在建工程的施工互不妨碍，使生产、施工两方便。

5）施工程序应当与各类物资及技术条件供应之间的平衡以及合理利用这些资源相协调，促进均衡施工。

6）施工程序必须注意季节的影响，应把不利于某季节施工的工程，提前到该季节来临之前或推迟到该季节终了之后施工，但应注意这样安排以后能保证质量、不拖延进度，不延长工期。大规模土方工程和深基础土方施工，一般要避开雨季；寒冷地区的房屋施工尽量在入冬前封闭，使冬季可进行室内作业和设备安装。

7）选择大型机械应注意其可能性、适用性及经济合理性，即是可以得到的机械，技术性能适合使用要求并能充分发挥效率的机械，使用费用节省的机械。大型机械应能进行综合流水作业，在同一个项目中减少其装、停、拆、运的次数。辅机的选择应与主机配套。

8）选择主要工种的施工方法应注意尽量采用预制化和机械化方法，即能在工厂或现场预制或在市场上可以采购到成品的，不在现场制造，能采用机械施工的应尽量不进行手工作业。

3．主要施工方法的确定

（1）施工组织总设计要对一些工程量大、施工难度大、工期长、对整个项目完成起关键作用的单位（子单位）工程和影响全局的主要分部（分项）工程所采用的施工方法进行选择性简要说明，以便进行技术和资源的准备工作、顺利开展施工、进行施工现场的合理布置。

（2）对脚手架工程、起重吊装工程、临时用水和用电工程、季节性施工等专项工程所采用的施工方法进行选择和简要说明。

（3）施工方法的确定要兼顾技术工艺的先进性、可操作性和经济合理性，特别要安排采用建设部和地方建设行政主管部门要求推广的新技术和新工艺。

4．施工总进度计划的编制

（1）施工总进度计划的编制依据。施工总进度计划的编制依据包括总体施工部署确定的施工程序和空间组织、施工合同、施工进度目标、有关技术经济资料。

（2）施工总进度计划的内容。施工总进度计划的内容包括编制说明，施工总进度计划表（图），分期分批实施工程的开、竣工日期和工期一览表。

（3）施工总进度计划的形式。施工总进度计划宜优先采用网络计划，且应按现行三项国家标准 GB/T 13400《网络计划技术》和行业标准 JGJ/T 121—2015《工程网络计划技术规程》的要求编制。

（4）施工总进度计划表。施工总进度计划表是根据施工总体部署，合理确定各单项工程的控制工期及它们之间的施工顺序和搭接关系的计划，应形成总（综合）进度计划表（表1-3）和主要分部分项工程流水施工进度计划表（表1-4）。

表1-3　　　　　　　　　　施工总（综合）进度计划表

序号	工程名称	建筑指标		设备安装 /T	造价/万元			总劳动量 /工日	进度计划						
		单位	数量		合计	建筑	安装		第一年				第二年	第三年
									I	II	III	IV		

注：1. 工程名称的顺序应按生产、辅助、动力车间、生活福利和管网等次序填列。

　　2. 进度线的表达应按土建工程、设备安装工程和试运转，以不同线条表示。该部分如能用网络计划表示，应优先采用网络计划。

表 1 - 4　　　　　　　　　　　　　主要分部分项工程流水施工进度计划

序号	单位工程分部分项工程名称	工程量	机械	劳动力	施工持续天数/d	施工进度计划 年　月											
						1	2	3	4	5	6	7	8	9	10	11	12

注：单位工程按主要项目填列，较小项目分类合并。分部分项工程只填列主要的，如土方包括竖向布置，并区分开挖与回填。砌筑包括砌砖与砌石。现浇混凝土与基础混凝土包括基础、框架、地面垫层混凝土。吊装包括装配式板材、梁、柱、屋架、砌块和钢结构。抹灰包括室内外装修、地面、屋面、水、电、暖、卫和设备安装。

（5）计算工程量。应根据批准的承建工程项目一览表、按工程开展程序和单位工程进行主要实物工程量计算。计算工程量的目的不但是为了编制施工总进度计划，还服务于编制施工方案和选择主要的施工及运输机械，初步规划主要工程的流水施工，计算人工及技术物资的需要量。因此，工程量只需粗略地计算即可。

计算工程量可按初步设计（或扩大初步设计）图纸，并根据各种定额手册或参考资料进行。常用的定额与资料有：万元、十万元投资工程量、劳动量及材料消耗扩大指标；概算指标和扩大结构定额；已建房屋、构筑物的资料。

除房屋外，还应确定主要的全工地性工程的工程量，如铁路及道路长度、地下管线长度等。这些长度可从建筑总平面图上量得。

（6）确定各单位工程（或单个构筑物）的施工期限。影响单位工程施工期限的因素很多，应根据建筑类型、结构特征、施工方法、施工管理水平、施工机械化程度及施工现场条件等确定，但工期应控制在合同工期以内，无合同工期的工程，以工期定额为准。

（7）确定各单位工程的开竣工时间和相互搭接关系。确定单位工程的开竣工时间主要应考虑以下诸因素：

1）同一时期施工的项目不宜过多，以避免人力、物力过于集中。

2）尽量使劳动力和技术物资消耗在全工程上均衡。

3）努力做到基础、结构、装修、安装、试生产等在时间上与量的比例上均衡、合理。

4）在第一期工程投产的同时，应安排好第二期及以后各期工程的施工。

5）以一些附属工程项目作为后备项目，调节主要项目的施工进度。

6）注意主要工种和主要机械能连续施工作业。

（8）编制施工总进度计划表。在进行上述工作之后，便着手编制施工总进度计划表。先编制施工总进度计划草表，在此基础上绘制资源动态曲线，评估其均衡性，经过必要的调整使资源均衡后，再绘制正式施工总进度计划表。如果是编制网络计划，还可进行优化，实现最优进度目标、资源均衡目标和成本目标。

（9）编制说明。编制说明应阐述下列内容：本计划的编制依据，对施工总进度计划的重点内容进行描述，执行计划的重点，执行计划的难点，执行计划的风险，进度控制的主要措施。

5．总体施工准备和主要资源配置计划的编制

（1）总体施工准备的工作计划。总体施工准备包括技术准备、现场准备和资金准备。各

项准备应当满足项目分阶段（期）施工的需要。因此要根据施工开展顺序和主要施工项目施工方法编制总体施工准备工作计划。

1）技术准备。包括施工过程所需技术资料的准备，施工方案编制计划，试验检验及设备调试工作计划。

2）现场准备。包括：现场生产、生活等临时设施准备，如临时生产用房，临时生活用房，临时道路规划，材料堆放场规划，临时供水计划，临时供电计划，临时供热、供气计划。

3）资金准备。主要是根据施工总进度计划编制资金使用计划。

（2）劳动力配置计划的编制。

1）劳动力配置计划的内容包括：确定各施工阶段（期）的总用工量；根据施工总进度确定各施工阶段（期）的劳动力配置计划。

2）劳动力配置计划应按照各工程项目的工程量和总进度计划，参考有关资料（如，概算定额、预算定额）编制。该计划可减少劳务作业人员不必要的进场或退场，避免窝工。

3）按照施工准备工作计划、施工总进度计划和主要分部分项工程流水施工进度计划，套用概算定额或经验资料，便可计算所需劳动力工日数及人数，进而编制保证施工总进度计划实现的劳动力需要量计划表。如果劳动力有余、缺，则应采取相应措施。例如，多余的劳动力可计划调出；短缺的劳动力可招募或采取提高效率的措施。调剂劳动力的余缺，应加强调度工作和合同管理。

（3）物资配置计划。

1）物资配置计划包括下列内容：根据施工总进度计划确定主要工程材料和设备的配置计划；根据总体施工部署和施工总进度计划确定主要施工周转材料和施工机具的配置计划。

2）物资配置计划根据总体施工部署和施工总进度计划确定主要物资的计划总量及进场、退场时间，作为物资进场、退场的依据，保证施工顺利进行并降低工程成本。

3）主要材料和预制加工品需用量计划。根据拟建的不同结构类型的工程项目和工程量总表，参照概算定额或已建类似工程资料，便可计算出各种材料和预制品需用量，有关大型临时设施施工和拟采用的各种技术措施用料数量，然后编制主要材料和预制品需用量计划表。

（4）主要材料和预制加工品运输量计划。根据预制加工规划和主要材料需用量计划，参照施工总进度计划和主要分部分项工程流水施工进度计划，便可编制主要材料、预制加工品需用量进度计划表和主要材料、预制加工品运输计划表，以便于组织运输和筹建仓库。

（5）主要施工机具需用量计划。主要施工机具需用量计划的编制依据是：施工部署和施工方案，施工总进度计划，主要工程工程量和主要材料、预制加工品运输量计划，机械化施工参考资料。

（6）大型临时设施计划。大型临时设施计划表应本着尽量利用已有或已建工程的原则，按照施工部署、施工方案、各种需用量计划，再参照业务量和临时设施计算结果进行编制。

6. 施工总平面图设计

（1）施工总平面图的作用。施工总平面图用来正确处理全工程在施工期间所需各项设施和永久建筑物之间的空间关系，按总体施工部署和施工总进度计划合理规划交通道路、材料仓库、附属生产设施、临时房屋建筑和临时水、电管线等，以指导现场文明施工。施工总平面图按规定的图例绘制，一般比例为 1∶1000 或 1∶2000。

(2) 施工总平面图的设计依据。

1) 设计资料，包括建筑总平面图、竖向设计图、地貌图、区域规划图、建设项目范围内有关的一切已有和拟建的地下管网位置图等。

2) 已调查收集到的地区资料，包括建筑企业情况，材料和设备情况，交通运输条件，水、电、蒸汽等条件，社会劳动力和生活设施情况，可能参加施工的各企业力量状况等。

3) 施工部署和主要工程的施工方案。

4) 施工总进度计划。

5) 各种材料、构件、加工品、施工机械和运输工具需要量一览表。

6) 构件加工厂、仓库等临时建筑一览表。

7) 工地业务量计算结果及施工组织设计参考资料。

(3) 施工总平面的布置原则。

1) 平面布置科学合理，施工场地占用面积少。

2) 合理组织运输，减少二次搬运。

3) 施工区域的划分和场地的临时占用应符合总体施工部署和施工程序的要求，减少相互干扰。

4) 充分利用已有建筑物、构筑物和既有设施为施工服务，降低临时设施的建造费用。

5) 临时设施要方便生产和生活，办公区、生产区和生活区宜分离设置。

6) 符合节能、环保、安全和消防的要求。

7) 遵守当地主管部门和建设单位关于施工现场安全文明施工的相关规定。

(4) 对施工总平面图的要求。

1) 根据总体施工部署绘制不同施工阶段（期）的施工现场总平面图。

2) 一些特殊内容，如临时用电、临时用水布置等，当施工总平面图不能清晰表示时，也可单独绘制施工平面图。

3) 所有设施及用房，由施工总平面图表示，避免采用文字叙述的方法。

4) 施工总平面图应有比例关系，各种临时设施应标注外围尺寸，并有文字说明。

5) 绘制施工总平面图应符合国家相关标准和法规。

6) 对施工总平面图进行必要的说明。

(5) 施工总平面图的内容。

1) 项目施工用地范围内的地形状况。

2) 全部拟建的建筑物、构筑物和其他基础设施的位置。

3) 项目施工用地范围内的加工设施、运输设施、存储设施、供电设施、供水供热设施、排水排污设施、临时施工道路、办公和生活用房等。

4) 施工现场必备的安全消防、保卫和环境保护等设施。

5) 相邻的地上、地下既有建筑物、构筑物及相关环境。

(6) 施工总平面图的设计步骤。施工总平面图的设计步骤应是：引入场外交通道路→布置仓库→布置加工厂和混凝土搅拌站→布置内部运输道路→布置临时房屋→布置临时水电管网和其他动力设施→绘制正式施工总平面图。

（7）场外交通道路的引入与场内布置。一般大型工业企业都有永久性道路，可提前修建以便工程使用，但应恰当确定起点和进场位置，考虑转弯半径和坡度限制，有利于施工场地的利用。当采用公路运输时，公路应与加工厂、仓库的位置结合布置，与场外道路连接，符合标准要求。

当采用水路运输时，卸货码头不应少于两个，宽度不应小于 2.5m，江河距工地较近时，可在码头附近布置主要加工厂和仓库。

（8）仓库的布置。

1）一般应接近使用地点，其纵向宜与交通线路平行，装卸时间长的仓库应远离路边。

2）当有铁路时，宜沿路布置周转库和中心库。

3）一般材料仓库应邻近公路和施工区，并应有适当的堆场。

4）水泥库和沙石堆场应布置在搅拌站附近。砖、石和预制构件应布置在垂直运输设备工作范围内，靠近用料地点。基础用块石堆场应离坑沿一定距离，以免压塌边坡。钢筋、木材应布置在加工厂附近。

5）工具库布置在加工区与施工区之间交通方便处，零星、小件、专用工具库可分设于各施工区段。

6）车库、机械站应布置在现场入口处。

7）油料、氧气、电石库应在边沿、人少的安全处；易燃材料库要设置在拟建工程的下风向。

（9）加工厂和混凝土搅拌站的布置。总的指导思想是应使材料和构件的货运量小，有关联的加工厂适当集中。

1）如果有足够的混凝土输送设备时，混凝土搅拌站宜集中布置，或现场不设搅拌站，而使用商品混凝土。混凝土输送设备可分散布置在使用地点附近或起重机旁。

2）临时混凝土构件预制厂尽量利用建设单位的空地。

3）钢筋加工厂设在混凝土预制构件厂及主要施工对象附近；木材加工厂的原木、锯材堆场应靠铁路、公路或水路沿线；锯材、成材、粗细木工加工间和成品堆场要按工艺流程布置，应设在施工区的下风向边缘。

4）金属结构、锻工、电焊和机修厂等宜布置在一起。

5）沥青熬制、生石灰熟化、石棉加工厂等，由于产生有害气体污染空气，应从场外运来，必要在场内设置时，应在下风向，且不危害当地居民。必须遵守城市政府在这方面的规定。

（10）内部运输道路的布置。

1）提前修建永久性道路的路基和简易路面为施工服务。

2）临时道路要把仓库、加工厂、堆场和施工点贯穿起来。按货运量大小设计双行环形干道或单行支线。道路末端要设置回车场。为保护环境，路面应尽量硬化。道路做法应查阅施工手册。

3）尽量避免临时道路与铁路、塔轨交叉，若必须交叉，其交角面宜为直角，否则，至少应大于 30°。

（11）临时房屋的布置。

1）尽可能利用已建的永久性房屋为施工服务，不足时再修建临时房屋。临时房屋应尽量利用活动房屋。

2）全工地行政管理用房宜设在全工地入口处。职工用的生活福利设施，如商店、俱乐部等，宜设在职工较集中的地方，或设在职工出入必经之处。

3）职工宿舍一般宜设在场外，并避免设在低洼潮湿地及有烟尘不利于健康的地方。

4）食堂宜布置在生活区，也可视条件设在工地与生活区之间。

（12）临时水电管网和其他动力设施的布置。

1）尽量利用已有的和提前修建的永久线路。

2）临时总变电站应设在高压线进入工地处，避免高压线穿过工地。

3）临时水池、水塔应设在用水中心和地势较高处。管网一般沿道路布置，供电线路应避免与其他管道设在同一侧，主要供水、供电管线采用环状，孤立点可设枝状。

4）管线穿路处均要套以铁管，一般电线用 $\Phi 51 \sim \Phi 76$ 管，电缆用 $\Phi 102$ 管，并埋入地下 0.6m 处。

5）过冬的临时水管须埋在冰冻线以下或采取保温措施。

6）排水沟沿道路布置，纵坡不小于 0.2%，过路处须设涵管，在山地建设时应有防洪设施。

7）消火栓间距不大于 120m，距拟建房屋不小于 5m、不大于 25m，距路边不大于 2m。

8）各种管道布置的最小净距应符合规范的规定。

（13）绘制正式施工总平面图。现场平面布置是一个系统工程，应全面考虑，正确处理各项内容的相互联系和相互制约的关系，认真设计，反复修改，做到优化，然后绘制正式施工总平面图。该图应使用标准图例绘制，按照建筑制图规则的要求绘制完善。

7. 业务量计算

（1）生产性临时设施。生产性临时设施包括混凝土搅拌站、临时混凝土预制厂、半永久性混凝土预制厂、木材加工厂、钢筋加工厂、金属结构加工厂、石灰消化厂等；木工作业棚、电锯房、钢筋作业棚、搅拌棚、卷扬机棚、烘炉房、焊工房、电工房、白铁工房、油漆工房、机钳工修理房、锅炉房、发电机房、水泵房、空压机房等现场作业棚房；各种机械存放场所。所有这些设施均可参照有关需用面积参考表进行计算和决策（各种表格可查阅《施工手册》）。

（2）物资储存临时设施。仓库有各种类型："转运仓库"是设置在火车站、码头和专用线卸货场的仓库；"中心仓库"（或称总仓库）是储存整个工地（或区域型施工企业）所需物资的仓库，通常设在现场附近或区域中心；"现场仓库"就近设置；"加工厂仓库"是专供本厂储存物资的仓库。我们在这里主要说中心仓库及现场仓库。

建筑群的材料储备量按下式计算：

$$q_1 = K_1 Q_1 \tag{1-1}$$

式中　q_1——总储备量；

　　K_1——储备系数，型钢、木材、用量小或不常使用的材料取 0.3～0.4，用量多的材料取 0.2～0.3；

　　Q_1——该项材料的最高年、季需用量。

单位工程材料储存量按下式计算：

$$q_2 = \frac{nQ_2}{T} \tag{1-2}$$

式中　q_2——单位工程材料储备量；

　　　n——储备天数；

　　　Q_2——计划期间内需用的材料数量；

　　　T——需用该材料的施工天数（大于 n）。

仓库面积按下式进行计算：

$$F = \frac{q}{P}（按材料储备期计算时）\qquad(1-3)$$

或

$$F = \Phi m（按系数计算时）\qquad(1-4)$$

式中　F——仓库面积（m^2）；

　　　P——每平方米仓库面积上存放的材料数量（可查《施工手册》）；

　　　q——材料储备量（q_1 或 q_2）；

　　　Φ——系数（可查《施工手册》）；

　　　m——计算基数（可查《施工手册》）。

从施工手册中还可以查得行政、生活、福利临时设施参考指标。

（3）工地临时供水。临时供水设施设计的主要内容有确定用水量、选择水源、设计配水管网等。

1）用水量计算。

① 现场施工用水量，可按下式计算：

$$q_1 = k_1 \frac{\sum Q_1 N_1}{T_1 t} \times \frac{k_2}{8 \times 3600}\qquad(1-5)$$

式中　q_1——施工用水量（L/s）；

　　　k_1——未预计的施工用水系数（1.05～1.15）；

　　　Q_1——年（季）度工程量（以实物计量单位表示）；

　　　N_1——施工用水定额（可查《施工手册》）；

　　　T_1——年（季）度有效作业日（d）；

　　　t——每天工作班数（班）；

　　　k_2——用水不均衡系数，见表 1-5。

表 1-5　　　　　　　　　　　　　施工用水不均衡系数

编号	用水名称	系　　数
k_2	现场施工用水　附属生产企业用水	1.5、1.25
k_3	施工机械　运输机械　动力设备用水	2.00、1.05～1.10
k_4	施工现场生活用水	1.30～1.50
k_5	生活区生活用水	2.00～2.50

② 施工机械用水量，可按下式计算：

$$q_2 = k_1 \sum Q_2 N_2 \frac{k_3}{8 \times 3600}\qquad(1-6)$$

式中　q_2——机械用水量（L/s）；

　　　k_1——未预计施工用水系数（1.05～1.15）；

　　　Q_2——同一种机械台数（台）；

N_2——施工机械台班用水定额（可查《施工手册》）；

k_3——施工机械用水不均衡系数见表 $1-5$。

③ 施工现场生活用水量，可按下式计算：

$$q_3 = \frac{P_1 N_3 k_4}{t \times 8 \times 3600} \qquad (1-7)$$

式中　q_3——施工现场生活用水量（L/s）；

　　　P_1——施工现场高峰昼夜人数（人）；

　　　N_3——施工现场生活用水定额〔一般为 20～60L/（人·班），需视当地气候而定〕；

　　　k_4——施工现场用水不均衡系数见表 $1-5$；

　　　t——每天工作班数（班）。

④ 生活区生活用水量，可按下式计算：

$$q_4 = \frac{P_2 N_4 k_5}{24 \times 3600} \qquad (1-8)$$

式中　q_4——生活区生活用水（L/s）；

　　　P_2——生活区居民人数（人）；

　　　N_4——生活区昼夜全部生活用水定额，居民每昼夜为 100～120L，随地区和有无室内卫生设备而变化；各分项用水参考定额可查《施工手册》；

　　　k_5——生活区用水不均衡系数，见表 $1-5$。

⑤ 消防用水量（q_5）（可查《施工手册》）。

⑥ 总用水量（Q）计算：

当 $(q_1+q_2+q_3+q_4) \leqslant q_5$ 时，则 $Q = q_5 + 1/2(q_1+q_2+q_3+q_4)$；

当 $(q_1+q_2+q_3+q_4) > q_5$ 时，则 $Q = q_1+q_2+q_3+q_4$；

当工地面种小于 5 公顷而且 $(q_1+q_2+q_3+q_4) < q_5$ 时，则 $Q = q_5$。

2）管径的选择。

计算公式为：

$$d = \sqrt{\frac{4Q}{\pi \cdot v \cdot 1000}} \qquad (1-9)$$

式中　d——配水管直径（m）；

　　　Q——耗水量（L/s）；

　　　v——管网中水流速度（m/s）。

临时水管经济流速可参见表 $1-6$。

表 1-6　　　　　　　　　　临时水管经济流速参考表

管　径	流速/（m/s）	
	正常时间	消防时间
1. $d<0.1$m	0.5～1.2	—
2. $d=0.1～0.3$m	1.0～1.6	2.5～3.0
3. $d>0\ 3$m	1.5～2.5	2.5～3.0

（4）工地临时供电。建筑工地临时供电组织一般包括计算用电量、选择电源、确定变压

器、布置配电线路和决定导线断面。

1）用电量的计算。建筑工地临时供电包括动力用电与照明用电两种，在计算用电量时考虑下列各点：

① 全工地所使用的机械动力设备，其他电气工具及照明用电的数量。

② 施工总进度计划中施工高峰阶段同时用电的机械设备最高数量。

③ 各种机械设备在工作中需用的情况。

总用电量可按以下公式计算：

$$P=(1.05\sim1.10)(k_1\sum P_1/\cos\varphi+k_2\sum P_2+k_3\sum P_3+k_4\sum P_4) \tag{1-10}$$

式中　　　　P——供电设备总需要容量（kVA）；

　　　　　　P_1——电动机额定功率（kW）；

　　　　　　P_2——电焊机额定容量（kVA）；

　　　　　　P_3——室内照明容量（kW）；

　　　　　　P_4——室外照明容量（kW）；

　　　　　$\cos\varphi$——电动机的平均功率因数（在施工现场最高为 0.75～0.78，一般为0.65～0.75）；

k_1、k_2、k_3、k_4——需要系数，见表 1-7。

表 1-7　　　　　　　　　　　　　需要系数（k 值）

用电名称	数量	需要系数		备　注
		k	数值	
电动机	3～10 台	k_1	0.7	如施工中需要电热时，应将其用电量计算进去。为使计算结果接近实际，各项动力和照明用电应根据不同工作性质分类计算
	11～30 台		0.6	
	30 台以上		0.5	
加工厂动力设备			0.5	
电焊机	3～10 台	k_2	0.6	
	10 台以上		0.5	
室内照明		k_3	0.8	
室外照明		k_4	1.0	

单班施工时，用电量计算可不考虑照明用电。

各种机械设备以及室内外照明用电定额可查《施工手册》相应表格。

由于照明用电量所占的比重较动力用电量要少得多，所以在估算总用电量时可以简化，只要在动力用电量之外再加 10% 作为照明用电量即可。

2）电源选择。

① 选择建筑工地临时供电电源时须考虑的因素。

a. 建筑工程及设备安装工程的工程量和施工进度。

b. 各个施工阶段的电力需要量。

c. 施工现场的大小。

d. 用电设备在建筑工地上的分布情况和距离电源的远近情况。

e. 现有电气设备的容量情况。

② 临时供电电源的几种方案。

a. 完全由工地附近的电力系统供电，包括在全面开工前永久性供电外线工程做好，设置变电站（所）。

b. 工地附近的电力系统只能供给一部分，尚需自行扩大原有电源或增设临时供电系统，以补充其不足。

c. 利用附近高压电力网，申请临时配电变压器。

d. 工地位于边远地区，没有电力系统时，电力完全由临时电站供给。

③ 临时电站一般有内燃机发电站、火力发电站、列车发电站、水力发电站。

3）电力系统选择。当工地由附近高压电力网输电时，则在工地上设降压变电所把电能从 110kV 或 35kV 降到 10kV 或 6kV，再由工地若干分变电所把电能从 10kV 或 6kV 降到 380/220V。变电所的有效供电半径为 400～500m。

常用变压器的性能可查《施工手册》。

工地变电所的网络电压应尽量与永久企业的电压相同，主要为 380/220V。对于 3kV、6kV、10kV 的高压线路，可用架空裸线，其电杆距离为 40～60m，或用地下电缆。户外 380/220V 的低压线路亦采用裸线，只有与建筑物或脚手架等不能保持必要安全距离的地方才宜采用绝缘导线，其电杆间距为 25～40m。分支线及引入线均应由电杆处接出，不得由两杆之间接出。

配电线路应尽量设在道路一侧，不得妨碍交通和施工机械的装、拆及运转，并要避开堆料、挖槽、修建临时工棚用地。

室内低压动力线路及照明线路皆用绝缘导线。

4）配电箱布置。

① 金属箱架、箱门、安装板、不带电的金属外壳及靠近带电部分的金属护栏等，均需采用绿黄双色多股软绝缘导线与 P_E 保护零线做可靠连接。

② 施工现场临时用电的配置，以"三级配电、二级漏保"，"一机、一闸、一漏、一箱、一锁"为原则，推荐"三级配电、三级漏保"配电保护方式。A 级箱、B 级箱采用线路保护型开关。控制电动加工机械的 C 级箱，采用具有电动机专用短路保护和过载保护脱扣特性的漏电保护开关保护。

③ 配电箱（柜）必须使用定型产品，不允许使用开放式配电屏、明露带电导体和接线端子的配电箱（柜）。

④ 配电箱内的漏电保护开关须每周定期检查，保证其灵敏可靠并有记录。配电箱出线有三个及以上回路时，电源端须设隔离开关。配电箱的漏电保护开关有停用三个月以上、转换现场、大电流短路掉闸情况之一，应采用漏电保护开关专用检测仪重新检测，其技术参数须符合相关标准要求方可投入使用。

⑤ 交、直流焊机须配置弧焊机防触电保护器，设专用箱。

⑥ 消防供用电系统、消防泵保护，须设专用箱，配电箱内设置漏电声光报警器，空气开关采用无过载保护型。消防漏电声光报警配电箱由专门指定厂生产。

⑦ 空气开关、漏电保护器、电焊机二次降压保护器等临电工程电器产品，必须采用有电工产品安全认证、试验报告、工业产品生产许可证厂家的产品。

⑧ 行灯变压器箱，应保证通风良好。行灯变压器与控制开关采用金属隔板隔离。

⑨ 箱门内侧贴印标示明晰、符号准确、不易擦涂的电气系统图。电气系统图内容有开关型号、额定动作值、出线截面、用电设备和次级箱号。

⑩ 箱体外标识应有公司标识、用电危险专用标识、箱体级别及箱号标识。

⑪ 开关箱、配电箱（柜），箱体钢板厚度必须不小于 1.5mm、柜体钢板厚度必须不小于 2mm。

5）选择导线截面。导线截面的选择要满足以下基本要求：

① 按机械强度选择：导线必须保证不致因一般机械损伤折断。

② 允许电流选择：导线必须能承受负载电流长时间通过所引进的温升。

③ 允许电压降选择：导线上引起的电压降必须在一定限度之内。

所选用的导线截面应同时满足以上三项要求，即以求得的三个截面中的最大者为准，从电线产品目录中选用线芯截面，也可根据具体情况抓住主要矛盾。一般地，由于道路工地和给排水工地作业线比较长，导线截面由电压降选用；建筑工地配电线路比较短，导线截面可由允许电流选定；小负荷的架空线路中往往以机械强度选定。

④ 现场总电源线截面、开关整定值选择计算：

a. 按最小机械强度选择导线截面：

架空：BX 为 10mm² 　　BLX 为 16mm²（BX 为外护套橡皮线；BLX 为橡皮铝线）

b. 按安全载流量选择导线截面：

$$I_{js}=K_x\frac{\sum(P_{js})}{\sqrt{3}U_e\cos\varphi} \tag{1-11}$$

式中　I_{js}——计算电流；

　　　K_x——同时系数（取 0.7～0.8）；

　　　P_{js}——有功功率；

　　　U_e——线电压；

　　　$\cos\varphi$——功率因数。

c. 按允许电压降选择导线截面：

$$S=K_x\frac{\sum(P_eL)}{C_{cu}\Delta U} \tag{1-12}$$

式中　S——导线截面；

　　　P_e——额定功率；

　　　L——负荷到配电箱的长度；

　　　C_{cu}——常数（三相四线制为 77，单相制为 12.8）；

　　　ΔU——（允许电压降，临电取 8%，正式电路取 5%）。

（5）临时道路长度和面积计算。根据施工总平面图的设计结果进行长度计算，再根据长度和宽度计算其面积。

（6）工地通信设施的计算。该项计算包括通信（电视、电话、网线、广播等）设备、设施和线路，根据设计需要进行估算。能利用永久设施的，尽量提前施工，为工地利用。

（7）绿化设施的计算。绿化设施根据绿色施工要求计算。

1.3.3　施工组织总设计的技术经济指标

为了考核施工组织总设计的编制及执行效果，应计算下列技术经济指标。

1. 施工期

施工期是指建设项目从正式工程开工到全部投产使用为止的持续时间。应计算的相关指标有：

(1) 施工准备期：从施工准备开始到主要项目开工为止的全部时间。

(2) 部分投产期：从主要项目开工到第一批项目投产使用为止的全部时间。

(3) 单位工程工期：指建筑群中各单位工程从开工到竣工为止的全部时间。

2. 劳动生产率

应计算的相关指标有：

(1) 人均产值〔元/（人·年）〕。

(2) 单位用工（工日/m^2 竣工面积）。

(3) 劳动力不均衡系数：

$$劳动力不均衡系数＝施工期高峰人数/施工期平均人数 \tag{1-13}$$

3. 工程质量

合格，奖项。

4. 降低成本

(1) 降低成本额，其计算式为

$$降低成本额＝承包成本额－计划成本额 \tag{1-14}$$

(2) 降低成本率，其计算式为

$$降低成本率＝降低成本额/承包成本额 \tag{1-15}$$

5. 安全指标

以工伤事故频率控制数表示。

6. 机械指标

$$机械化程度＝机械施工完成造价/承包总造价 \tag{1-16}$$

7. 临时工程

(1) 临时工程投资比例：

$$临时工程投资比例＝全部临时工程投资/承包工程造价 \tag{1-17}$$

(2) 临时工程费用比例：

$$临时工程费用比例＝（临时工程投资－回收费＋租用费）/承包工程造价 \tag{1-18}$$

8. 节约三大材料百分比

(1) 节约钢材百分比。

(2) 节约木材百分比。

(3) 节约水泥百分比。

1.3.4　厦门大学翔安校区工程施工组织总设计及评析

1. 厦门大学翔安校区工程施工组织总设计

厦门大学翔安校区工程施工组织总设计（摘录）见"附录2"。

2. "厦门大学翔安校区工程施工组织总设计"评析

(1) 本设计基本贯彻了 GB/T 50502—2009《建筑工程施工组织设计规范》关于施工组织总设计的规定。

(2) 本设计遵守了本工程"施工组织纲要"的安排，并对纲要中的许多关键内容及满足招标方的期望进行了细化设计。

（3）本设计总揽5栋工程的全局，站在施工总承包方的立场上做出了全面的施工规划和部署，具有控制性、指导性和实施性，尤其是对施工程序安排及总进度控制具有指导意义。

（4）本设计对建筑群施工各阶段（地下室、主体、装饰装修）的施工总平面图进行了合理设计，可用以指导施工准备和施工全过程。

（5）本设计详细规划了拟编制的30种专项施工方案，指导了项目经理部的施工方案编制和全过程的技术管理工作。

（6）本设计对单位工程施工组织设计和施工方案的编制具有框架性的指导作用。

（7）本设计的具体内容符合了其所提出的各项编制依据，尤其是贯彻了各项标准、规范、规程、部门规章及有关文件的规定。

（8）本设计是各分包单位编制其施工组织设计（施工方案）和组织施工的指导文件。

（9）本设计可以成为指导本群体工程施工的技术、经济和管理的综合文件。

1.4　建设工程单位工程施工组织设计

1.4.1　单位工程施工组织设计概述

1. 单位工程施工组织设计的内容和编制程序

（1）单位工程施工组织设计的内容。单位工程施工组织设计的内容包括工程概况、施工部署、施工进度计划、施工准备与资源配置计划、主要施工方案、施工现场平面布置图（以下简称施工平面图）、技术经济指标。

（2）单位工程施工组织设计的编制程序。单位工程施工组织设计的编制程序如下：

获得编制依据→描述工程概况→编制施工部署→编制施工进度计划→编制施工准备与资源配置计划→制定主要施工方案→设计施工平面布置图→计算技术经济指标→审批。

2. "工程概况"的内容

（1）工程主要情况。工程主要情况包括工程名称、性质和地理位置，工程的建设、勘察、设计、监理和总承包等相关单位的情况，工程总承包范围和分包工程范围，施工合同、招标文件或总承包单位对工程施工的重点要求，其他应说明的情况。

（2）各专业设计简介。各专业设计简介内容如下：

1）建筑设计简介。依据建设单位提供的建筑设计文件进行描述，包括建筑规模、建筑功能、建筑特点、建筑耐火、防水及节能要求等，并应简单描述工程的主要装修做法。

2）结构设计简介。依据建设单位提供的结构设计文件进行描述，包括结构形式、地基基础形式、结构安全等级、抗震设防级别、主要结构构件类型及要求等。

3）机电及设备安装专业设计简介。依据建设单位提供的各相关专业设计文件进行描述，包括给水、排水及采暖系统、通风与空调系统、电气系统、智能化系统、电梯等各个专业系统的做法和要求。

（3）工程施工条件。当单位工程施工组织设计是施工组织总设计的一部分时，工程施工条件可包括"七通一平"情况，材料及预制加工品的供应情况，施工单位的机械、运输、劳动力和企业管理情况等。当单位工程施工组织设计不是施工组织总设计的一部分时，工程施工条件还应包括施工组织总设计的以上施工条件的主要相关内容。

1.4.2 单位工程施工部署和施工方案

1. 施工部署的编制

(1) 工程施工目标。工程施工目标应根据施工合同、招标文件以及单位工程管理目标的要求确定，包括进度、质量、安全、环境和成本等目标。如果是施工组织总设计中的补充内容时，各目标应满足施工组织总设计中确定的总体目标要求。

(2) 进度安排和空间组织。施工部署中的进度安排和空间组织应符合下列规定：

1) 对本工程的主要分部（分项）工程施工做出统筹安排，工程主要内容和里程碑节点应明确说明，施工顺序应符合工序逻辑关系。

2) 施工阶段划分结合工程具体情况分阶段进行，一般应包括地基基础、主体结构、装修装饰和机电设备安装三个阶段。要根据工程特点及工程量进行科学合理划分，说明划分依据、流水方向，确保均衡流水施工。

(3) 施工的重点和难点分析。施工重点和施工难点分析应包括组织管理和施工技术两个方面。工程的重点和难点对不同的工程和不同的企业具有相对性。某些重点和难点工程的施工方法和管理方法可能已经通过专家论证成为国家工法、企业工法或企业施工工艺标准，此时企业可直接引用。重点难点工程的施工方法选择着重考虑影响整个单位工程的分部（分项）工程，如工程量大、施工技术复杂或对工程质量起关键作用的分部（分项）工程。

(4) 工程管理组织机构形式。单位工程施工管理组织的形式选择应明确工程总承包单位的管理组织机构形式，用系统图（或称组织结构图）表达出来，确定项目经理部的部门设置、工作岗位设置及相应的职责划分，作为建立组织机构的科学依据。

(5) "四新" 要求。对于工程施工中计划开发的新技术和新工艺，选用的新技术和新工艺，都要认真做出部署，确定选题、计划和实施要点。对新材料、新设备的使用应提出明确的对象、技术及管理要求。

(6) 分包单位选择。对分包的选择做出下列部署：分包工程范围、招标规划、合同模式、管理方式等。

2. 施工方案的制定

(1) 施工方案制定原则。

1) 结合工程的具体情况、施工工艺和相关工法等，按照施工顺序进行阐述。

2) 先进性、可行性和经济性兼顾。

(2) 施工方案的制定对象。

1) 按 GB 50300—2013《建筑工程施工质量验收统一标准》的分部分项工程划分原则，对主要分部（分项）工程制定施工方案。

2) 对脚手架工程、起重吊装工程、临时用水与用电工程、季节性施工等专项工程编制施工方案，并进行必要的验算和说明。

1.4.3 单位工程施工进度计划

1. 单位工程施工进度计划概述

(1) 单位工程施工进度计划的含义。单位工程施工进度计划按照其施工部署中的 "进度安排和空间组织" 进行编制，对工程的施工顺序、各个项目的持续时间及项目之间的搭接关系、工程的开工时间、竣工时间及总工期等做出安排。如果是施工组织总设计中的单位工程，还应满足施工总进度计划的要求。在这个基础上，可以编制劳动力计划，材料供应计划，成品、半成品计划，机械需用量计划等。所以，施工进度计划是施工组织设计中一项非常重要的内容。

（2）单位工程施工进度计划的编制依据。单位工程施工进度计划的编制依据包括：施工总进度计划，施工方案，施工预算，计划定额，施工定额，资源供应状况，领导对工期的要求，建设单位对工期的要求（合同要求）等。这些依据中，有的是通过调查研究得到的。

（3）单位工程施工进度计划的编制程序。单位工程施工进度计划的编制程序如下：

收集编制依据→划分施工过程→计算工程量→套用计划定额→计算劳动量或机械台班需用量→确定各施工过程的持续时间→绘制网络计划或流水施工水平计划（横道图）→检查：工期是否符合要求，劳动力和机械使用是否均衡，材料是否超过供应限额→如果符合要求则绘制正式进度计划；如果不符合要求则调整或优化→符合要求后绘制正式进度计划。

2. 单位工程施工进度计划的编制实务

（1）划分施工过程。施工过程是进度计划的基本组成单元。其包含的内容多少、划分的粗细程度，应该根据计划的需要来决定。一般说来，单位工程施工进度计划的施工过程应明确到分项工程或更具体，以满足指导施工作业的要求。通常划分施工过程应按顺序列成表格，编排序号，查对是否遗漏或重复。凡是与工程对象施工直接有关的内容均应列入，辅助性内容和服务性内容则不必列入。划分施工过程应与施工方案一致。大型工程还必须编制详细的实施性计划，不能以"控制"代替"实施"。

（2）计算工程量和持续时间。计算工程量应针对划分的每一个施工过程分段计算。可套用施工预算的工程量，也可以由编制者根据图纸并按施工方案自行计算，或根据施工预算加工整理。施工过程的持续时间最好是按正常情况确定，它的费用一般是最低的。待编制出初始计划并经过计算再结合实际情况作必要的调整，这是避免因盲目抢工而造成浪费的有效办法。按照实际施工条件来估算项目的持续时间是较为简便的办法，现在一般也多采用这种办法。具体计算法有两种，即定额计算法公式（1-19）和经验估计法公式（1-20）。

$$t = Q/RS = P/R \qquad (1-19)$$
$$t = (a + 4c + b)/6 \qquad (1-20)$$

式中　t——施工过程的持续时间；

Q——工程量；

R——作业队人数或机械台数；

S——产量定额，即单位时间（工日或机械台班）完成的工程量，最好是本施工单位的实际水平，也可以参照地区施工定额水平；

P——劳动量或机械台班量；

a——完成某施工过程的乐观估计时间；

b——完成某施工过程的悲观估计时间；

c——完成某施工过程的最可能估计时间。

（3）确定施工过程的施工顺序。施工顺序是在施工部署和施工方案中确定的施工流向和施工程序的基础上，按照所选施工方法和施工机械的要求确定的。有的施工组织设计放在施工方案中确定，有的施工组织设计在编制施工进度计划时具体确定。由于施工顺序是在施工进度计划中正式定案的（编制施工进度计划往往要对施工顺序进行反复调整），所以最好在施工进度计划编制时具体研究确定施工顺序。

确定施工顺序是为了按照施工的技术规律和合理的组织关系，解决各项目之间在时间上的先后顺序和搭接关系，以期做到保证质量、安全施工、充分利用空间、争取时间、实现合理确定工期的目的。安排施工顺序必须尊重工艺关系、优化组织关系。

工业建筑与民用建筑的施工顺序不同。同样的工业建筑或同样的民用建筑，其施工顺序也难以做到完全相同。因此，优化施工顺序时，应对工程的特点、技术上和组织上的要求以及施工方案等进行研究，不能拘泥于某种僵化的顺序。但是应当承认，从大的方面看，施工顺序也有许多共性。

(4) 组织流水施工并绘制施工进度计划图。流水施工原理是组织施工、编制施工进度计划的基本原理，编制施工进度计划时，应在做完了上述各项工作之后，用流水施工原理编制施工进度计划图，此时应注意以下几点：

1) 应先选择进度图的形式。可以是横道图，也可以是网络图。为了方便与国际交往，使用计算机计算、调整和优化，提倡使用网络计划。使用网络计划可以是无时标的，也可以是有时标的。当计划定案后，最好绘制时标网络计划，使执行者更直观地了解计划。

2) 安排计划时应先安排各分部工程的计划，然后再组合成单位工程施工进度计划。

3) 安排各分部工程施工进度计划应首先确定主导施工过程，尽量组织等节奏或异节奏流水施工，从而组织单位工程的分别流水施工。

4) 施工进度计划图编制以后要计算总工期并进行判别，看是否满足工期目标要求，如不满足，应进行调整或优化。然后绘制资源动态曲线（主要是劳动力动态曲线），进行资源均衡程度的判别，如不满足要求，再进行资源优化，主要是"工期规定、资源均衡"的优化。

5) 优化完成以后再绘制正式的单位工程施工进度计划图，付诸实施。

3. 施工进度计划图的选择方法

施工组织设计中的施工进度计划应兼用横道计划方法（流水施工方法）和网络计划方法（统筹法），这两种方法都是发展成熟、行之有效的。兼用两种方法可以做到优势互补，相得益彰。两种方法的优缺点可用表 1-8 表示。两种方法的适用范围可用表 1-9 表示。

表 1-8　　　　　　　　　　　　　两种方法的优缺点比较

方　法	优　点	缺　点
横道计划	绘图简单 计算容易 识图容易 分工明确 资源连续	工艺关系难以明确 计算的时间参数少 优化施工较难组织 调整计划很不方便 难识关键和非关键
网络计划	工作之间的关系清楚 计算的时间参数较多 方便于找出关键线路 可以求出可用的时差 方便使用计算机管理	绘图复杂容易出错 计算烦琐较难掌握 不易编制周期计划 时间长短不够直观 资源连续使用困难

表 1 - 9 两种方法的基本适用范围比较

方　　法	适用范围	不适用范围
横道计划	重视资源连续的计划 使用时标表示的计划 作业人员使用的计划 工艺关系简单的计划 没有优化任务的计划	大型复杂工程的计划 需要找出关键的计划 需要求出时差的计划 需要适时调整的计划 需要用计算机的计划
网络计划	大型复杂工程的计划 需要找出关键的计划 需要求出时差的计划 需要进行优化的计划 需要用计算机的计划	追求资源连续使用的计划 年季月旬周等周期性计划 工作不多关系简单的计划 小型工程工艺简单的计划 不如横道计划方便的计划

表 1-8 和表 1-9 的规律是经过大量实践经验总结和深入研究得出来的，它给人们提供的启示是：由于两种计划方法各有优缺点，所以比较适用的范围便不会相同，但是适用范围不是绝对的，在一定的条件下可以相互代替。如何选用？有以下原则：

(1) 根据工程对象选用计划方法。大中型项目和群体工程项目一般来说都是比较复杂的，工程规模大，个体比较多，如果编制施工总进度计划，可选用横道计划，便于简化图形，平衡资源时间，组织资源流水；如果编制单位工程或分部工程施工进度计划，最好使用网络计划方法，以便处理复杂的工艺关系和组织关系，寻找关键工作和关键线路，进行计划优化和调整。

小型项目一般来说不会太复杂，工艺关系和组织关系比较简单，可以编制横道计划，以便于节约计划时间，工人易于掌握；但是也有的项目虽小，工艺关系却很复杂，例如某些安装工程项目，此时应采用网络计划方法处理复杂的工艺关系。

(2) 根据使用计划者的需要选用计划方法。工人班组使用的作业计划，如果工人已经掌握了网络计划方法，则最好是选用网络计划方法或时标网络计划方法；否则，应选用容易识图的横道计划方法。

技术与计划管理人员（包括技术负责人），由于指挥和管理的需要，应使用网络计划方法，以便掌握关键工作和关键线路、进行资源平衡与调配、适时调整或修改计划。

领导人员，如企业主管或部门主管，总经济师或总会计师，其他管理人员，应使用横道计划，以便一目了然，把握全局，进行指挥。

周期性计划最好选用横道计划方法。旬月计划也可以采用时标网络计划方法。

(3) 根据管理水平选用计划方法。不同的施工企业，管理水平不同，掌握的计划方法也不同。大型企业一般管理水平较高，掌握了网络计划方法。中小型企业，乡镇企业，一般管理水平较低，不但网络计划方法没有掌握，而且流水施工方法（横道计划）也不一定熟悉。所以，管理水平较高的施工单位可优先选用网络计划方法；管理水平较低的企业，不得不选用横道计划方法。

要求进行计划优化和调整的计划，应使用网络计划方法。使用计算机进行计划管理的组织，应采用网络计划方法。

(4) 根据领导指令和业主的要求选用计划方法。有些领导，指令进行计划优化和动态调整，指令采用网络计划方法，无疑计划人员必须采用网络计划方法。有些领导则不甚在意选用何种方法，计划人员可以自行决定采用的计划方法。

业主的要求也影响计划方法的选用。招标工程业主在招标文件中要求采用网络计划方法，施工单位必须无条件地采用网络计划方法。

由于网络计划的优点多于横道计划，所以自改革开放以来，网络计划技术知识逐渐普及，各地都举办网络计划技术学习班，有关主管部门要求普及应用网络计划技术，大专院校也都设立了网络计划技术课程（设在施工组织课程或工程项目管理课程之中），计算机知识逐渐普及，设备条件逐渐具备，所以，有条件的建筑企业，应尽量采用网络计划技术编制计划并用计算机进行绘图、计算、优化、调整与统计。

在使用网络计划技术的时候，有两点需要注意：第一，尽量做到网络计划可以转换成横道计划，以方便不同的使用者；第二，提供给基层组织或作业人员使用的计划最好绘制成时标网络计划，以便于识图。

流水施工计划也是一种科学性较强的计划，在我国已经普及。流水施工计划一般是绘制成横道计划，横道计划都应是流水施工计划。但是有的横道计划不一定是按流水施工计划方法绘制的，所以，横道计划不能与流水施工计划画等号。我们要求的网络计划方法与横道计划方法辩证地兼用，其中的横道计划指的是流水施工计划，而不是随意绘制的非流水施工横道计划。

在编制网络计划的时候，一定要结合应用流水施工方法的原理，努力做到资源连续均衡地使用。

普及使用网络计划方法有两个关键：第一是普及网络计划技术知识，使管理人员都能用网络计划绘图和管理，作业人员都会认知和使用网络计划图，所以要加大培训力度；第二是普及应用计算机，为此，要大力开发并掌握适用的网络计划计算机程序，使应用计算机成为可能。

使用网络计划方法贵在坚持，如果只重编制，不重使用和调整，不能适应计划的变化，则谈不上使用网络计划方法。

使用网络计划方法，应按照相关标准和规程实施，避免随意性。

1.4.4　单位工程施工准备工作和资源配置计划

1. 施工准备工作

施工准备工作既是单位工程开工的条件，也是施工中的一项重要内容。开工之前应为开工创造条件，开工后应为施工创造条件，因此，它贯穿于施工过程的始终，在施工组织设计中英进行规划，实行责任制，且宜在施工进度计划编制完成后进行。单位工程施工组织设计的施工准备比起施工组织总设计的相应部分应相对具体，也包括技术准备、现场准备和资金准备。

（1）技术准备。技术准备包括施工所需资料的准备，施工方案的编制计划，试验检验及设备调试工作计划，样板制作计划等。要求如下：

1）主要分部（分项）工程和专项工程在施工前应单独编制施工方案，施工方案可根据工程进展情况分阶段编制完成。对需要编制的主要施工方案应制定编制计划。

2）试验检验及设备调试工作计划应根据现行规范或标准中的有关要求、工程规模、工程进度等实际情况制定。

3）样板制作计划应根据施工合同或招标文件的要求并结合工程特点制定。

（2）现场准备。现场准备应根据现场施工条件和工程实际需要进行，包括绘制施工现场平面布置图、准备生产临时设施与生活临时设施。

（3）资金准备。应根据施工进度计划编制资金使用计划。

施工准备工作计划应参照表 1-10 编制。

表 1-10　　　　　　　　　　　　单位工程施工准备工作计划

序号	准备工作项目	简要内容	负责单位	负责人	起止日期		备注
					日/月	日/月	

2. 资源配置计划

（1）资源配置计划应包括劳动力配置计划和物资配置计划等。

1）劳动力配置计划。应包括确定施工阶段用工量和根据施工进度计划确定各施工阶段劳动力配置计划。

2）物资配置计划。物资配置计划包括：

① 主要材料和设备的配置计划。应根据施工进度计划确定，包括施工阶段所需主要工程材料、设备的种类和数量。

② 工程主要周转材料和施工机具的配置计划。应根据施工部署和施工进度计划确定，包括各施工阶段所需主要周转材料、施工机具的种类和数量。

（2）单位工程劳动力需要量计划。单位工程劳动力需要量计划是根据单位工程施工进度计划编制的，可用于优化劳动组合，调配劳动力，安排生活福利设施。将单位工程施工进度计划表内所列的各施工过程每天（每旬、每日）所需的工人人数按工种进行汇总即可得出相应时间所需的各工种人数。见表 1-11。

表 1-11　　　　　　　　　　　　单位工程劳动力需要量计划

序号	工种名称	人数	时间（　）																	
			1	2	3	4	5	6	7	8	9	10	11	12	13	14	15	16	17	18	…

（3）单位工程主要材料需要量计划。单位工程主要材料需要量计划可用以备料、组织运输和建库（堆场）。可将进度表中的工程量与消耗定额相乘、加以汇总、并考虑储备定额进行计算，也可根据施工预算和进度计划进行计算。

（4）单位工程构件需要量计划。构件需要量计划用以与加工单位签订合同，组织运输，设置堆场位置和面积。应根据施工图和施工进度计划编制。

（5）单位工程施工机械需要量计划。施工机械需要量计划用以供应施工机械，安排机械进场、工作和退场日期。可根据施工方案和施工进度计划进行编制。

1.4.5　单位工程施工平面图

1. 单位工程施工平面图概述

（1）单位工程施工平面图的作用。单位工程施工平面图是布置施工现场的依据，也是施工准备工作的一项重要依据，是实现文明施工，节约土地，减少临时设施费用，进行绿色施工的先决条件。

（2）施工平面图的编制依据。施工平面图的编制依据是施工总平面图及其设计依据。

（3）施工平面图应包括的内容。

1）工程施工场地状况。

2）拟建的建（构）筑物的位置、轮廓尺寸、层数等。

3）工程施工现场的加工设施、存储设备、办公和生活用房等的位置和面积，包括：材料、加工半成品、构件和机具的堆场；生产、生活用临时设施，如搅拌站、高压泵站、钢筋棚、木工棚、仓库、办公室、供水管、供电线路、消防设施、安全设施、道路以及其他需搭建或建造的设施。

4）在施工现场的垂直运输设施（移动式起重机的开行路线及垂直运输设施）的位置、供电设施、供水设施、排水排污设施和临时施工道路等。

5）施工现场必备的安全消防、保卫和环境保护等设施。

6）相邻的地上、地下既有建（构）筑物及相关环境。

7）测量放线标桩、地形等高线和取舍土地点。

8）必要的图例、比例尺，方向及风向标记。

上述内容可根据建筑总平面图、施工图、现场地形图、现场水源和电源、场地大小、可利用的已有房屋和设施、调查得来的资料、施工组织总设计、施工方案、施工进度计划等，经过科学的计算甚至优化，并遵照国家有关规定来进行设计。

（4）单位工程施工平面图的设计步骤。合理的设计步骤有利于节约时间、降低成本、减少矛盾，单位工程施工平面图的一般设计步骤如下：确定起重机的位置→确定搅拌站、仓库、材料和构件堆场、加工厂的位置→布置运输道路→布置行政管理、文化、生活、福利用临时设施→布置水电管线→计算技术经济指标。

2. 单位工程施工平面图的设计要点

（1）绘制比例及要求。单位工程施工平面图的绘制比例一般为 1：200～1：500。

如果单位工程施工平面图是拟建建筑群的组成部分，它的施工平面图就是全工地总施工平面图的一部分，应受到全工地施工总平面图的约束并应具体化。

（2）起重机械布置。

1）并架、门架等固定式垂直运输设备的布置，要结合建筑物的平面形状、高度、材料及构件的重量，考虑机械的负荷能力和服务范围，做到便于运送，便于装拆，便于组织分层分段流水施工，便于楼层和地面的运输并缩短运距。

2）塔式起重机的布置要结合建筑物的形状及四周的场地情况布置。起重高度、幅度及起重量要满足要求，使材料和构件可达建筑物的任何使用地点。塔基和路基要按规定进行设计和建造。

3）履带吊和轮胎吊等自行式起重机的行驶路线布置要考虑吊装顺序、构件重量、建筑物的平面形状、高度、堆放场地位置以及吊装方法等。

4）还要注意避免机械能力的浪费。

（3）搅拌站、加工厂、仓库、材料、构件堆场的布置。

1）它们要尽量靠近使用地点或在起重机起重能力范围内，运输、装卸要方便。

2）如需在现场设置搅拌站，应通过环保部门批准，要与砂、石堆场及水泥库一起考虑，既要相互靠近，又要便于大宗材料的运输装卸。

3）木材棚、钢筋棚和水电加工棚可离建筑物稍远，并有相应的堆场。

4）仓库、堆场的布置，应进行计算，能适应各个施工阶段的需要。按照材料使用的先后，同一场地可以供多种材料或构件堆放。易燃、易爆品的仓库设置要办理相应的批准手续，其位置须满足防火、防爆安全距离的要求。

5）石灰、淋灰池要接近灰浆搅拌站布置。在允许现场进行沥青熬制时，地点要离开易燃品库，均应布置在下风向。在城市施工时，应使用沥青厂的沥青，不准在现场熬制。

6）构件重量大的，要在起重机臂下；构件重量小的、便于二次搬运的，可离起重机稍远。

（4）运输道路的修筑。应按材料和构件运输的需要，沿着仓库和堆场进行布置，使之畅行无阻。宽度要符合规定，单行道不小于 3～3.5m，双车道不小于 5.5～6m。路基要经过设计，回转半径要满足运输要求。要结合地形在道路两侧设排水沟。总的说来，现场应设环形路，在易燃品附近也要尽量设计成进出容易的道路。木材场两侧应有 6m 宽通道，端头处应有 12m×12m 回车场。消防车道宽度应不小于 3.5m。

（5）行政管理、文化、生活、福利用临时设施的布置。应使用方便，不妨碍施工，符合防火、安全的要求，一般放在工地出入口附近。要努力节约，尽量利用已有设施或正式工程，必须修建时要经过计算确定面积。

（6）供水设施的布置。临时供水首先要经过计算、设计，然后进行设置，其中包括水源选择、取水设施、贮水设施、用水量计算（施工用水、机械用水、生活用水、消防用水）、配水布置、管径的计算等。单位工程施工组织设计的供水计算和设计可以简化或根据经验进行安排。一般 5000～10 000m² 的建筑物施工用水主管径为 50mm，支管径为 40mm 或 25mm。消防用水一般利用城市或建设单位的永久消防设施。如自行安排，应按有关规定设置。消防水管线直径不小于 100mm，消火栓布置与施工总平面图相同。高层建筑施工用水要设置蓄水池和加压泵，以满足高处用水需要。管线布置应使线路总长度小，消防管和生产、生活用水管可以合并设置。水源应符合绿色施工和节水的要求。

（7）临时供电设施。临时供电设计，包括用电量计算、电源选择、电力系统选择和配置。用电量包括电动机用电量、电焊机用电量、室内和室外照明容量。如果是扩建的单位工程，可计算出施工用电总数请建设单位解决，不另设变压器。独立的单位工程施工，要计算出现场施工用电和照明用电的数量，选用变压器和导线的截面及类型。变压器应布置在现场边缘高压线接入处，离地应小于 30cm，在 2m 以外四周用高度大于 1.7m 铁丝网围住，以保安全，但不要布置在交通要道口处。

（8）单位工程施工平面图的评价指标。为评价单位工程施工平面图的设计质量，可以计算下列技术经济指标并加以分析，以有助于施工平面图的最终合理定案。

1）施工用地面积及施工占地系数，计算式为：

$$施工占地系数＝施工占地面积（m^2）/建筑面积（m^2）×100\% \qquad (1-21)$$

2）施工场地利用率，计算式为：

$$施工场地利用率＝施工图设计占用面积（m^2）/施工用地面积（m^2）×100\% \quad (1-22)$$

3）临时设施投资率，计算式为：

$$临时设施投资率＝临时设施费用总和（元）/工程总造价（元）×100\% \qquad (1-23)$$

3. 单位工程施工组织设计主要技术经济指标体系

单位工程施工组织设计中技术经济指标应包括：工期，劳动生产率，质量，安全，降低成本率，主要工程机械化程度，三大材料节约。这些指标应在单位工程施工组织设计基本完成后进行计算，并反映在施工组织设计的文件中，作为考核的依据。

施工组织设计技术经济分析主要指标如下：

（1）总工期。

（2）单方用工。

（3）质量等级。这是在施工组织设计中确定的控制目标，主要通过保证质量措施实现，可对单位工程和分部分项工程分别确定。

（4）主要材料节约指标。可分别计算主要材料节约量、主要材料节约额和主要材料节约率，而以后者为主。

$$主要材料节约量＝技术组织措施节约量 \qquad (1-24)$$

或 $$主要材料节约量＝预算用量－施工组织设计计划用量 \qquad (1-25)$$

$$主要材料节约率＝主要材料计划节约额（元）/主要材料预算金额（元）×100\%$$
$$\qquad (1-26)$$

或 $$主要材料节约率＝主要材料节约量/主要材料预算用量×100\% \qquad (1-27)$$

（5）大型机械耗用台班用量及费用：

$$单方大型机械费＝计划大型机械台班费（元）/建筑面积（\mathrm{m}^2） \qquad (1-28)$$

（6）降低成本指标：

$$降低成本额＝承包成本－施工组织设计计划成本 \qquad (1-29)$$

$$降低成本率＝降低成本额（元）/承包成本（元）×100\% \qquad (1-30)$$

1.4.6 厦门大学翔安校区3号楼单位工程施工组织设计及评析

1. 厦门大学翔安校区工程3号楼单位施工组织设计

厦门大学翔安校区工程3号楼单位施工组织设计（摘录）见"附录3"。

2. "厦门大学翔安校区工程3号楼单位工程施工组织设计"评析

（1）本设计基本贯彻了GB/T 50502—2009《建筑工程施工组织设计规范》关于单位工程施工组织设计的有关规定。

（2）本设计符合并细化了施工组织总设计中有关3号楼的总体部署和各项设计。

（3）本设计站在施工总承包方的立场上做出了3号楼的施工组织部署，具有针对性、指导性和实施性。

（4）本设计对3号楼的钢筋混凝土工程的钢筋工程、模板工程和浇注混凝土工程的施工进行了重点设计，符合相关标准的规定，对结构施工具有决定性的指导意义。

（5）本设计在施工总进度网络计划计划的框架下，细化安排了结构施工网络计划和装饰装修施工网络计划，成为二级网络计划，符合JGJ/T 121—2015《工程网络计划技术规程》的规定，是3号楼进度管理的依据，也是编制三级网络计划（作业计划）及进行施工作业的依据。

（6）本设计突出了"安全第一"的方针，设计了"3号楼工程施工安全管理措施"，符合相关条例和规范的规定，细致、具体、可行，可满足工程的安全施工需要。

（7）本设计详细计算了施工临时用电量，设计了施工临时用电线路，可满足足量、节约用电的需要，符合绿色施工原则。

1.5　建设工程施工方案

1.5.1　施工方案的内容

按本书 1.1.2 所述编制施工方案包括两种情况：一种是专业承包公司独立承包项目中的分部（分项）工程或专项工程所编制的施工方案，另一种是作为单位工程施工组织设计的补充，由施工总承包单位编制的分部（分项）工程或专项工程施工方案。由施工总承包单位编制的分部（分项）工程或专项工程施工方案按照下列要求执行，其中单位工程中已包含的内容可省略。

编制施工方案应遵循两项原则：第一，结合工程的具体情况和施工工艺、工法等，按照施工顺序进行阐述；第二，具有先进性、可行性和经济性，且要三者兼顾。

施工方案的具体内容包括工程概况、施工安排、施工进度计划、施工准备与资源配置计划、施工方法及工艺要求。

1. 工程概况

（1）工程主要情况。工程主要情况包括以下内容：分部分项工程或专项工程名称；工程参建单位的相关情况；工程施工范围；施工合同，招标文件；总承包单位对工程施工的要求。

（2）设计简介。主要介绍施工范围内的工程设计内容和相关要求。

（3）工程施工条件。重点说明与分部分项工程或专项工程相关的内容。

2. 施工安排

（1）工程施工目标。工程施工目标包括进度、质量、安全、环境和成本等目标，各目标应满足施工合同、招标文件和总承包单位对工程施工的要求。

（2）工程施工顺序及施工段划分。细化施工程序，按流水施工原理划分施工段。

（3）主要管理措施和技术措施。针对工程的重点和难点进行施工安排并简述主要管理措施和技术措施。

（4）工程管理组织机构。根据分部（分项）工程或专项工程的规模、特点、复杂程度、目标控制和总承包单位的要求设置工程管理的组织机构（该机构各种专业人员配备齐全），完善项目管理网络，建立健全岗位责任制。

3. 施工进度计划

（1）分部（分项）工程或专项工程施工进度计划应按照上述施工安排并结合总承包单位的施工进度计划进行编制。施工进度计划应当内容全面、安排合理、科学实用，反映出各施工区段或各工种之间的搭接关系、施工期限、开始和结束时间。施工进度计划应能体现和落实施工总进度计划的目标控制要求；通过编制分部（分项）工程或专项工程进度计划进而体现总进度计划的合理性。

（2）施工进度计划表达方式可以是网络计划或横道图计划，并附必要的说明。

4. 施工准备及资源配置计划

（1）施工准备。

1）技术准备。包括施工所需技术资料的准备，图纸深化和技术交底的要求，试验检验和测试工作计划，样板制作计划，与相关单位的技术交接计划。

2）现场准备。包括生产、生活等临时设施的准备，与相关单位进行现场交接的计划等。

3）资金准备。编制资金使用计划。

（2）资源配置计划。

1）劳动力配置计划。确定工程用工量，编制专业工种劳动力计划。

2）物资配置计划。包括工程材料和设备、周转材料、施工机具、计量测量和检验仪器等配置计划。

5. 施工方法及工艺要求

（1）施工方法是工程施工期间所采用的技术方案、工艺流程、组织措施、检验手段等，它直接影响施工进度、质量、安全以及工程成本。明确分部（分项）工程或专项工程施工方法要抓住关键，并进行必要的计算。

（2）对易发生质量通病、易出现安全问题、施工难度大、技术含量高的分项工程（工序）等做出重点说明。

（3）施工方法可采用目前国家和地方推广的新技术、新工艺、新材料、新设备，也可以根据工程具体情况由企业创新。企业创新的，要编制计划，制定理论和试验研究实施方案并组织鉴定评价。

（4）对季节施工应提出具体要求。为此，可根据施工地点的实际气候特点，提出具有针对性的施工措施。在施工过程中，还应根据气象部门提供的预报资料，对具体措施进行细化。

1.5.2　确定施工流向和施工程序

1. 施工流向的确定

施工流向的确定是指单位工程在平面或竖向上施工开始的部位及展开方向。单层建筑物要确定出分段（跨）在平面上的施工流向；多层建筑物除了应确定每层平面上的流向外，还应确定其层或单元在竖向上的施工流向。竖向施工流水要在层数多的一段开始流水，以使工人不窝工。不同的施工流向可产生不同的质量、时间和成本效果，故施工流向应当优化。确定施工流向应考虑以下因素：生产使用的先后，适当的施工区段划分，与材料、构件、土方的运输方向不发生矛盾，适应主导施工过程（工程量大、技术复杂、占用时间长的施工过程）的合理施工顺序，以及保证工人连续工作而不窝工。具体应注意以下几点：

（1）车间的生产工艺过程往往是确定施工流向的关键因素，故影响其他工段试车投产的工段应先施工。

（2）建设单位对生产或使用要求在先的部位应先施工。

（3）技术复杂、工期长的部位应先施工。

（4）当有高低层或高低跨并列时，应先从并列处开始；当基础埋深不同时应先深后浅。

2. 确定施工程序

施工程序指分部工程、专业工程或施工阶段的先后施工关系。

（1）单位工程的施工程序应遵守"先地下、后地上"，"先主体、后围护"，"先结构、后装饰"的基本要求。

1）"先地下、后地上"，指的是在地上工程开始之前，尽量把管道、线路等地下设施和土方工程做好或基本完成，以免对地上部分施工有干扰或带来不便、造成浪费、影响质量。

2)"先土建、后设备",就是说不论是工业建筑还是民用建筑,土建与水暖电卫讯设备的关系都需要摆正,尤其在装修阶段,要以保质量、讲节约为前提处理好两者的关系。

3)"先主体、后围护",主要指框架结构与围护应注意在总的程序上有合理的搭接。

4)"先结构、后装饰",一般来说,多层民用建筑工程结构与装修以不搭接为宜,而高层建筑则应尽量搭接施工,以有效地节约时间。

(2)设备基础与厂房基础之间的施工程序。一般工业厂房不但有柱基础,还有设备基础。特别是重工业厂房,设备基础埋置深,体积大,所需工期较长,比一般柱基础的施工要困难和复杂得多。由于设备基础施工顺序的不同,常会影响到主体结构的安装方法和设备安装投入的时间,因此对其施工程序应仔细研究决定。一般有下述两种方案:

1)当厂房柱基础的埋置深度大于设备基础的埋置深度时,则厂房柱基础先施工,设备基础后施工,即封闭式施工程序。一般来说,当厂房施工处于雨季或冬季时,可采取"封闭式"施工方案。若设备基础不大,在厂房结构安装后施工对厂房结构稳定性并无影响时,采用设备基础后施工的程序。对于较大较深的设备基础,有时由于采用了特殊的施工方法(如沉井),也可以采用"封闭式"施工。

2)当设备基础埋置深度大于厂房柱基础的埋置深度时,厂房柱基础和设备基础应同时施工,即"开敞式"施工程序。只有当设备基础较大较深,其基坑的挖土范围已经与柱基础的基坑挖土范围连成一片,或深于厂房柱基础,以及厂房所在地点土质不佳时,往往采用设备基础在先的"开敞式"施工程序。

如果设备基础与柱基础的埋置深度相同或接近,则两种施工程序均可以选择。

(3)设备安装与土建施工的程序关系呈现复杂情况。土建施工要为设备安装施工提供工作面,在安装的过程中,两者要相互配合。一般在设备安装以后,土建还要做许多工作。总的来看,可以有 3 种程序关系:

1)封闭式施工。对于一般机械工业厂房,当主体结构完成之后,即可进行设备安装。对于精密设备的工业厂房,则应在装饰工程完成后才进行设备安装。这种程序称为"封闭式施工"。

封闭式施工的优点是:土建施工时,工作面不受影响,有利于构件就地预制、拼装和安装,起重机械开行路线选择自由度大;设备基础能在室内施工,不受气候影响;厂房的桥式吊车可为设备基础施工及设备安装运输服务。

但封闭式施工也有以下缺点:部分柱基回填土要重新挖填,运输道路要重新铺设,故出现重复劳动;设备基础挖土难以利用机械操作;如土质不佳时,设备基础挖土可能影响柱基稳定,故要增加加固措施费;不能提前为设备安装提供工作面,形成土建与设备安装的依次作业,相应地时间较长。

2)敞开式施工。对于某些重型厂房,如冶金、电站用房等,一般是先安装工艺设备,然后建造厂房。由于设备安装露天进行,故称"敞开式施工"。敞开式施工的优缺点正与封闭式施工相反。

3)平行式施工。当土建为设备安装创造了必要条件后,同时又可采取措施防止设备污染,便可同时进行土建与安装施工,故称"平行式施工"。例如建造水泥厂时最经济的施工方法就是这一种。

(4)要及时完成有关的施工准备工作,为正式施工创造良好条件。包括砍伐树木,拆除已有的建筑物，清理场地，设置围墙，铺设施工需要的临时性道路以及供水、供电管网，建造临时性工房、办公用房、加工厂等。准备工作视施工需要，可以一次完成或是分期完成。

（5）正式施工前，应该先进行平整场地，铺设管网，修筑道路等全场性工程及可供施工使用的永久性建筑物，然后再进行各个工程项目的施工。在正式施工之初完成这些工程，有利于利用永久性管线、道路、房屋为施工服务，从而减少暂设工程，节约投资，并便于现场平面的管理。在安排管线道路施工程序时，一般宜先场外、后场内，场外由远而近，先主干、后分支；地下工程要先深后浅，排水要先下游、后上游。

（6）对于单个房屋和构筑物的施工程序，既要考虑空间程序，也要考虑工种之间的程序。空间程序是解决施工流向的问题，必须根据生产需要、缩短工期和保证工程质量的要求来决定。工种程序是解决时间上搭接的问题，它必须做到保证质量、工种之间互相创造条件、充分利用工作面、争取时间。

（7）在施工程序上要注意施工最后阶段的收尾、调试、生产和使用前的准备、交工验收。前有准备，后有收尾，这才是周密的安排。

3. 划分施工段

施工段的划分将直接影响流水施工的效果，为合理划分施工段，一般应遵循下列原则：

（1）有利于保持结构的整体性。由于每一个施工段内的施工任务均由专业施工队伍完成，因而在两个施工段之间容易形成施工缝。为了保证拟建工程项目结构整体的完整性，施工段的分界线尽可能与结构的自然界线（如伸缩缝、沉降缝等）相一致，或设在对结构整体性影响较小的门窗洞口等部位。

（2）各施工段的劳动量相等或大致相等。划分施工段应尽量使各段工程量相等或者大致相等，其相差幅度不宜超过15％，以便使施工连续、均衡、有节奏地进行。

（3）应有足够的工作面。施工段的大小应保证工人施工有足够的作业空间（工作面），以便充分发挥专业工人和机械设备的生产效率。

（4）施工段的数目应与主导施工过程相协调。施工段的划分宜以主导施工过程（即对整个流水施工起决定性作用的施工过程）为主，形成工艺组合，合理地确定施工段的数目。多层工程的工艺组合数应不大于每层的施工段数，即 $N \leqslant m$。分段不宜过多，过多可能延长工期或使工作面狭窄；过少则无法流水施工，使劳动力或机械设备窝工。

1.5.3　施工方法和施工机械的选择

由于建筑产品的多样性、地区性和施工条件的不同，因而施工机械和施工方法的选择也是多种多样的。施工机械和施工方法的选择应当相协调，也即是相应的施工方法要求选用相应的施工机械；不同的施工机械适用于不同的施工方法。选择时，要根据建筑物（构筑物）的结构特征、抗震要求、工程量大小、工期长短、物资供应条件、场地四周环境等因素，拟订可行方案，进行优选后再决策。

1. 施工机械选择

（1）选择施工机械的原则。施工机械的选择应遵循切合需要、实际可能、经济合理的原则，具体考虑以下几点：

1）技术条件。包括技术性能，工作效率，工作质量，能源耗费，劳动力的节约，使用的安全性、灵活性、通用性和专用性，维修的难易和耐用程度等。

2）经济条件。包括原始价值、使用寿命、使用费用、维修费用等。如果是租赁机械，应考虑其租赁费。

3）要进行定量的技术经济分析比较，以使机械选择最优。

（2）选择施工机械的要求。

1）选择施工机械时，首先应该选择主导工程的机械，根据工程特点决定其最适宜的类型。例如选择起重设备时，当工程量较大而又集中时，可采用塔式起重机或桅杆式起重机；当工程量较小或工程量虽大但又相当分散时，则采用无轨自行式起重机。

2）为了充分发挥主导机械的效率，应相应选好与其配套的辅助机械或运输工具，以使其生产能力协调一致，充分发挥主导机械的效率。起重机械与运输机械要配套，保证起重机械连续作业；土方机械如采用汽车运土，汽车的容量应为斗容量的整数倍，汽车数量应保证挖土机械连续工作。

3）应力求一机多用及综合利用。如挖土机可用于挖土、装卸和打桩，起重机械可用于吊装和短距离水平运输。

2. 施工方法选择

（1）制定施工方法的重点。施工方法选择时，应着重于考虑影响整个工程施工的分部分项工程的施工方法。对于按照常规做法和工人熟知的分项工程，则不予详细拟定，只要提出应注意的一些特殊问题即可。一般应考虑以下项目，并详细具体地做出设计。

1）工程量大，在单位工程中占有重要地位的分部分项工程。

2）施工技术复杂的或采用新技术、新工艺及对工程质量起关键作用的分部分项工程。

3）不熟悉的特殊结构工程或由专业施工单位施工的特殊专业工程。

4）方法可行，条件允许时，可以考虑满足施工工艺要求。

5）符合国家颁发的专业工程施工质量验收规范 GB 50300—2013《建筑工程施工质量验收统一标准》的要求。

6）尽量选择那些经过试验鉴定的科学、先进、节约的方法，尽可能进行技术经济分析。

7）要与选择的施工机械及划分的施工段相协调。

（2）主要分部（分项）工程施工方法的选择。

1）土石方工程。是否采用机械，开挖方法，放坡要求，石方的爆破方法及所需机具、材料，排水方法及所需设备，土石方的平衡调配。

2）混凝土及钢筋混凝土工程。模板类型和支模方法，隔离剂的选用，钢筋加工、运输和安装方法，混凝土搅拌和运输方法，混凝土的浇筑顺序，施工缝位置，分层高度，工作班次，振捣方法和养护制度等。

在选择施工方法时，特别应注意大体积混凝土的施工，模板工程的工具化和钢筋、混凝土施工的机械化。

3）结构吊装工程。根据选用的机械设备确定吊装方法，安排吊装顺序、机械位置、行驶路线，构件的制作、拼装方法，场地，构件的运输、装卸、堆放方法，所需的机具和设备型号、数量及对运输道路的要求。

4）现场垂直、水平运输。确定垂直运输量（有标准层的要确定标准层的运输量），选择垂直运输方式，脚手架木的选择及搭设方式，水平运输方式及设备的型号、数量，配套使用的专用工具设备（如砖车、砖笼、混凝土车、灰浆车和料斗等），确定地面和楼层上水平运输的行驶路线，合理布置垂直运输设施的位置，综合安排各种垂直运输设施的任务和服务范围，混凝土后台上料方式。

5）装修工程。围绕室内装修、室外装修、门窗安装、木装修、油漆、玻璃等，确定采用工厂化、机械化施工方法并提出所需机械设备，确定工艺流程和劳动组织，组织流水施工，确定装修材料逐层配套堆放的数量和平面布置。

6）特殊项目。如采用新结构、新材料、新工艺、新技术、高耸、大跨、重型构件，以及水下、深基和软弱地基项目等，应单独选择施工方法，阐明工艺流程，主要的平面、剖面示意图，施工方法，劳动组织，技术要求，质量与安全注意事项，施工进度，材料、构件和机械设备需用量等。

1.5.4　施工技术组织措施的设计

技术组织措施是指在技术、组织方面对保证质量、安全、节约和季节施工、防止污染等方面所采用的方法，是带有创造性的工作。

1. 质量保证措施

保证质量的关键是对施工组织设计的工程对象经常发生的质量通病制定防制措施，要服从全面质量管理的要求，把措施定到实处，建立质量管理体系，保证"PDCA 循环"的正常运转。对采用的新工艺、新材料、新技术和新结构，须制订有针对性的技术措施，以保证工程质量。认真制订放线定位正确无误的措施，确保地基基础，特别是特殊、复杂地基基础的措施，保证主体结构中关键部位质量的措施，复杂特殊工程的施工技术组织措施等。

2. 安全施工措施

安全施工措施应贯彻《建设工程安全生产管理条例》和安全操作规程等，对施工中可能发生安全问题的危险源进行预测，提出预防措施。安全施工措施主要包括：

（1）对于采用的新工艺、新材料、新技术和新结构，制定有针对性的、行之有效的专门安全技术措施，以确保安全。

（2）预防自然灾害（防台风、防雷击、防洪水、防地震、防暑降温、防冻、防寒、防滑等）的措施。

（3）高空及立体交叉作业的防护和保护措施。

（4）防火、防爆措施。

（5）安全用电和机电设备的保护措施。

3. 降低成本措施

降低成本措施的制订应以施工预算为标准，以企业（或项目经理部）年度、季度降低成本计划和技术组织措施计划为依据进行编制。要针对工程施工中降低成本潜力大的（工程量大、有采取措施的可能性、有条件的）项目，充分开动脑筋，把措施提出来，并计算出经济效果指标，加以评价、决策。这些措施必须是不影响质量的，能保证实施的，能保证安全的。降低成本措施应包括节约劳动力、材料、机械设备费用、工具费、间接费、临时设施费、资金等措施。一定要正确处理降低成本、提高质量和缩短工期三者的对立统一关系。

4. 季节性施工措施

当工程施工跨越冬季和雨季时，就要制订冬期施工措施和雨期施工措施。制订这些措施的目的是保质量，保安全，保工期，保节约。雨期施工措施要根据工程所在地的雨量、雨期及施工工程的特点（如深基础，大容量土方，使用的设备，施工设施，工程部位等）进行制定。要在防淋、防潮、防泡、防淹、防拖延等方面，分别采用疏导、堵挡、遮盖、排水、防雷、合理储存、改变施工顺序、避雨施工、加固防陷等措施。

在冬季，因为气温和降雪量不同，工程部位及施工内容不同，施工单位的条件不同，则应采用不同的冬期施工措施。北方地区冬期施工措施必须严格、周密。要按照《冬期施工手册》或有关资料（科研成果）选用措施，以达到保温、防冻、改善操作环境、保证质量、控制工期、安全施工、减少浪费的目的。

5. 防止环境污染的措施

为了保护环境，防止污染，尤其是防止在城市施工中造成污染，在编制施工方案时应提出防止污染的措施，主要应有以下方面：

（1）防止施工废水污染的措施，如搅拌机冲洗废水、油漆废液、灰浆水等。

（2）防止废气污染的措施，如熬制沥青、熟化石灰等。

（3）防止垃圾粉尘污染的措施，如运输土方与垃圾、白灰堆放、散装材料运输等。

（4）防止噪声污染的措施，如打桩、搅拌混凝土、振捣混凝土等。

为防止污染，必须遵守施工现场及环境保护的有关规定，设计出防止污染的有效办法，列进施工组织设计之中。

1.5.5　绿色施工

1. 绿色施工概述

（1）绿色施工的概念。绿色施工是指工程建设中，在保证质量、安全等基本要求的前提下，通过科学管理和技术进步，最大限度地节约资源，减少能源消耗（节能、节地、节水、节材），保护环境，降低施工活动对环境造成的不利影响，保护施工人员的安全与健康，提高施工人员的健康水平。

（2）绿色施工的意义。绿色施工的意义在于促进经济社会可持续发展，节约土地、能源、水源、材料，利国、利民、利发展，倡导并实施环境保护原则，把施工活动的负面影响降低到最小。

（3）绿色施工原则。

1）把绿色施工作为工程项目全寿命期中的一个重要阶段。实施绿色施工，应进行总体方案优化。在规划、设计阶段，应充分考虑绿色施工的总体要求，为绿色施工提供基础条件。

2）实施绿色施工应对施工策划、材料采购、现场施工、工程验收等各阶段进行控制，加强对整个施工过程的管理和监督。

3）实施绿色施工，必须建立绿色理念，坚持节约和环境保护，做好绿色施工的每一项活动内容，实现每一项指标，并注重取得实效。

（4）绿色施工内容。绿色施工由施工管理、环境保护、节材与资源利用、节水与水资源利用、节能与能源利用、节地与施工用地保护六个方面组成。这六个方面涵盖了绿色施工的基本指标，同时包含了施工策划、材料采购、现场施工、工程验收等各阶段指标的子集。

（5）施工单位的绿色施工职责。绿色施工应由建设单位、设计单位、监理单位和施工单位共同负责，其中施工单位的绿色施工职责如下：

1）作为绿色施工的实施主体，组织绿色施工的全面实施。

2）实施总承包管理的建设工程，总承包单位对施工现场的绿色施工负总责，对分承包单位的绿色施工实施管理；分承包单位服从总承包单位的绿色施工管理，并对所承包工程范围的绿色施工负责。

3）建立以项目经理为第一责任人的绿色施工管理体系，制定绿色施工管理责任制度，负责绿色施工的组织实施，进行绿色施工教育培训，定期开展自检、联检和评比工作。

4）在施工组织设计（项目管理实施规划）中进行绿色施工影响因素分析，然后编制绿色施工方案（或技术措施），确保绿色施工费用的有效使用。

5）积极推进建筑工业化和信息化施工；根据绿色施工要求改进传统施工工艺；建立对不符合绿色施工要求的施工工艺、设备和材料限制、淘汰等制度。

6）对施工现场的绿色施工进行检查记录和评价，根据评价情况采取改进措施。

7）在施工现场的办公区和生活区设置节水、节电、节材警示标识和警示标志。

8）按照国家法律、法规的有关要求，在施工前制订施工现场环境保护和人员安全与健康等突发事件的应急预案。

9）收集和归档绿色施工过程技术资料。

2. 绿色施工方案的内容

绿色施工方案是指在编制施工方案时，应充分考虑绿色施工的要求，突出对以下内容的设计：

（1）绿色施工目标。

（2）绿色施工组织体系及绿色施工责任制度。

（3）绿色施工影响因素分析。

（4）主要绿色施工措施。

应根据 GB/T 50905—2014《建筑工程绿色施工规范》及《建筑工程绿色施工导则》设计以下方面的绿色施工措施：

1）环境保护措施：制定环境管理计划及应急救援预案，采取有效措施，降低环境负荷，保护地下设施和文物等资源。

2）节材措施：在保证工程安全与质量的前提下，制订节材措施。如进行施工方案的节材优化，建筑垃圾减量化，尽量利用可循环材料等。

3）节水措施：根据工程所在地的水资源状况，制订节水措施。

4）节能措施：进行施工节能策划，确定目标，制订节能措施。

5）节地与施工用地保护措施：制定临时用地指标、施工总平面布置规划及临时用地节地措施等。

3. 环境保护措施

（1）扬尘控制。

1）施工现场宜搭设封闭式垃圾站。

2）运送土方、垃圾、设备及建筑材料等，不污损场外道路。运输容易散落、飞扬、流漏的物料的车辆，必须采取措施封闭严密，保证车辆清洁。施工现场出口应设置洗车槽。

3）土方作业阶段，采取洒水、覆盖等措施，达到作业区目测扬尘高度小于 1.5m，不扩散到场区外。

4）结构施工、安装、装饰装修施工阶段，作业区目测扬尘高度小于 0.5m。对易产生扬尘的堆放材料应采取覆盖措施；对粉末状材料应封闭存放；场区内可能引起扬尘的材料及建筑垃圾搬运应有降尘措施，如覆盖、洒水等；浇筑混凝土前清理灰尘和垃圾时尽量使用吸尘器，避免使用吹风器等易产生扬尘的设备；机械剔凿作业时可用局部遮挡、掩盖、水淋等防护措施；高层或多层建筑清理垃圾应搭设封闭性临时专用道或采用容器吊运。

5）施工现场非作业区达到目测无扬尘的要求。对现场易飞扬物质采取有效措施，如洒水、地面硬化、围挡、密网覆盖、封闭等，防止扬尘产生。

6）构筑物机械拆除前，做好扬尘控制计划。可采取清理积尘、对拆除体洒水、设置隔挡等措施。

7）构筑物爆破拆除前，做好扬尘控制计划。可采用清理积尘、淋湿地面、预湿墙体、屋面敷水袋、楼面蓄水、建筑外设高压喷雾状水系统、搭设防尘排栅和直升机投水弹等综合降尘措施。选择风力小的天气进行爆破作业。

8）在场界四周隔挡高度位置测得的大气总悬浮颗粒物（TSP）月平均浓度与城市背景值的差值不大于 $0.08mg/m^3$。

（2）噪声与振动控制。

1）现场噪声排放昼间不得超过 70dB（A），夜间不得超过 55dB（A）。

2）在施工场界对噪声进行实时监测与控制。监测方法执行国家标准 GB 12523—2011《建筑施工场界噪声排放标准》。

3）使用低噪声、低振动的机具，采取隔声与隔振措施，避免或减少施工噪声和振动。

（3）光污染控制。

1）尽量避免或减少施工过程中的光污染。夜间室外照明灯加设灯罩，透光方向集中在施工范围。

2）电焊作业采取遮挡措施，避免电焊弧光外泄。

（4）水污染控制。

1）施工现场污水排放应达到国家标准 GB 8978—1996《污水综合排放标准》的要求。

2）在施工现场应针对不同的污水设置相应的处理设施，如沉淀池、隔油池、化粪池等。

3）污水排放应委托有资质的单位进行废水水质检测，提供相应的污水检测报告。

4）保护地下水环境。采用隔水性能好的边坡支护技术。在缺水地区或地下水位持续下降的地区，基坑降水尽可能少地抽取地下水；当基坑开挖抽水量大于 50 万 m^3 时，应进行地下水回灌，并避免地下水被污染。

5）对于化学品等有毒材料、油料的储存地，应有严格的隔水层设计，做好渗漏液收集和处理。

（5）土壤保护。

1）保护地表环境，防止土壤侵蚀、流失。因施工造成的裸土，及时覆盖砂石或种植速生草种以减少土壤侵蚀；因施工造成容易发生地表径流土壤流失的情况，应采取设置地表排水系统、稳定斜坡、植被覆盖等措施，减少土壤流失。

2）沉淀池、隔油池、化粪池等不发生堵塞、渗漏、溢出等现象。及时清掏各类池内沉淀物，并委托有资质的单位清运。

3）对于有毒有害废弃物如电池、墨盒、油漆、涂料等应回收后交有资质的单位处理，不能作为建筑垃圾外运，避免污染土壤和地下水。

4）施工后应恢复被施工活动破坏的植被（一般指临时占地内）。与当地园林、环保部门或当地植物研究机构进行合作，在先前开发地区种植当地或其他合适的植物，以恢复剩余空地地貌或科学绿化，补救施工活动中人为破坏植被和地貌造成的土壤侵蚀。

（6）建筑垃圾控制。

建筑垃圾是指"新建、扩建、改建和拆除各类建筑物、构筑物、管网等以及装饰装修房屋过程中所产生的废物料。它不等于建筑废弃物；建筑废弃物是指建筑垃圾分类后丧失施工现场再利用价值的部分"。建筑垃圾的控制措施如下：

1）制订建筑垃圾减量化计划，如住宅建筑，每万 m^2 的建筑垃圾不宜超过 400t。

2）加强建筑垃圾的回收再利用，力争建筑垃圾的再利用和回收率达到 30%，建筑物拆除产生的废弃物的再利用和回收率大于 40%。对于碎石类、土石方类建筑垃圾，可采用地基填埋、铺路等方式提高再利用率，力争再利用率大于 50%。

3）施工现场生活区设置封闭式垃圾容器，施工场地生活垃圾实行袋装化，及时清运。对建筑垃圾进行分类，并收集到现场封闭式垃圾站后集中运出。

（7）地下设施、文物和资源保护。

1）施工前应调查清楚地下各种设施，做好保护计划，保证施工场地周边的各类管道、管线、建筑物、构筑物的安全运行。

2）施工过程中一旦发现文物，立即停止施工，保护现场，通报文物部门并协助做好工作。

3）避让、保护施工场区及周边的古树名木。

4）逐步开展统计分析施工项目的 CO_2 排放量，以及各种不同植被和树种的 CO_2 固定量的工作。

4. 节材与材料资源利用措施

（1）节材措施。

1）图纸会审时，应审核节材与材料资源利用的相关内容，达到材料损耗率比定额损耗率降低 30%。

2）根据施工进度、库存情况等合理安排材料的采购、进场时间和批次，减少库存。

3）现场材料堆放有序。储存环境适宜，措施得当。保管制度健全，责任落实。

4）材料运输工具适宜，装卸方法得当，防止损坏和遗洒。根据现场平面布置情况就近卸载，避免和减少二次搬运。

5）采取技术和管理措施提高模板、脚手架等的周转次数。

6）优化安装工程的预留、预埋、管线路径等方案。

7）应就地取材，施工现场 500km 以内生产的建筑材料用量占建筑材料总重量的 70% 以上。

（2）结构材料。

1）推广使用预拌混凝土和商品砂浆。准确计算采购数量、供应频率、施工速度等，在施工过程中动态控制。结构工程使用散装水泥。

2）推广使用高强钢筋和高性能混凝土，减少资源消耗。

3）推广钢筋专业化加工和配送。

4）优化钢筋配料和钢构件下料方案。钢筋及钢结构制作前应对下料单及样品进行复核，无误后方可批量下料。

5）优化钢结构制作和安装方法。大型钢结构宜采用工厂制作，现场拼装；宜采用分段吊装、整体提升、滑移、顶升等安装方法，减少方案的措施用材量。

6) 采取数字化技术，对大体积混凝土、大跨度结构等专项施工方案进行优化。

（3）围护材料。

1) 门窗、屋面、外墙等围护结构选用耐候性及耐久性良好的材料，施工确保密封性、防水性和保温隔热性。

2) 门窗采用密封性能、保温隔热性能、隔声性能良好的型材和玻璃等材料。

3) 屋面材料、外墙材料具有良好的防水性能和保温隔热性能。

4) 当屋面或墙体等部位采用基层加设保温隔热系统的方式施工时，应选择高效节能、耐久性好的保温隔热材料，以减小保温隔热层的厚度及材料用量。

5) 屋面或墙体等部位的保温隔热系统采用专用的配套材料，以加强各层次之间的粘结或连接强度，确保系统的安全性和耐久性。

6) 根据建筑物的实际特点，优选屋面或外墙的保温隔热材料系统和施工方式，例如保温板粘贴、保温板干挂、聚氨酯硬泡喷涂、保温浆料涂抹等，以保证保温隔热效果并减少材料浪费。

7) 加强保温隔热系统与围护结构的节点处理，尽量降低热桥效应。针对建筑物的不同部位保温隔热特点，选用不同的保温隔热材料及系统，以做到经济适用。

（4）装饰装修材料。

1) 贴面类材料在施工前应进行总体排版策划，减少非整块材的数量。

2) 采用非木质的新材料或人造板材代替木质板材。

3) 防水卷材、壁纸、油漆及各类涂料基层必须符合要求，避免起皮、脱落。各类油漆及胶粘剂应随用随开启，不用时及时封闭。

4) 幕墙及各类预留预埋应与结构施工同步。

5) 木制品及木装饰用料、玻璃等各类板材等宜在工厂采购或定制。

6) 采用自粘类片材，减少现场液态胶粘剂的使用量。

（5）周转材料。

1) 应选用耐用、维护与拆卸方便的周转材料和机具。

2) 优先选用制作、安装、拆除一体化的专业队伍进行模板工程施工。

3) 模板应以节约自然资源为原则，推广使用定型钢模、钢框竹模、竹胶板。

4) 施工前应对模板工程的方案进行优化。多层、高层建筑使用可重复利用的模板体系，模板支撑宜采用工具式支撑。

5) 优化高层建筑的外脚手架方案，采用整体提升、分段悬挑等方案。

6) 推广采用外墙保温板替代混凝土施工模板的技术。

7) 现场办公和生活用房采用周转式活动房。现场围挡应最大限度地利用已有围墙，或采用装配式可重复使用围挡封闭。力争工地临时用房、临时围挡材料的可重复使用率达到 70%。

5. 节水与水资源利用措施

（1）提高用水效率。

1) 施工中采用先进的节水施工工艺。

2) 施工现场喷洒路面、绿化浇灌不宜使用市政自来水。现场搅拌用水、养护用水应采取有效的节水措施，严禁无措施浇水养护混凝土。

3）施工现场供水管网应根据用水量设计布置，管径合理、管路简捷，采取有效措施减少管网和用水器具的漏损。

4）现场机具、设备、车辆冲洗用水必须设立循环用水装置。施工现场办公区、生活区的生活用水采用节水系统和节水器具，提高节水器具配置比率。项目临时用水应使用节水型产品，安装计量装置，采取有针对性的节水措施。

5）施工现场建立可再利用水的收集处理系统，使水资源得到梯级循环利用。

6）施工现场分别对生活用水与工程用水确定用水定额指标，并分别计量管理。

7）大型工程的不同单项工程、不同标段、不同分包生活区，凡具备条件的应分别计算用水量。在签订不同标段分包或劳务合同时，将节水定额指标纳入合同条款，进行计量考核。

8）对混凝土搅拌站点等用水集中的区域和工艺点进行专项计量考核。施工现场建立雨水、中水或可再利用水的搜集利用系统。

（2）非传统水源利用。

1）优先采用中水搅拌、中水养护，有条件的地区和工程应收集雨水养护。

2）处于基坑降水阶段的工地，宜优先采用地下水作为混凝土搅拌用水、养护用水、冲洗用水和部分生活用水。

3）现场机具、设备、车辆冲洗、喷洒路面、绿化浇灌等用水，优先采用非传统水源，尽量不使用市政自来水。

4）大型施工现场，尤其是雨量充沛地区的大型施工现场建立雨水收集利用系统，充分收集自然降水用于施工和生活中适宜的部位。

5）力争施工中非传统水源和循环水的再利用量大于30％。

（3）用水安全。在非传统水源和现场循环再利用水的使用过程中，应制定有效的水质检测与卫生保障措施，确保避免对人体健康、工程质量以及周围环境产生不良影响。

6. 节能与能源利用的措施

（1）节能措施。

1）制订合理施工能耗指标，提高施工能源利用率。

2）优先使用国家、行业推荐的节能、高效、环保的施工设备和机具，如选用变频技术的节能施工设备等。

3）施工现场分别设定生产、生活、办公和施工设备的用电控制指标，定期进行计量、核算、对比分析，并有预防与纠正措施。

4）在施工组织设计中，合理安排施工顺序与工作面，以减少作业区域的机具数量，相邻作业区充分利用共有的机具资源。安排施工工艺时，应优先考虑耗用电能的或其它能耗较少的施工工艺。避免设备额定功率远大于使用功率或超负荷使用设备的现象。

5）根据当地气候和自然资源条件，充分利用太阳能、地热等可再生能源。

（2）机械设备与机具。

1）建立施工机械设备管理制度，开展用电、用油计量，完善设备档案，及时做好维修保养工作，使机械设备保持低耗、高效的状态。

2）选择功率与负载相匹配的施工机械设备，避免大功率施工机械设备低负载长时间运行。机电安装可采用节电型机械设备，如逆变式电焊机和能耗低、效率高的手持电动工具等，以利节电。机械设备宜使用节能型油料添加剂，在可能的情况下，考虑回收利用，节约油量。

3）合理安排工序，提高各种机械的使用率和满载率，降低各种设备的单位耗能。

（3）生产、生活及办公用临时设施。

1）利用场地自然条件，合理设计生产、生活及办公用临时设施的体形、朝向、间距和窗墙面积比，使其获得良好的日照、通风和采光。南方地区可根据需要在其外墙窗设遮阳设施。

2）临时设施宜采用节能材料，墙体、屋面使用隔热性能好的材料，减少夏天空调、冬天取暖设备的使用时间及耗能量。

3）合理配置采暖、空调、风扇数量，规定使用时间，实行分段分时使用，节约用电。

（4）施工用电及照明。

1）临时用电优先选用节能电线和节能灯具，临电线路合理设计、布置，临电设备宜采用自动控制装置。采用声控、光控等节能照明灯具。

2）照明设计以满足最低照度为原则，照度不应超过最低照度的 20％。

7．节地与施工用地保护措施

（1）临时用地指标。

1）根据施工规模及现场条件等因素合理确定临时设施，如临时加工厂、现场作业棚及材料堆场、办公生活设施等的占地指标。临时设施的占地面积应按用地指标所需的最低面积设计。

2）要求平面布置合理、紧凑，在满足环境、职业健康与安全及文明施工要求的前提下尽可能减少废弃地和死角，临时设施占地面积有效利用率大于 90％。

（2）临时用地保护。

1）应对深基坑施工方案进行优化，减少土方开挖和回填量，最大限度地减少对土地的扰动，保护周边自然生态环境。

2）红线外临时占地应尽量使用荒地、废地，少占用农田和耕地。工程完工后，及时对红线外占地恢复原地形、地貌，使施工活动对周边环境的影响降至最低。

3）利用和保护施工用地范围内原有绿色植被。对于施工周期较长的现场，可按建筑永久绿化的要求，安排场地新建绿化。

（3）施工总平面布置。

1）施工总平面布置应做到科学、合理，充分利用原有建筑物、构筑物、道路、管线为施工服务。

2）施工现场搅拌站、仓库、加工厂、作业棚、材料堆场等布置应尽量靠近已有交通线路或即将修建的正式或临时交通线路，缩短运输距离。

3）临时办公和生活用房应采用经济、美观、占地面积小、对周边地貌环境影响较小，且适合于施工平面布置动态调整的多层轻钢活动板房、钢骨架水泥活动板房等标准化装配式结构。生活区与生产区应分开布置，并设置标准的分隔设施。

4）施工现场围墙可采用连续封闭的轻钢结构预制装配式活动围挡，减少建筑垃圾，保护土地。

5）施工现场道路按照永久道路和临时道路相结合的原则布置。施工现场内形成环形通路，减少道路占用土地。

6）临时设施布置应注意本期工程与下期工程的远近结合，努力减少和避免大量临时建筑拆迁和场地搬迁。

1.5.6 厦门大学翔安校区 3 号楼高大模板工程安全专项施工方案及评析

1. 厦门大学翔安校区工程 3 号楼高大模板工程安全专项施工方案

厦门大学翔安校区工程 3 号楼高大模板工程安全专项施工方案（摘录）见"附录 4"。

2. "厦门大学翔安校区工程 3 号楼高大模板工程安全专项施工方案"评析

（1）本方案是 3 号楼的重点专项施工方案，其设计符合 GB/T 50502—2009《建筑工程施工组织设计规范》关于施工方案的有关规定。

（2）本设计针对 3 号楼的结构施工需要进行细致地设计，符合钢筋混凝土施工模板工程的有关标准、规范和规程的规定，符合有关施工安全的有关法规、标准的规定，可保证模板安全施工需要。

（3）本方案详细列出了各项编制依据，为施工组织设计人员收集编制依据资料提供了参考目录。这些依据告诉人们，施工组织设计人员要做好施工组织设计，必须具有丰富的知识和经验，并且要善于积累、熟悉和使用必要的参考资料。

（4）本方案按 GB/T 50502—2009《建筑工程施工组织设计规范》的要求，进行了设计计算，为安全施工准备和模板设计提供了可靠的数据依据。

（5）本方案对物资准备、施工工艺要求、质量和安全保证措施的设计非常具体细致，保证了精细施工的必须。

（6）本方案的"专项应急预案"，列举了高大模板施工的六大危险源，进行了危险源辨识评价，组织了应急机构，设计了应急措施，是应对安全风险、防患于未然之举。所有施工方案的设计，都应重视专项应急预案的设计。

（7）在施工组织设计中应根据绿色施工的需要，按照 GB/T 50905—2014《建筑工程绿色施工规范》4.0.3 条的规定，编制"绿色施工方案"。

1.6 建设工程施工组织设计的主要施工管理计划

1.6.1 施工管理计划概述

1. 主要施工管理计划的内容

主要施工管理计划应包括进度管理计划、质量管理计划、安全管理计划、环境管理计划、成本管理计划、风险管理计划等内容。

2. 其他施工管理计划的内容

其他管理计划包括：绿色施工管理计划，防火保安管理计划，合同管理计划，组织协调管理计划，创优质工程管理计划，质量保修管理计划，以及施工现场人力资源、施工机具、材料设备等生产要素的管理计划。这些计划应根据项目的特点、复杂程度及项目管理的需要加以取舍。

3. 施工管理计划编制要求

施工管理计划编制要求如下：满足实施施工组织设计确定内容的需要；满足实现项目

管理目标的需要；根据项目的特点有所侧重；目标明确，简明扼要，切实可行，易于操作。

1.6.2　施工进度管理计划

1. 施工进度管理计划的概念

施工进度管理计划指为保证实现项目施工进度目标的管理计划。项目施工进度管理应按照项目施工的技术规律和合理的施工顺序，保证各工序在时间上和空间上顺利衔接。

2. 施工进度管理计划的编制内容

（1）对项目施工进度计划进行逐级分解，通过阶段性进度目标的实现保证最终工期目标的完成。

（2）建立施工进度管理的组织机构并明确职责，制定相应管理制度。

（3）针对不同施工阶段的特点，制订进度管理的相应措施，包括施工组织措施、技术措施和合同措施等。

（4）建立施工进度动态管理机制，及时纠正施工过程中的进度偏差，制订特殊情况下的赶工措施。

（5）根据项目周边环境特点，制订相应的协调措施，减少外部因素对施工进度的影响。

1.6.3　质量管理计划

1. 质量管理计划的概念

质量管理计划指为保证实现项目施工质量目标的管理计划。该管理计划可参照 GB/T 19001—2008《质量管理体系　要求》，在施工单位质量管理体系的框架内编制。

2. 质量管理计划的内容

（1）按照项目具体要求确定质量目标并进行目标分解，质量指标应具有可监测性。

（2）建立项目质量管理的组织机构并明确职责。

（3）制定符合项目特点的技术保障和资源保障措施，通过可靠的预防措施，保证质量目标的实现。

（4）建立质量过程检查制度，并对质量事故的处理作出相应规定。

1.6.4　安全管理计划

1. 安全管理计划的概念

安全管理计划指为保证项目施工职业健康安全目标的管理计划。安全管理计划可参照 GB/T 28001—2011《职业健康安全管理体系　要求》，在施工单位安全管理体系的框架内编制。现场安全管理应符合国家和地方政府部门的要求。

2. 安全管理计划的内容

（1）确定项目重要危险源，制定项目职业健康安全管理目标。

（2）建立有管理层次的项目安全管理组织机构并明确职责。

（3）根据项目特点，进行职业健康安全方面的资源配置。

（4）建立具有针对性的安全生产管理制度和职工安全教育培训制度。

（5）针对项目重要危险源，制订相应的安全技术措施；对达到一定规模的危险性较大的分部（分项）工程和特殊工种的作业，应制定专项安全技术措施的编制计划。

（6）根据季节气候的变化，制订相应的季节性安全施工措施。

（7）建立现场安全检查制度，对安全事故的处理作出相应规定。

1.6.5　环境管理计划

1. 环境管理计划的概念

环境管理计划指为保证实现项目施工环境目标的管理计划。环境管理计划可参照 GB/T 24001—2004《环境管理体系　要求及使用指南》，在施工单位环境管理体系的框架内编制。现场环境管理应符合国家和地方政府部门的要求。

2. 环境管理计划的内容

（1）确定项目重要环境因素，制定项目环境管理目标。

（2）建立项目环境管理的组织机构并明确管理职责。

（3）根据项目特点，进行环境保证方面的资源配置。

（4）制订现场环境保护的控制措施。

（5）建立现场环境检查制度，并对环境事故的处理作出相应规定。

1.6.6　成本管理计划

1. 成本管理计划的概念

成本管理计划指为保证实现项目施工成本目标的管理计划。成本管理计划的编制依据是项目施工预算和施工进度计划。成本管理计划必须正确处理成本与进度、质量、安全和环境之间的关系。

2. 成本管理计划的内容

（1）根据项目施工预算制定项目施工成本目标。

（2）根据项目施工进度计划，对项目施工成本目标进行阶段分解。

（3）建立施工成本管理的组织机构并明确职责，制定相应的管理制度

（4）采取合理的技术、组织和合同等管理措施，控制施工成本。

（5）确定科学的成本分析方法，制定必要的纠偏措施和风险控制措施。

1.6.7　风险管理计划

1. 风险管理计划的概念

风险是指可以通过分析，预测其发生概率、后果很可能造成损失的未来不确定因素。风险管理计划指为保证实现项目风险管理对策的管理计划。风险管理对策是指为避免或减少发生风险的可能性及各种潜在损失的对策。风险管理计划应与上述各类管理计划相协调。

2. 风险管理计划的内容

（1）对项目风险进行识别、评估，将风险分类为可忽略的、可允许的、中度的、重大的、不允许的。

（2）分别对中度的、重大的、不允许的三类风险制定管理对策。

（3）建立风险管理的组织体系，明确风险管理责任。

（4）按风险回避、损失控制、风险自留、风险转移等类别划分风险对策。

（5）制定相应的风险监控措施、制度和应急计划。

1.6.8　绿色施工管理计划

绿色施工管理计划在绿色施工方案的基础上编制，其内容如下：

（1）明确绿色施工方案确定的绿色施工目标。

（2）建立绿色施工组织体系，分配绿色施工管理责任及沟通方式。

（3）制定绿色施工管理制度。

（4）确定动态管理方式、监控程序、评估及成果资料管理办法。

1.6.9　厦门大学翔安校区工程施工质量管理计划及评析

1. 厦门大学翔安校区工程施工质量管理计划

厦门大学翔安校区施工质量管理计划（摘录）见"附录5"。

2. "厦门大学翔安校区工程施工质量管理计划"评析

（1）GB/T 50502—2009《建筑工程施工组织设计规范》的第 7 章"主要施工管理计划"，是其亮点之一，也是创新点。它把施工组织设计和工程项目管理实施规划结合了起来，满足了施工和项目管理的双重需要。质量管理计划是其中的第二项主要计划。

（2）本计划基本符合《建筑工程施工组织设计规范》的 7.3 节"质量管理计划"的规定。

（3）本计划对工程的质量管理体系的设计全面而细致，是提高施工质量的组织保证。

（4）本计划根据有关标准的规定，对项目质量控制程序、检验批质量验收流程、分项工程质量验收流程、子分部工程质量验收流程、分部工程质量验收流程、技术资料管理流程、工程竣工资料管理流程等，全面地做了图示设计，简洁、明了，利于管理人员履行有关质量管理职责，符合施工、管理和资料积累的需要。

（5）本计划的工程质量管理措施有"建立质量管理制度"、"技术保证措施"、"采购物资质量保证措施"、"试验保证措施"、"项目优化管理措施"等五类，比较全面、具体、可行。

（6）应当注意，《建筑工程施工组织设计规范》中规定的各种主要施工管理计划都是在施工组织设计中进行编制，尤其是"其他管理计划"中的绿色施工管理计划和风险管理计划等，都要根据相应的专项施工方案认真进行设计和实施。

第 2 章　建设工程流水施工方法

2.1　流水施工概述

2.1.1　流水施工原理

流水施工是一种诞生较早，在建筑施工中广泛使用、行之有效的科学组织施工的计划方法。它建立在分工协作和大批量生产的基础上，其实质就是连续作业，组织均衡施工。它是工程施工进度管理的有效方法。

1. 组织流水施工的条件

组织流水施工，必须具备 5 个方面的条件。

(1) 把建筑物的整个建造过程分解为若干个施工过程。每个施工过程分别由固定的专业工作队负责实施完成。

划分施工过程的目的，是为了对施工对象的建造过程进行分解，以便于逐一实现局部对象的施工，从而使施工对象整体得以实现。也只有这种合理的解剖，才能组织专业化施工和有效的协作。

(2) 把建筑物尽可能地划分为劳动量大致相等的施工段（区），[也可称为流水段（区）]。划分施工段（区）是为了把庞大的建筑物（建筑群）划分成"批量"的"假定产品"，从而形成流水施工的前提。没有"批量"就不可能也不必要组织任何流水施工。每一个段（区），就是一个假定"产品"。一般说来，单体建筑物施工分段；群体建筑施工分区。

(3) 确定各施工专业工作队在各施工段（区）内的工作持续时间。这个工作持续时间代表施工的节奏性。工作持续时间要用工程量、人数、工作效率（或定额）三个因素进行计算或估算。

(4) 各专业工作队按一定的施工工艺，配备必要的机具，依次地、连续地由一个施工段（区）转移到另一个施工段（区），反复地完成同类工作。这就是说，工作队要连续地对假定产品进行逐个的专业"加工"。建筑产品是固定的，所以"流水"的只能是工作队。这是建筑施工与工业生产流水作业的最重要区别。

(5) 不同工作队完成各施工过程的时间适当地搭接起来。不同的工作队之间的关系，关键是工作时间上有搭接。搭接工作的目的是节省时间，也往往是连续作业或工艺上所要求的。要搭接适当，需经过计算，在工艺技术上可行。

2. 组织流水施工的效果

(1) 可以节省工作时间。这里的"节省"是相对于"依次作业"来说的。实现"节省"的手段是"搭接"，"搭接"的前提是分段（区）。

例如：某建筑物有三个施工过程要组织施工，采用"依次作业"，其进度图如图 2-1 所示。如果工作面允许，把它划分成三个施工段，则在不增加人力的情况下，便可绘制成图 2-2。两图比较，可节省时间 4d。

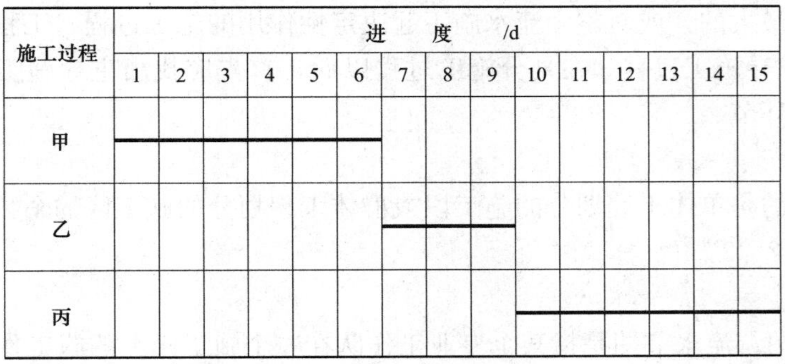

施工过程	进 度 /d														
	1	2	3	4	5	6	7	8	9	10	11	12	13	14	15
甲															
乙															
丙															

图 2-1 依次作业

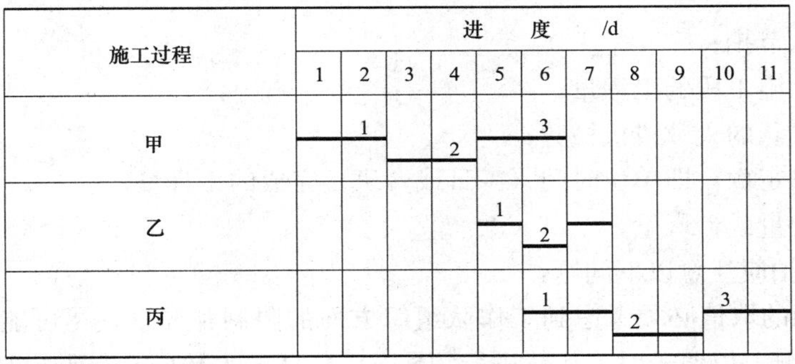

施工过程	进 度 /d										
	1	2	3	4	5	6	7	8	9	10	11
甲											
乙											
丙											

图 2-2 流水作业

（2）可以实现均衡、有节奏地施工。工作队按一定的时间要求投入作业，在每段上的工作时间也可以尽量地安排得有规律。综合各工作队的工作，便可以形成均衡、有节奏的特征。"均衡"是指不同时间段的资源数量变化较小，它对组织施工十分有利，可以达到节约使用资源的目的；"有节奏"是指工作队作业时间有一定规律性，这种规律性可以带来良好的施工秩序，和谐的施工氛围，可观的经济效果。

（3）可以提高劳动生产率。这是因为，组织流水施工以后，使工作队的工作连续、熟练，工作面充分利用，资源的利用均衡，管理的效果好，必然会产生在一定时间内生产成果增加的效果，提高了劳动生产率。

2.1.2 流水施工参数

只有对以下参数进行认真的、有预见地研究或计算，才可能成功地组织流水施工。

1. 工艺参数

工艺参数是指一组流水中施工过程的个数。在划分施工过程时，只有那些对工程施工具有直接影响的施工内容才予以考虑并组织在流水之中。施工过程可以根据计划的需要确定其粗细程度。可以是一个个工序，也可以是一项项分项工程，还可以是它们的组合。组织流水的施工过程如果各由一个工作队施工，则施工过程数和工作队数相等。有时由几个工作队完成一个施工过程或一个工作队完成几个施工过程，于是施工过程数与工作队数便不相等。计

算时可以用 N 表示施工过程数,用 N' 表示工作队数。

对工期影响最大的,或对整个流水施工起决定性作用的施工过程(工程量大,需配备大型机械),称为主导施工过程。在划分施工过程以后,首先应找出主导施工过程,以便抓住流水施工的关键环节。

2. 空间参数

空间参数指的是单体工程划分的施工段或群体工程划分的施工区的个数。划分施工段的基本要求见 1.5.2 "3"。

3. 时间参数

(1)流水节拍。流水节拍是指某个专业工作队在一个施工段上的施工作业时间,其计算公式是:

$$t = \frac{Q}{RS} = \frac{P}{R} \tag{2-1}$$

式中 t——流水节拍;

  Q——一个施工段的工程量;

  R——工作队的人数或机械数;

  S——产量定额,即单位时间(工日或台班)完成的工程量;

  P——劳动量或台班量。

确定流水节拍应注意以下问题:

1)流水节拍的取值必须考虑到工作队组织方面的限制和要求,尽可能不过多地改变原来的劳动组织状况,以便于对工作队进行领导。工作队的人数应有起码的要求,以使他们具备集体协作的能力。

2)流水节拍的确定,应考虑到工作面条件的限制,必须保证有关工作队有足够的施工操作空间,保证施工操作安全和能充分发挥劳动效率。

3)流水节拍的确定,应考虑到机械设备的实际负荷能力和可能提供的机械设备数量。也要考虑机械设备操作场所安全和质量的要求。

4)有特殊技术限制的工程,如有防水要求的钢筋混凝土工程,受潮汐影响的水工作业,受交通条件影响的道路改造工程、铺管工程,以及设备检修工程等,都受技术操作或安全质量等方面的限制,对作业时间长度和连续性都有限制或要求,在安排其流水节拍时,应当满足这些限制要求。

5)必须考虑材料和构配件供应能力对进度的影响和限制,合理确定有关施工过程的流水节拍。

6)首先应确定主导施工过程的流水节拍,并以它为依据确定其他施工过程的流水节拍。主导施工过程的流水节拍应是各施工过程流水节拍的最大值,应尽可能是有节奏的,以便组织节奏流水。

(2)流水步距。流水步距是指两个相邻的工作队相继进入流水施工的最小时间间隔,以符号 "K" 表示。

流水步距的长度,要根据需要及流水方式的类型经过计算确定,计算时应考虑的因素有以下几个:

1）每个工作队连续施工的需要。流水步距的最小长度，应使工作队进场以后不发生停工、窝工的现象。

2）技术间歇的需要。有些施工过程完成后，后续施工过程不能立即投入作业，必须有足够的间歇时间，这个间歇时间应尽量安排在工作队进场之前，不然便不能保证工作队工作的连续。

3）流水步距的长度应保证每个施工段的施工作业程序不乱，不发生前一施工过程尚未全部完成，而后一施工过程便开始施工的现象。有时为了缩短时间，某些次要的工作队可以提前插入，但必须在技术上可行，而且不影响前一个工作队的正常工作。提前插入的现象越少越好，多了会打乱节奏，影响均衡施工。

（3）工期。工期是指从第一个工作队投入流水作业开始，到最后一个工作队完成最后一个施工过程的最后一段工作退出流水作业为止的整个持续时间。由于一项工程往往由许多流水组组成，所以我们这里说的是流水组的工期，而不是整个工程的总工期，可用符号"T_t"表示。

在安排流水施工之前，应有一个目标工期，以便在总体上约束具体的流水施工组织。在进行流水安排以后，可以通过计算确定工期，并与目标工期比较，二者应相等或使计算工期小于目标工期。如果绘制了流水施工图，在图上可以观察到工期长度。可以用计算工期检验图表绘制的正确性。

2.1.3　流水施工的分类

为了适应建设工程项目的具体情况和进度计划安排的要求，应采用相应类型的流水施工，以便取得更好的效果。流水施工有以下几类：

1. 按流水施工对象的范围分类

根据流水施工的工程对象范围，可分为细部流水、专业流水、工程项目流水和综合流水。

（1）细部流水。指一个工作队利用同一生产工具依次地、连续不断地在各个区段中完成同一施工过程的施工流水（即工序流水）。

（2）专业流水（或称工艺组合流水）。把若干个工艺上密切联系的细部流水组合起来，就形成了专业流水。它是各个工作队共同完成一个分部工程的流水。如基础工程流水，结构工程流水，装修工程流水等。

（3）工程项目流水。即为完成单位工程而组织起来的全部专业流水的总和。

（4）综合流水。是为完成工厂或民用建筑群而组织起来的全部工程项目流水的总和。

2. 按施工过程分解的深度分类

根据流水施工组织的需要，有时要求将工程对象的施工过程分解得细些，有时则要求分解得粗些，这就形成了施工过程分解深度的差异。

（1）彻底分解流水。即经过分解后的所有施工过程都是属于单一工种完成的施工过程。为完成该施工过程，所组织的工作队都应该是由单一工种的工人（或机械）组成。

（2）局部分解流水。在进行施工过程的分解时将一部分施工工作适当合并在一起，形成多工种协作的综合性施工过程，这就是不彻底分解的施工过程。这种包含多工种协作的施工过程的流水，就是局部分解流水。如钢筋混凝土圈梁作为一个施工过程，它包含了支模、扎筋和混凝土浇筑这几项工作。该施工过程如果由一个混合工作队（由木工、钢筋工和混凝土工组成）负责施工，这个流水组就称为局部分解流水。

3. 按流水的节奏特征分类

（1）有节奏流水。有节奏流水又分为等节奏流水和异节奏流水。

1）等节奏流水。指流水组中，每一个施工过程本身在各施工段上的施工时间（流水节拍）都相同，即流水节拍是一个常数，并且各个施工过程相互之间流水节拍也相等。

2）异节奏流水。指流水组中，每一个施工过程本身在各流水段上的流水节拍都相同，但不同施工过程之间流水节拍不一定相等。

（2）无节奏流水。流水组中各施工过程本身在各施工段上的工作时间（流水节拍）不完全相等，相互之间亦无规律可循。

2.1.4 流水施工概述思考题问答

（1）流水施工方法的本质是什么？目的是什么？

答：流水施工方法的本质是连续作业、均衡而有节奏地施工；目的是节约时间、提高工效和降低成本。

（2）流水施工有那几个主要环节？

答：流水施工有五个主要环节：划分施工过程，划分施工段，计算各项工作的持续时间，组织工作队，搭接施工。

（3）按流水施工对象的范围分类有哪几类？各有什么特点？

答：按流水施工的工程对象范围分类可分为分项工程流水施工、分部工程流水施工、单位工程流水施工和群体工程流水施工。

分项工程流水施工的特点是各工作队对同一个分项工程进行作业的流水施工，也称细部流水。分部工程流水施工的特点是各工作队对同一个分部工程进行作业的流水施工，也称专业流水。单位工程流水施工的特点是各工作队对同一个单位工程进行作业的流水施工，也称工程项目流水。群体工程流水施工的特点是各专业队对同一个群体工程进行作业的流水施工，也称综合流水。

（4）按施工过程分解的粗细程度分类有哪几类？各有什么特点？

答：按施工过程分解的粗细分类可分为彻底分解流水和局部分解流水。

彻底分解流水的特点是所有施工过程都由单一工种完成。

局部分解流水的特点是多工种协作进行某施工过程的综合性流水施工。

（5）节奏流水施工分为哪几类？各有什么特点？

答：节奏流水施工分为等节奏流水施工、异节奏流水施工和无节奏流水施工。

等节奏流水施工的特点是：在流水组中各个施工过程的流水节拍都相等。

异节奏流水施工的特点是：在流水组中每一个施工过程的流水节拍相等，而不同施工过程之间的流水节拍可能不相等。

无节奏流水施工的特点是：在流水组中各施工过程在各个施工段上的流水节拍无规律可循。

（6）怎样选择节奏流水施工？

答：首先，尽量组织等节奏流水施工。其次，当不可能组织等节奏流水施工时，组织异节奏流水施工；组织异节奏流水施工时尽量组织成倍节拍流水施工。当组织等节奏流水施工和异节奏流水施工都不可能时，组织无节奏流水施工。

2.2　等节奏流水施工的组织

2.2.1　等节奏流水施工组织的特点

　　等节奏流水施工能够保证各工作队的工作连续、有节奏，可以实现均衡施工，是一种最理想的组织流水施工方式。组织等节奏流水施工的首要前提是使各施工段的工程量相等或大致相等；其次，要先确定主导施工过程的流水节拍，该节拍的特点是工程量大，流水节拍时间长；再次，使其他施工过程的流水节拍与主导施工过程的流水节拍相等，做到这一点的办法主要是调节各工作队的人数。

2.2.2　等节奏流水施工的组织方法

　　等节奏流水施工组织方法如下：

　　（1）划分施工过程，确定其施工顺序。

　　（2）确定项目的施工起点流向，划分施工段，保证工作队有足够的工作面。

　　在没有施工间隔时间的情况下，可取：$m=n$。

　　在有间隔时间的情况下，可取

$$m=n+\sum Z_1/K+\sum Z_2/K \tag{2-2}$$

式中　m——施工段数；

　　　n——施工过程数；

　　　K——流水步距；

　　　Z_1——相邻两个施工过程之间的间隔时间；

　　　Z_2——施工层间的间隔时间。

　　（3）确定流水节拍：先计算主导施工过程的流水节拍 t，其他施工过程参照 t 确定。

　　（4）确定流水步距：常取 $K=t$。

　　（5）计算流水施工工期：

$$T_t=(m\times j+n-1)K+\sum Z_1-\sum C \tag{2-3}$$

式中　j——施工层数；

　　　$\sum Z_1$——施工过程间隔时间之和（施工层间间隔时间不影响工期）；

　　　$\sum C$——平行搭接时间之和。

　　（6）绘制水平流水施工图。即按照计算结果，将代表进度持续时间的横线布置在预先绘制的时间坐标表上的适当位置。

2.2.3　线性工程的等节奏流水施工

　　线性工程也可组织等节奏流水施工，称为"流水线法施工"，其组织方法如下：

　　（1）将线性工程对象划分成若干个施工过程。

　　（2）通过分析，找出对工期起主导作用的施工过程。

　　（3）根据完成主导施工过程的工作队或机械的每班生产效率确定工作队的移动速度。

　　（4）根据主导施工过程的移动速度设计其他施工过程的流水施工，使之与主导施工过程相协调，即工艺上密切联系的工作队，按一定的工艺顺序相继投入施工，以这个不变的速度沿着线性工程的长度方向不断向前推移，每天完成同样长度的工作内容。

（5）按计算结果绘制水平流水施工进度图。

2.2.4　等节奏流水施工实例

【例2-1】　某工程项目按照施工工艺可分解为 A、B、C、D 四个施工过程，各施工过程的流水节拍均为 4d，其中，施工过程 A 与 B 之间有 2d 平行搭接时间，C 与 D 之间有 2d 技术间隙时间，试组织流水施工并绘制流水施工水平图。

【解】　由已知条件 $t_1=t_2=t_3=t_4=t=4\text{d}$，$j=1$，可以确定，本工程宜组织等节奏流水施工。

（1）确定流水步距：$K=t=4\text{d}$

（2）取施工段：$m=n=4$ 段

（3）计算工期：
$$T_t=(m+n-1)K+\sum Z_1-\sum C$$
$$=[(4+4-1)\times4+2-2]\text{d}=28\text{d}$$

（4）绘制流水施工水平图，如图 2-3 所示。

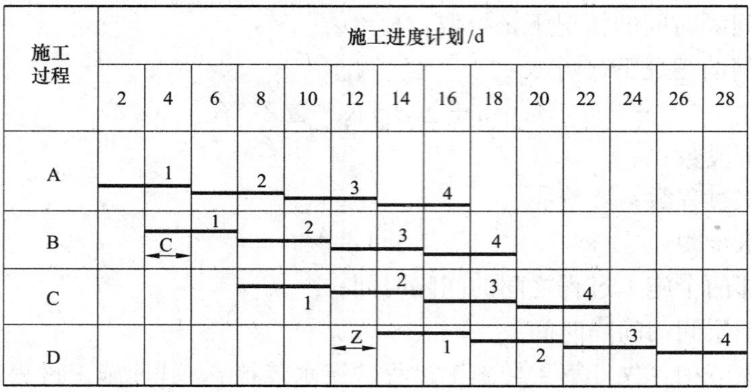

施工过程	施工进度计划/d													
	2	4	6	8	10	12	14	16	18	20	22	24	26	28
A	1		2		3		4							
B		C	1		2		3		4					
C				1		2		3		4				
D						Z	1		2		3		4	

图 2-3　某工程等节奏流水施工进度计划图

【例2-2】　某两层现浇钢筋混凝土结构工程，其主体工程可分解为：支模板、扎钢筋、浇混凝土三个施工过程，其流水节拍均为 2d，第一层浇完混凝土需养护 2d 后才能进行第二层的施工，试组织流水施工。

【解】　已知：$t_1=t_2=t_3=2\text{d}$，$j=2$，$Z_2=2\text{d}$，本工程宜组织等节奏流水施工。

（1）确定流水步距 $K=t=2\text{d}$

（2）取施工段：$m=n+Z_2/K=3+2/2=3+1=4$ 段

（3）计算工期：$T_t=(m\times j+n-1)K=(4\times2+3-1)\times2=20\text{d}$

（4）绘制流水施工水平指示图表，如图 2-4 所示。

【例2-3】　某铺设管道工程，由开挖沟槽、铺设钢管、焊接钢管、回填土四个施工过程组成。经分析，开挖沟槽是主导施工过程。每班可挖 50m。故其他施工过程都应该有每班 50m 的施工速度，与开挖沟槽的施工速度相适应。每隔一班（50m 的间距）投入一个工作队。这样，我们就可以对 500m 长度的管道工程按图 2-5 所示的进度计划组织流水线法施工。

【解】　流水线法组织施工的计算公式是：

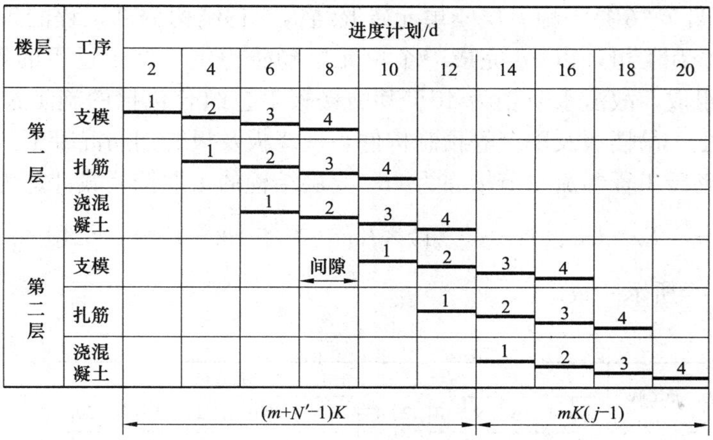

楼层	工序	进度计划/d									
		2	4	6	8	10	12	14	16	18	20
第一层	支模	1	2	3	4						
	扎筋		1	2	3	4					
	浇混凝土			1	2		3	4			
第二层	支模				间隙	1	2	3	4		
	扎筋						1	2	3	4	
	浇混凝土							1	2	3	4

$(m+N'-1)K$ ← → $mK(j-1)$

图 2-4 某二层结构工程等节奏流水施工进度计划图

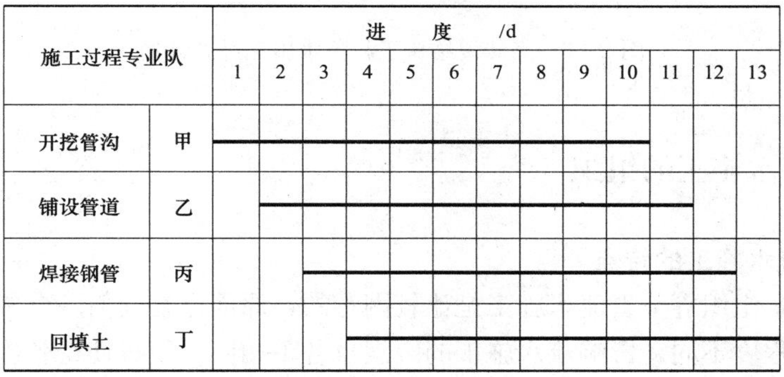

施工过程专业队		进度 /d											
		1	2	3	4	5	6	7	8	9	10	11	12	13
开挖管沟	甲													
铺设管道	乙													
焊接钢管	丙													
回填土	丁													

图 2-5 流水线法施工计划

$$T_t = (N'-1)K + \frac{L}{V}K + \sum Z_1 - \sum C \qquad (2-4)$$

令

$$\frac{L}{V} = m$$

则

$$T_t = (m+N'-1)K + \sum Z_1 - \sum C \qquad (2-5)$$

式中 T_t——线性工程施工工期（d）；

L——线性工程总长度；

K——流水步距；

N'——工作队数；

V——每班移动速度。

本例中，$K=1d$，$N'=4$，$m=\dfrac{500}{50}=10$，故：

$$T_t = (10+4-1) \times 1 = 13d$$

此计算结果与图2-5相符。

【例2-4】　图2-6是一幢5层4单元砖混结构工程结构分部工程的等节奏流水施工进度计划，安排一个瓦工组，以2d完成一个单元层砌砖为主导施工过程的等节奏流水施工。每段由2个单元组成，故流水节拍为4d。其中楼板工艺组合包括的施工过程有：构造柱和圈梁的钢筋混凝土，吊楼板及阳台等预制构件，现浇板及板缝钢筋混凝土。楼板工艺组合跟随主导施工过程砌砖工程，流水节拍亦为4d。5层结构的工期按公式计算为

$$T_t=(m\times j+N'-1)\times K=(2\times 5+2-1)\times 4=44d$$

计算结果与图2-6所示一致。

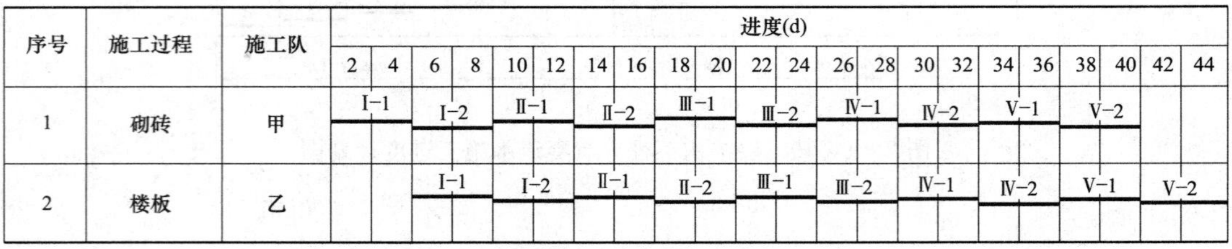

序号	施工过程	施工队	进度(d)																				
			2	4	6	8	10	12	14	16	18	20	22	24	26	28	30	32	34	36	38	40	42	44
1	砌砖	甲	I-1		I-2		II-1		II-2		III-1		III-2		IV-1		IV-2		V-1		V-2			
2	楼板	乙			I-1		I-2		II-1		II-2		III-1		III-2		IV-1		IV-2		V-1		V-2	

图2-6　某砖混结构工程流水施工进度计划

2.3　异节奏流水施工的组织

2.3.1　异节奏流水施工的特点

一般情况下，组织等节奏流水施工是比较困难的，原因是在任何一个施工段上，不同的施工过程的复杂程度不同，影响流水施工的因素也各不相同，很难使得各施工过程的流水节拍彼此相等。但是，在有些情况下，我们可以尽量组织成倍节拍流水，使各施工过程的流水节拍均为某一常数的倍数，然后可对流水节拍长的施工过程相应地增加工作队，按等节奏流水施工的方法进行组织。否则只能按无节奏流水施工进行组织（见2.4节）。

2.3.2　异节奏流水施工的组织方法

（1）划分施工过程，确定其施工顺序。

（2）确定各施工过程的流水节拍。

（3）确定流水步距 K，方法是取各施工过程流水节拍的最大公约数 K。

（4）确定各施工过程的工作队数 b_i。

第 i 施工过程的工作队数：
$$b_i=\frac{t_i}{K}\tag{2-6}$$

式中　t_i——i 施工过程的流水节拍。

则工作队总数为：
$$N'=\sum b_i\tag{2-7}$$

（5）确定施工段数。施工段数目 m 的确定方法如下：

1）没有层间关系（$j=1$）时，
$$m=\sum b_i=N'\tag{2-8}$$

式中　N' 为工作队总数。

2）有层间关系（$j>1$）时，每层的施工段数可按下式确定：

$$m_{min} \geqslant N' + \sum Z_1/K + Z_2/K - \sum C \tag{2-9}$$

式中　Z_1——相临两项施工过程之间的间隔时间（包括技术性的和组织性的）；

　　　Z_2——施工层间的间隔时间；

　　　C——相临两项施工过程之间的搭接时间。

当计算出的施工段数有小数时，应只入不舍地取整数，以保证间隔时间充裕；当各施工层间的 $\sum Z_1$ 或 Z_2 不完全相等时，应取各层中的最大值进行计算。

（6）计算流水施工工期（T_C）。

$$T_C = (m \times j + N' - 1) \times k + \sum Z_1 - \sum C_i \tag{2-10}$$

式中　j——施工层数；

　　　$\sum Z_1$——施工过程间隔时间之和；

　　　$\sum C_i$——平行搭接时间之和。

施工层间间隔时间不影响工期。

（7）按计算结果绘制水平流水施工进度图。

2.3.3　异节奏流水施工实例

【例 2-5】　某施工项目由 A、B、C 三个施工过程组成，各施工过程的流水节拍分别为：$t_1=2$ 周、$t_2=4$ 周、$t_3=6$ 周，试组织成倍节拍流水施工，并绘制施工进度计划图。

【解】

（1）确定流水步距 K。取各流水节拍的最大公约数，即 $K=2$ 周。

（2）由式（2-6）确定各施工过程的工作队数为：

$$b_1 = t_1/K = 2/2 = 1 \text{ 队}$$
$$b_2 = t_2/K = 4/2 = 2 \text{ 队}$$
$$b_3 = t_3/K = 6/2 = 3 \text{ 队}$$

（3）确定参加流水施工的工作队总数：$N' = b_1 + b_2 + b_3 = 1 + 2 + 3 = 6$ 队

（4）确定施工段数，取：$m = N' = 6$ 段，$j = 1$

（5）计算施工工期：$T_t = (m + N' - 1)K = (6 + 6 - 1) \times 2 = 22$ 周

（6）绘制流水施工水平图，如图 2-7 所示。

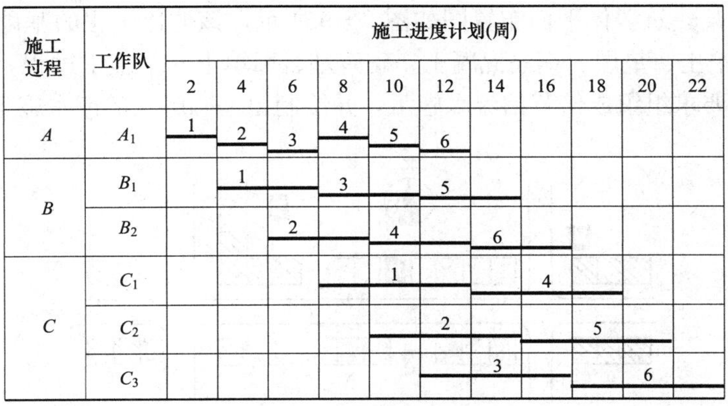

施工过程	工作队	施工进度计划(周)										
		2	4	6	8	10	12	14	16	18	20	22
A	A_1	1	2	3	4	5	6					
B	B_1		1		3		5					
	B_2			2		4		6				
C	C_1					1			4			
	C_2						2			5		
	C_3							3			6	

图 2-7　某工程成倍节拍流水施工进度计划图

【例2－6】　某两层楼房的主体工程由 A、B、C 三个施工过程组成，各施工过程在各个施工段上的流水节拍依次为：4d、2d、2d，施工过程 B、C 之间至少应有 2d 技术间隙。试划分施工段，确定流水施工工期，并绘制流水施工水平图。

【解】

(1) 确定流水步距 K。取各流水节拍的最大公约数，即 $K=2d$。

(2) 按公式（2－6）确定各施工过程的工作队数为：

$$b_1=2 \text{ 队}, \quad b_2=1 \text{ 队}, \quad b_3=1 \text{ 队}$$

(3) 确定参加流水施工的工作队总数：$N'=b_1+b_2+b_3=2+1+1=4$ 队

(4) 确定施工段数，即取：

$$m_{\min}=N'+\frac{Z_{R,C}}{K}=4+\frac{2}{2}=5 \text{ 段}$$

(5) 计算施工工期：

$$T_t=(m\times j+N'-1)K+\sum Z_1$$
$$=[(5\times2+4-1)\times2+2]d=28d$$

(6) 绘制流水施工水平图，如图2－8所示。

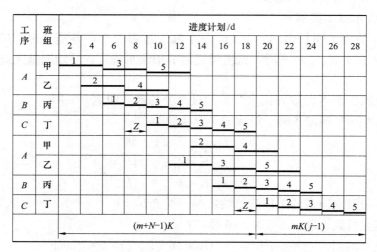

图2－8　某两层楼房的成倍节拍流水施工进度计划图

【例2－7】　某建筑群体平面布置图如图2－9所示，该群体工程的基础为浮筏式钢筋混凝土基础，包括挖土、垫层、钢筋混凝土、砌砖基、回填土5个施工过程，1个单元的施工时间见表2－1，要求组织成倍节拍流水施工，并绘制出基础施工的流水施工图。

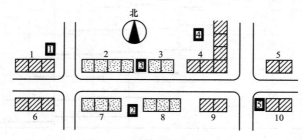

图2－9　建筑群平面布置图

表2-1　　　　　　　　　　　　　　1个单元施工过程的施工时间

施工过程	挖土	垫层	钢筋混凝土基础	砌墙基	回填土
施工时间/d	2	2	3	2	1

该建筑群体共30个单元，如果划分流水区，只能以4号楼为最大单元组合，以保持其基础的整体性。全部建筑分成如图2-9所示的5个施工区，每个区6个单元。为了合理利用已有道路，确定施工流向自西向东，施工顺序为：1号、6号（1区）→7号、8号（2区）→2号、3号（3区）→4号（4区）→5号、9号、10号（5区），每个区各施工过程的流水节拍为一个单元施工时间的6倍。

组织异节奏流水施工时，由于各流水节拍为6的倍数，故可将该工程组织为成倍节拍流水施工，流水步距为6d，各施工过程的工作队数是：挖土2个队，垫层2个队，钢筋混凝土基础3个队，砌砖基础2个队，回填土1个队，基础流水施工的进度图如图2-10所示。其工期计算如下：

$$T_t = (m + N' - 1) \cdot K = [5 + (2+2+3+2+1) - 1] \times 6$$
$$= [(5+10-1) \times 6]d = 84d$$

总工期为84d，与进度图像一致。

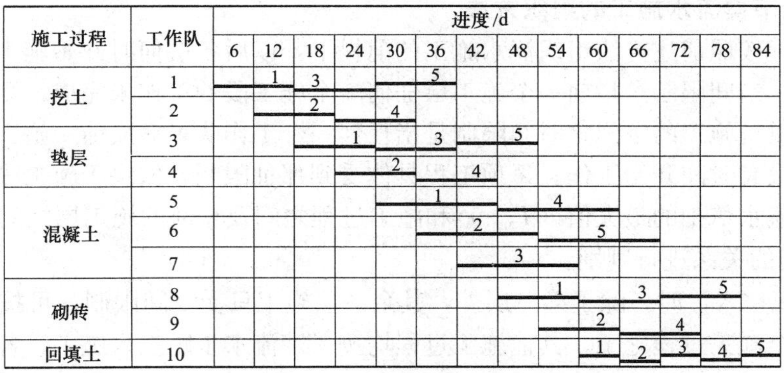

施工过程	工作队	6	12	18	24	30	36	42	48	54	60	66	72	78	84
挖土	1		1	3			5								
	2			2	4										
垫层	3			1		3		5							
	4				2	4									
混凝土	5					1		4							
	6						2		5						
	7						3								
砌砖	8							1	3	5					
	9								2	4					
回填土	10									1	2	3	4	5	

图2-10 某工程项目成倍节拍流水施工进度计划

2.4　无节奏流水施工的组织

2.4.1　无节奏流水施工的特点

在实际工作中，每个施工过程在各个施工段上的工程量往往不相等，或各工作队的生产效率相差较大，导致流水节拍难以一致，呈无规律状态，不能组织等节奏流水施工或成倍节拍流水施工，只能按照施工顺序要求，使相邻两个工作队在开工时间上最大限度地搭接起来，实现每个工作队连续施工，即组织无节奏流水施工（或称分别流水施工）。有时，流水节拍虽然能够满足等节奏流水或异节奏流水施工的组织条件，但是施工段数达不到要求，也需要组织无节奏流水施工，它是组织流水施的普遍形式，其组织特点如下：

（1）各个施工过程在各个施工段上的流水节拍彼此基本不相等。

（2）一般情况下，相邻施工过程之间的流水步距也不相等。

（3）每一个施工过程在各个施工段上的工作均由一个工作队独立完成，基本是工作队数等于施工过程数（$N＝n$）。

（4）各个工作队能连续施工，但是有些施工段可能空闲（有工作面而无作业者）。

2.4.2　单层无节奏流水施工的组织步骤

（1）分解施工过程，划分施工段。

（2）确定各施工过程在各施工段的流水节拍。

（3）确定流水步距。这是关键的一步，流水步距确定适当，能使各工作队的工作在时间上最大限度地搭接起来。计算流水步距使用"潘特考夫斯基法"（又称"大差法"），它简便易行，过程如下：

1）各施工过程的流水节拍累加，形成数据系列。

2）将相邻两个施工过程的数据系列错位相减，得系列差值。

3）取差值中之大者作为该两个相邻施工过程之间的流水步距。

（4）计算工期：

$$T_C＝\sum K_{i,i+1}＋\sum t_{nj}＋\sum Z_1－\sum C \tag{2-11}$$

式中　$\sum t_{nj}$——最后一个施工过程的流水节拍之和。其他代号同前。

（5）绘制水平流水施工进度图。

2.4.3　多层无节奏流水施工的组织方法

在单层工程按照前述方法组织流水施工的前提下，以后各层何时开始施工？它受空间和时间两种限制。空间限制是指前一个施工层任何一个施工段的工作未完成，则后一施工层的相应施工段就没有施工的空间；时间限制是指任何一个工作队未完成前一施工层的工作，则后一施工层就没有时间开始工作。每项工程具体受到那种限制，取决于施工段数和流水节拍的特征，可用流水节拍的最大值（T_{max}）和施工过程之间及相邻的施工层之间流水步距的总和（$K_总$）之间的关系进行判别：

（1）当 $T_{max}＜K_总$ 时，除了第一层外，其余各层施工只受空间限制，可按层间工作面连续来安排第一个施工过程施工，其他施工过程均按一定流水步距投入施工，各工作队均不能连续作业。

（2）当 $T_{max}＝K_总$ 时，流水安排同上，但具有 T_{max} 施工过程的工作队可以连续作业。

上述两种情况的计算工期按以下公式计算：

$$T_C＝j\sum K＋(j-1)K_{层间}＋T_N＋(j-1)Z_1＋\sum Z_2－\sum C \tag{2-12}$$

式中　j——施工层数；

$\sum K$——同一施工层流水步距的总和；

$K_{层间}$——施工层间的流水步距；

$K_总$——$\sum K＋K_{层间}$

T_N——最后一个施工过程在一个施工层的持续时间；

Z_1——施工层间的间隔时间；

$\sum Z_2$——在一个施工层中施工过程之间间隔时间之和；

$\sum C$——在一个施工层中施工过程之间搭接时间之和。

（3）当 $T_{max}＞K_总$ 时，具有 T_{max} 值施工过程的工作队可以连续作业，其他施工过程可依次按与该施工过程的步距关系安排作业。若 T_{max} 同属几个施工过程，则其相应工作队均可以连续作业。其计算工期按下式计算：

$$T_C = j\sum K + (j-1)K_{层间} + T_N + (j-1)(T_{max} - K_{总})$$
$$= j\sum K + (j-1)(T_{max} - \sum K) + T_N \qquad (2-13)$$

当有间歇时间 $\sum Z_2$ 和搭接时间 $\sum C$ 时：

$$T_C = j\sum K + (j-1)(T_{max} - \sum K) + T_N + (j-1)Z_1 + \sum Z_2 - \sum C \qquad (2-14)$$

2.4.4 无节奏流水施工实例

【例 2-8】 将某工程项目分解为甲、乙、丙、丁 4 个施工过程，在组织施工时将平面上划分为 4 个施工段，各施工过程在各个施工段上的流水节拍见表 2-2，试组织流水施工并绘制流水施工水平图。

表 2-2 某工程各施工过程的流水节拍 （单位：d）

施工过程	各工作队在各施工段上的施工时间/d			
	Ⅰ	Ⅱ	Ⅲ	Ⅳ
甲	2	3	3	2
乙	4	3	3	3
丙	3	3	4	4
丁	4	3	4	1

【解】 根据上述条件，本工程宜组织分别流水施工。

（1）求各施工过程流水节拍的累加数据系列：

甲：2 5 8 10
乙：4 7 10 13
丙：3 6 10 14
丁：4 7 11 12

（2）将相邻两个施工过程的累加数据系列错位相减：

甲与乙：
```
    2  5   8   10
 -)    4   7   10   13
 ─────────────────────
    2  1   1   0  -13
```

乙与丙：
```
    4  7  10   13
 -)    3   6   10   14
 ─────────────────────
    4  4   4   3  -14
```

丙与丁：
```
    3  6  10   14
 -)    4   7   11   12
 ─────────────────────
    3  2   3   3  -12
```

（3）确定流水步距。

流水步距等于各累加数据系列错位相减所得差值中数值最大者，即：

$$K_{1,2} = Max(2, 1, 1, 0, -13) = 2d$$
$$K_{2,3} = Max(4, 4, 4, 3, -14) = 4d$$
$$K_{3,4} = Max(3, 2, 3, 2, -12) = 3d$$

（4）计算流水施工工期：$T_C = \sum K_{i,i+1} + \sum t_{4j}$
$$= (2+4+3) + (4+3+4+1) = 21d$$

（5）绘制流水施工水平计划图，如图 2-11 所示。

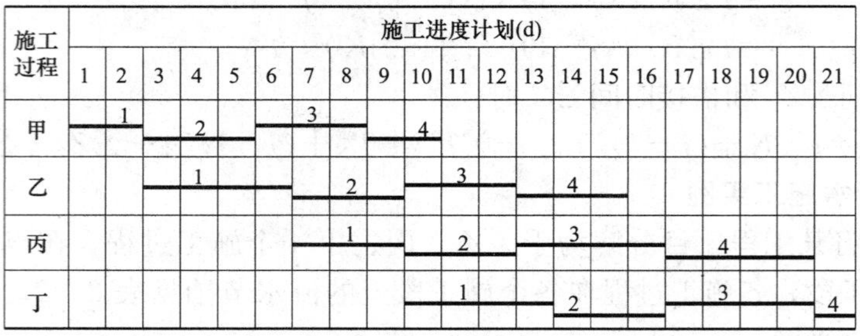

施工过程	施工进度计划(d)

图 2-11　某工程分别流水施工进度计划图

【例 2-9】　某工程有 A、B、C 三个施工过程，其施工顺序为 $A \to B \to C$，可分为 4 个施工段和 2 个施工层组织施工。A、B、C 三个施工过程在各施工段上的流水节拍分别为：A：3、3、2、2（d）；B：4、2、3、2（d）；C：2、2、2、3（d）。试组织流水施工并绘制流水施工水平计划图。

【解】　各施工过程流水节拍的累加数据系列及流水步距计算见表 2-3。

表 2-3				累加数据系列及流水步距计算				（单位：d）	
A 的节拍累加数列	3	6	8	10					
B 的节拍累加数列		4	6	9	11			差值之大值	流水步距 K
C 的节拍累加数列			2	4	6	9			
A 的节拍累加数列				3	6	8	10		
A、B 数列差值	3	2	2	1	-11			3	$K_{AB}=3$
B、C 数列差值		4	4	5	5	-9		5	$K_{BC}=5$
C、A 数列差值			2	1	0	1	-10	2	$K_{层间}=2$

（1）计算施工过程持续时间的最大值：$T_{max}=11$，属于施工过程 B。

（2）计算 $K_总$：$K_总=3+5+2=10$，$T_{max} > K_总$，故 B 施工队可以连续施工。

（3）计算流水施工工期。该两层的流水施工工期按公式（2-13）计算如下：

$$T_C = j\sum K + (j-1)(T_{max} - \sum K) + T_N$$
$$= 2 \times (3+5) + (2-1) \times (11-3-5) + 9 = 28d$$

（4）绘制流水施工水平指示图，如图 2-12 所示。绘制第二层时需先绘出 B 施工过程的进度线，再依据流水步距关系绘制出 A、C 的进度线。如图 2-12 的双线部分所示。

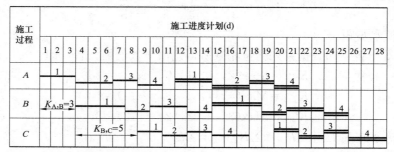

图 2-12　某工程无节奏流水施工进度计划图（单线为第一层，双线为第二层）

【例 2－10】　某工程有 3 个施工层，每层分为 4 个施工段，有 A、B、C 3 个施工过程，其施工顺序为 $A \rightarrow B \rightarrow C$。各施工过程在各施工段上的流水节拍分别为：$A$：1、3、2、2（d）；$B$：1、1、1、1（d）；$C$：2、1、2、3（d）。试组织流水施工。

【解】　组织方式如下：

（1）确定流水步距：按"取大差法"计算，见表 2－4。

表 2－4　　　　　　　　　　　　　　流水步距计算

						流水步距
A 的节拍累加数列	1	4	6	8		
B 的节拍累加数列		1	2	3	4	
C 的节拍累加数列			2	3	5	8
A 的节拍累加数列				1	4	6	8
A、B 数列差值	1	3	4	5	−4		$K_{AB}=5$
B、C 数列差值		1	0	0	−1	−8	$K_{BC}=1$
C、A 数列差值			2	2	1	2	−8	$K_{层间}=2$

（2）流水方式判别：$T_{\max}=8$（表 2－4），属于施工过程 A 和 C。

$$K_{总}=5+1+2=8$$

由于 $T_{\max}=K_{总}$，则 A 和 C 工作队均可全部连续作业。

（3）计算流水工期：按式（2－12），该三层工程的流水工期计算如下：

$$T_{C}=j\sum K+(j-1)K_{层间}+T_{N}+(j-1)Z_{1}+\sum Z_{2}-\sum C$$
$$=[3\times(5+1)+(3-1)\times2+8]d=30d$$

（4）绘制施工进度表：第二、三层需先绘出 A、C 的进度线，再依据步距关系绘出 B 的进度线。如图 2－13 所示。

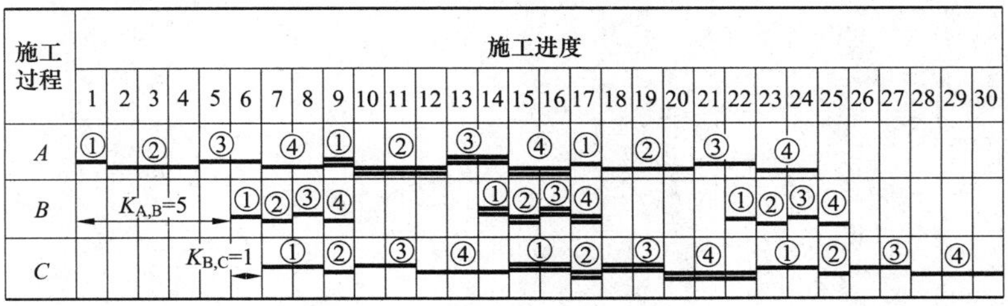

施工过程	施工进度
	1 2 3 4 5 6 7 8 9 10 11 12 13 14 15 16 17 18 19 20 21 22 23 24 25 26 27 28 29 30
A	① ② ③ ④ ① ② ③ ④ ① ② ③ ④
B	$K_{A,B}=5$ ①②③④ ①②③④ ①②③④
C	$K_{B,C}=1$ ① ② ③ ④ ① ② ③ ④ ① ② ③ ④

图 2－13　流水施工进度图（双线为第二层的进度线，其后的单粗线为第三层的进度线）

【例 2－11】　某工程由主楼和塔楼组成，现浇柱、预制梁板框架—剪力墙结构，主楼 14 层，塔楼 17 层，拟分成三段流水施工，施工顺序有待于优化决策。平面图如图 2－14 所示。每层流水节拍见表 2－5。要求合理安排施工顺序，绘制流水施工进度计划图。

【解】　为了保证主楼施工的连续性，可能的施工顺序有：

（1）一段━━▶二段━━▶三段；

（2）二段━━▶一段━━▶三段；

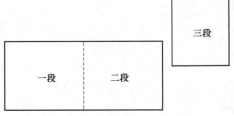

图 2－14　建筑平面布置图

（3）三段——→一段——→二段；

（4）三段——→二段——→一段。

表 2 - 5　　　　　　　　　　各施工过程的流水节拍

序号	施工过程	流水节拍/d		
		一段	二段	三段
1	柱	2	1	3
2	梁	3	3	4
3	板	1	1	2
4	节点	3	2	4

采用"潘特考夫斯基法"对各流水方案的流水步距进行计算，并求出每个方案每层的工期，可得：第 1 方案 20d，第 2 方案 19d，第 3 方案 21d，第 4 方案 21d，故第 2 方案工期最短，以此顺序安排的每层流水施工计划如图 2-15 所示。

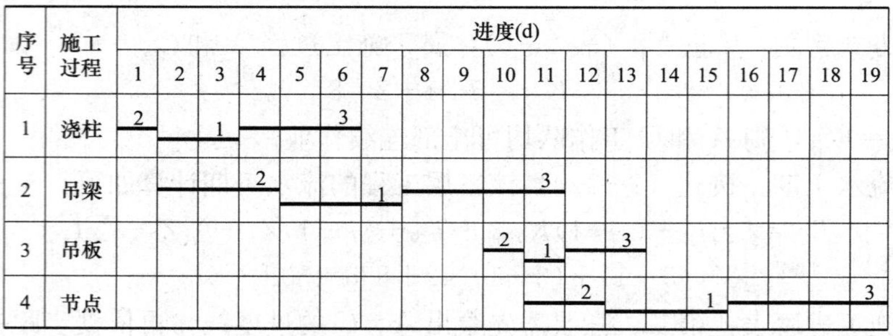

图 2-15　某工程项目每层的流水施工进度计划

第3章　建设工程施工网络计划技术

3.1　网络计划技术概述

3.1.1　网络计划技术的概念

网络计划技术是用网络图编制计划并用它来进行管理的一种科学方法。网络计划是在网络图上加注各项工作的时间参数而形成的工作计划。如图3-1和图3-2所示。

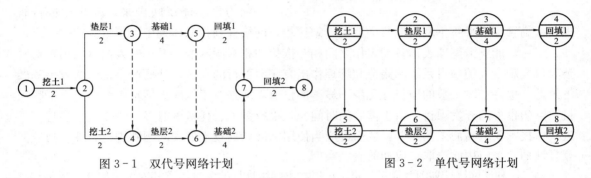

图3-1　双代号网络计划　　　　　　　图3-2　单代号网络计划

网络计划所用的网络图，是由箭线和节点组成、用来表示工作流程的有向、有序网状图形。图3-1中的网络图，既表示了挖土、垫层、基础、回填四项工作的施工顺序，又表示了一段、二段工作的施工顺序。这里所说的"工作"，是指计划任务按需要粗细程度划分而成的、消耗时间或同时也消耗资源的一个子项目或子任务。

网络计划有肯定型、非肯定型两种。肯定型网络计划是指工作、工作之间的逻辑关系、工作持续时间三者都肯定的网络计划；非肯定型网络计划是指工作、工作之间的逻辑关系、工作持续时间三者中任一项或多项不肯定的网络计划。通常，在建设工程施工中使用的是肯定型网络计划，因此本书不涉及非肯定型网络计划。

肯定型网络计划的网络图表达方式基本上分为两类：

一类是双代号网络图，是以箭线及其两端的节点表示工作的网络图。图3-1是以双代号网络图表示的网络计划。网络图中的箭线，是一端带箭头的实线。节点是网络图中箭线端部的圆圈或其他形状的封闭图形。图3-1中节点3、4和5、6之间的虚箭线，是一端带箭头的虚线，它在双代号网络图中表示一项虚拟的工作，只表示前后相邻工作之间的逻辑关系，既不占用时间，也不消耗资源。虚箭线是双代号网络图中特有的符号。

另一类是单代号网络图，是以节点及其编号表示工作，以箭线表示工作之间的逻辑关系的网络图。图3-1的单代号网络计划如图3-2所示。

3.1.2　网络计划技术的特点

1. 网络计划技术的优点

网络计划技术的出现，把复杂的数学问题形象化、简单化，为应用数学花园里增添了一朵奇葩，受到了世界的关注。这一方面是由于它的应用产生了巨大的经济效益，强烈地吸引了人们；另一方面，是它本身所具有的许多优点受到了人们的热烈欢迎。

图 3-3 是图 3-1 和图 3-2 的流水施工横道图计划。横道图计划的优点是较易编制、简单、明了、直观、易懂；因为有时间坐标，故各项工作的起止时间、工作持续时间、工作进度、总工期，以及流水作业的情况，都表示得清楚、明确，对资源的使用也可在图上标注和叠加。但是，它不能全面地反映各项工作相互之间的关系和影响，不便于各种时间的计算，工作重点和时间潜力也不能反映出来，因此对进行管

工作	进度计划/d													
名称	1	2	3	4	5	6	7	8	9	10	11	12	13	14
挖土	1		2											
垫层			1		2									
基础					1				2					
回填											1		2	

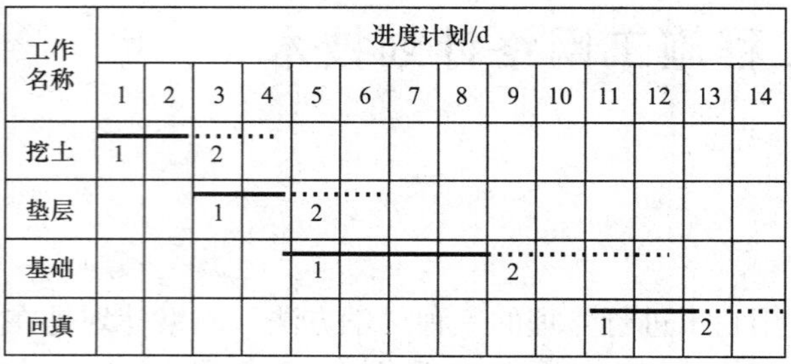

图 3-3　流水施工横道图计划

理和提高管理水平是不利的。与横道图计划比较，网络计划技术体现了以下五大主要优点。

第一，能够清楚地表达各项工作之间相互依赖和相互制约的关系，使人们可以用来对复杂项目及难度大的项目系统的制造和管理作出有序而可行的安排，从而产生良好的效果和经济效益。也许它对一般的项目并无特别显著的价值，但是对于像航天项目、大型建设工程项目、巨额投资的开发项目，由于需要的时间长、投资量大、耗费资源多、协作关系多且交叉进行、技术要求高而工艺复杂，故而都应当使用网络计划技术处理问题并进行管理。阿波罗登月计划就是应用此法取得成功的著名实例。

第二，利用网络计划图并通过计算，可以找出网络计划的关键线路和次关键线路。这种线路上的工作花费时间长，一般也消耗资源多，在全部工作中所占的比例小（大型网络计划的关键工作只占工作总量的 5%～10%）。所以，这一方法便于人们认清重点，集中精力抓住重点，避免平均使用力量和盲目抢工而造成浪费，确保计划实现。管理中的一项重要原则"抓关键的少数"，可以通过网络计划予以实现。"抓住关键"也是重要的"统筹兼顾"思想的体现。

第三，与可以找出关键线路相对应，利用网络计划可以计算出除了关键工作以外的其他工作的机动时间。对于每项工作的机动时间做到心中有数，有利于在工作中利用这些机动时间提高管理水平、优化资源强度、支持关键工作、调整工作进度和降低工程成本。华罗庚教授曾说过，网络计划给我们提供了"向关键线路要时间，向非关键工作挖潜力"的数学模型。

第四，网络计划能够提供项目管理所需要的许多信息，有利于加强管理。除提供计算工期和计划工期以之外，它还可以提供每项工作的最早开始时间和最早完成时间、最迟开始时间和最迟完成时间、总时差和自由时差；通过优化可以提供可靠的资源和成本信息；通过统计工作的辅助，提供管理效果信息。足够的信息量是管理工作得以有效进行的依据和支柱。这一特点使网络计划成为项目管理最典型、最有用的方法，它使项目管理的科学化水平大大提高。

第五，网络计划是应用计算机进行全过程管理的理想模型。绘图、计算、优化、检查、调整、统计、分析和总结等管理过程，都可以用计算机完成。所以，在信息化时代，网络计划必然是理想的管理工具。

2. 网络计划技术与施工技术的关系

网络计划技术与施工技术虽然有密切联系，但两者的性质却是完全不同的。

施工技术是指某项工程或某项工作在一定的自然条件、资源条件和技术条件下采用的工程实施技术，如混凝土灌注技术、吊装技术等。这中间包括机械的选择、工艺的确定、顺序的安排等。施工技术的实施必须具备一定的资源、环境和技术条件。

网络计划技术只是一种计划表达方法或管理方法，只要施工技术确定了，运用网络计划技术就可以把施工安排好、管理好，而不需要施工技术所要求的物质、环境和技术条件做前提。它的作用是给管理人员提供管理信息，包括时间信息、进度信息、工作重点、资源状况和成本状况等，以便有针对性、主动地进行积极地管理，避免管理不善而导致施工活动的混乱或浪费。

3.1.3　网络计划技术的产生

网络计划技术于 1958 年产生于美国，是适应生产和军事的需要研制成功的。它有两个起源：

第一个起源是美国杜邦公司发明的关键线路法（CPM）。早在 1952 年，杜邦公司就注意到了数学家在网络计算分析上的成就可以在工程规划方面加以应用。1955 年，杜邦公司设想将任务的每一项工作规定出起止时间，然后按工作顺序绘制成网状图形以指导生产。1956 年，他们用自己设计的计算机程序编制了网络计划。1957 年，他们用此法研究新工厂的建设，形成了"关键线路法"。1958 年，他们用关键线路法安排价值为 1000 万美元的建厂工作计划，并编制了一个 200 万美元的施工计划。在用此法安排设备检修时，使停产时间从过去的 125h 缩短为 74h，一年之内节约了近 100 万美元。因此，关键线路法引起了轰动。

第二个起源是"计划评审技术"（PERT），是由美国海军部于 1958 年发明的。当时，美国海军部要研制北极星导弹，并要制造其潜艇和发动机。由于对象复杂、厂家众多，所以深感原有的计划方法无能为力，因而广泛征求新的计划方法，计划评审技术随之出现并被采用。此法使北极星导弹的研制时间缩短了 3 年，并节约了大量资金。美国国防部 1962 年规定，凡承包工程的单位都要使用计划评审技术安排计划。

关键线路法和计划评审技术，前者是肯定型网络计划，后者可以用三时估计法把非肯定型网络计划变成为肯定型网络计划，两者都采用网络图表达计划，因此可以说大同小异，故而统称为网络计划技术。

3.1.4　网络计划技术在我国的发展

网络计划技术产生以后，以惊人的速度传播到全世界；也以超常的速度得到发展，产生了许多新模式，形成了网络计划大家族。网络计划大家族可以分为三大类：非肯定型网络计划、肯定型网络计划和搭接网络计划。我国自创了"流水网络计划"，属于搭接网络计划类型，它把网络计划和流水作业结合起来使用，收到了很好的效果。

我国引进网络计划技术应归功于数学大师华罗庚教授。他于 1965 年在《人民日报》上全文发表了《统筹法平话》，全面介绍了网络计划技术，把复杂的数学问题简单化，大大有利于网络计划技术的推广应用。华罗庚教授根据毛泽东"统筹兼顾、全面安排"的思想，把网络计划技术称之为"统筹法"，突出了抓主要矛盾（关键线路）的思想，在我国 28 个省（直辖市、自治区）的建筑业、冶金业、石化业、采矿业、林业、科研事业、军事等广泛领域推广应用，使统筹方法迅速发展成为"百万人的数学"，产生了巨大的经济效益和社会效益。

1980 年，北京统筹法研究会成立，华罗庚教授担任名誉理事长；1982 年，"中国优选法、统筹法与经济数学研究会"成立，华罗庚教授担任理事长；1983 年，中国建筑学会建筑统筹管理研究会成立，华罗庚教授担任名誉理事长。这三个学会是专门研究和推广统筹法的学术组织，在他们的组织和带领下，在华罗庚教授的支持下，统筹法进一步普及应用，新的研究成果不断出现。网络计划技术在加强科学管理方面得到了有效的应用，尤其是建筑业，应用的效果非常显著。建设部规定，工程承包的投标书中必须使用网络计划方法编制工程进度计划；施工组织设计的进度管理也要使用网络计划；网络计划技术进入了大学教科书；被纳入建造师、项目管理师、造价工程师、招标投标师、咨询工程师等许多执业资格考试用书之中；网络计划技术成为工程监理和咨询的有力工具。

20 世纪 90 年代以后，网络计划技术的使用与项目管理方法的推广和应用紧密结合起来，成为工程项目进度目标管理的核心方法，大大拓宽了网络计划技术的应用范围。

1991 年，由中国建筑学会建筑统筹管理研究会起草的网络计划技术行业标准 JGJ/T 121—1991《工程网络计划技术规程》实施，1999 年实施了其修改版，2015 年 11 月实施其第二次修改版。1992 年网络计划技术三个国家标准 GB/T 13400.1～3—1992《网络计划技术》实施；2009 年和 2011 年，分别实施了这三个国家标准的修改版：GB/T 13400.1—2011《网络计划技术　第 1 部分：术语》，GB/T 13400.2—2009《网络计划技术　第 2 部分：网络图画法的一般规定》，GB/T 13400.3—2009《网络计划技术　第 3 部分：在项目管理中应用的一般程序》。

1993 年，地震出版社出版了由中国建筑学会建筑统筹管理研究会编著的《中国网络计划技术大全》，书中收录了 157 篇文章，其中包括了曾任该研究会名誉理事长的华罗庚先生的 3 篇著作，44 篇基本网络计划技术，11 篇搭接网络计划技术，9 篇流水网络计划技术，11 篇随机网络计划技术，20 篇网络计划优化技术，11 篇网络计划计算机技术，20 篇其他网络计划技术，28 篇网络计划技术应用案例。该书全面地展现了我国网络计划技术的引进、发展、应用状况和研究水平。

进入 21 世纪以后，网络计划技术成为项目管理科学发展的重要部分得到了持续发展和提高，成为项目管理中不可或缺的最重要工具。世界正在以 BIM 为平台，实现工程网络计划技术与工程项目管理各项功能系统的全面融合与联动应用。

3.1.5　我国网络计划技术应用计算机概况

基于网络计划技术绘图难度大、计算量大、优化工作复杂、实施与控制过程长等特点，我国学者早在 20 世纪 70 年代就认识到，网络计划技术如果不解决计算机应用的问题，其真正应用和普及基本是不可能的，并将极大地限制其发展，因此，下决心攻克这一难题。经过近 30 年的研究和创新，现在已经实现了网络计划技术应用计算机化，并且已经发展到国际水平。

1. 网络计划技术应用计算机的必要性

网络计划技术应用计算机的必要性有下列几点：

（1）减轻繁重的人工操作，使网络计划技术的应用轻松自如。

（2）使网络计划技术与相关管理工作紧密结合，相互依存，成为一个庞大的项目管理体系，包括与技术管理、质量管理、资源管理、成本管理、资金管理、合同管理、沟通管理、采购管理与统计核算等的结合。

（3）网络计划技术应用计算机，可最有效地进行工期、资源与成本的优化和控制。

（4）计算机应用使网络计划技术的应用从生产领域飞越到经营领域，包括编制标书、监理规划、签订合同、组织之间沟通、信息管理等。

2. 计算机辅助网络计划技术应用的发展过程

早在 20 世纪 70 年代，我国学者使用 Algol 语言编制了网络计划计算程序，并在大型机上应用成功。20 世纪 80 年代中期，北京统筹与管理科学学会与北京计算中心合作，在我国首先研制成功了网络计划计算机绘图程序（CPMN），并经多次改进，扩展为工程施工项目管理程序，并可进行微机操作。20 世纪 80 年代末，中建一局科研所研制的网络计划计算机绘图技术成为建设部推广的新技术项目之一。从 1989 年起，北京梦龙新技术有限公司便研制出《梦龙智能项目管理系统》，并逐步改进升级为《梦龙智能项目管理集成系统》，2000 年通过了北京市科委组织的鉴定，随后在全国发行，被一大批国家重点工程采用。2005 年，中国建筑业协会工程项目管理委员会与中国建筑科学研究院合作开发成功《PKPM 项目管理软件》并通过了专家鉴定，其中的网络计划子程序按照《工程网络计划技术规程》（1999 年版）编制，可自动形成多种进度计划，单、双代号网络计划和横道图间自由切换，快速生成投标文件、进度计划对比图、资源图、统计表、实际进度前锋线、网络计划检查图等，在全国推广应用，深受欢迎，影响很大。2007 年，北京城建集团与清华大学进行企校合作，综合应用 4D-CAD、工程数据库、人工智能、虚拟现实以及计算机软件集成技术，结合 2008 年北京奥运会国家体育场工程的实际需求，基于 4D++施工模型，研究开发成功《建筑施工 4D 管理系统》（4D-GCPSU-2005），将建筑物及其施工现场 3D 模型与施工进度计划相衔接，实现了施工项目的优化控制和 4D 可视化管理，以及各施工阶段的造价、材料、时间、人力和场地布置等的动态管理，从而把网络计划与项目管理紧密结合的计算机应用提升到国际先进水平。2015 年 11 月实施的 JGJ/T 121—2015《工程网络计划技术规程》，把计算机应用于网络计划技术单独列为第 8 章，做了以下规定：

（1）工程网络计划的编制、检查、调整宜采用计算机软件。

（2）工程网络计划的计算机应用应符合国家现行标准 GB/T 18391《信息技术数据元的规范与标准化》和 JGJ/T 204《建筑施工企业管理基础数据标准》的有关规定。

（3）计算机软件应具有本规程所规定的各种网络计划的编制、绘图、计算、优化、检查、调整、分析、总结和输出打印功能。

（4）计算机软件应实时计算时间参数，并以适当的形式展示时间信息。

（5）计算机软件宜具有单代号网络计划、双代号网络计划、时标网络计划图形相互转化的功能，能将网络计划转化成按最早时间或最迟时间绘制的横道图计划。

（6）计算机软件在横道计划、单代号网络计划与双代号网络计划中计算的时间参数应一致。

（7）计算机软件宜有绘制实际进度前锋线的功能，具有实际时间和计划时间比较的功能。

（8）计算机软件宜有在工作上指定资源，并计算、统计、输出资源需要量计划的功能。

（9）计算机软件宜具有与其它软件进行数据交换的接口。

（10）软件实现的网络计划图宜用不同的线型（粗细、颜色、形状等）表示不同的工作。

（11）软件宜保存网络计划的修改变更痕迹，记录变更的原因，实现与以前计划的对比或溯源。

总之，网络计划技术在我国已经实现了计算机化。工程项目的设计出图、划分项目、工程量计算、编制预算、计划管理、进度管理、成本核算、资源管理和统计核算等，都可以使用计算机进行全过程的系统操作。

3. 计算机辅助工程项目管理信息系统与网络计划技术

计算机辅助工程项目管理信息系统可用图 3-4 表示。各项管理子系统之间是相互联系、相互依存的，都与网络计划技术的应用有关，可以进行资源共享。网络计划技术是该系统的灵魂，是最有用的管理工具。这一切已经被基于 BIM 的计算机项目管理系统软件设计和工程项目管理实际运行所证实。

3.1.6　网络计划技术在建设工程施工中应用的程序

根据 GB/T 13400.3—2009《网络计划技术　第 3 部分：在项目管理中应用的一般程序》

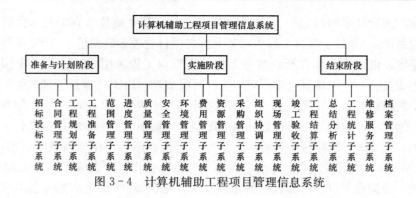

图 3-4　计算机辅助工程项目管理信息系统

的规定，网络计划技术在建设工程施工中应用的程序可分为 7 个阶段，共 18 个步骤（表 3-1）。

表 3-1　　　　　　　　网络计划技术在建设工程施工中应用的程序

阶　段		步　骤	
序　号	名　称	序　号	名　称
1	准备	1	确定网络计划目标
		2	调查研究
		3	项目分解
		4	施工方案设计
2	绘制网络图	5	逻辑关系分析
		6	网络图构图
3	计算参数	7	计算工作持续时间和搭接时间
		8	计算其他时间参数
		9	确定关键线路
4	编制可行网络计划	10	检查与修正
		11	可行网络计划编制
5	确定正式网络计划	12	网络计划优化
		13	网络计划确定
6	网络计划的实施与控制	14	网络计划贯彻
		15	检查和数据采集
		16	控制与调整
7	收尾	17	分析
		18	总结

1. 准备

（1）确定网络计划目标。

1）确定网络计划目标的依据。

① 施工项目范围说明：详细说明施工项目的可交付成果，为提交这些可交付成果而必须开展的工作，施工项目的主要目标。

② 环境因素：组织文化、组织结构、资源、相关标准、规范、制度等。

2）目标的主要内容。目标的主要内容有三个：时间目标、时间—资源目标、时间—费用目标。

（2）调查研究。

1）项目的施工任务、实施条件、设计数据等资料。

2）有关标准、定额、规程、制度等。

3）资源需求和供应情况。

4）有关的经验、统计资料及历史资料。

5）其他有关的技术经济资料。

（3）项目分解。

1）分解的目的和要求。

① 分解的目的是根据网络计划的要求，将项目分解为较小、易于管理的基本单元。

② 分解的要求：分解的层次和任务范围根据具体情况确定。建设工程施工网络计划的分解层次为：建设项目、单项工程、单位工程、分部工程、分项工程、工序。

2）分解的依据和结果。

① 分解的依据是施工项目范围、项目目标、调查信息、实施条件分析。

② 分解的结果应形成 WBS 图或表，以及分解说明。

（4）施工方案设计。

1）施工方案设计的内容。

① 确定施工顺序。

② 确定施工方法。

③ 选择需要的资源。

④ 确定施工项目管理组织。

⑤ 确定施工技术组织措施。

⑥ 确定采用的网络图类型。

2）基本要求。施工方案设计的基本要求是：寻求最佳顺序；确保质量、安全、节约与环保；采用先进的理念、技术和经验；分工合理，职责分明；有利于提高施工效率、缩短工期和增加效益。

2. 绘制网络图

（1）逻辑关系分析。

1）分析依据。逻辑关系分析的依据包括：施工方案；项目已分解的结果；收集到的有关信息；管理人员的经验。

2）逻辑关系的类型。逻辑关系的类型包括工艺关系和组织关系。

① 工艺关系指生产工艺上客观存在的不能随意改变的先后顺序关系。

② 组织关系是在不违反工艺关系的前提下，人为安排、可优化的先后顺序关系。

3）逻辑关系的分析程序。

① 确定每项工作的紧前工作（或紧后工作）与搭接关系。

② 完成工作关系分析表（表 3-2）的"逻辑关系分析"部分（3～5 列）。

表 3-2　　　　　　　　　　　　工 作 关 系 分 析 表

编码	工作名称	逻辑关系			工作持续时间				
		紧前工作（或紧后工作）	搭接		确定时间/d	三时估计法			
			相关工作	时距		最短估计时间 a	最长估计时间 b	最可能估计时间 m	期望持续时间 D_e
1	2	3	4	5	6	7	8	9	10

（2）网络图构图。

1）依据和要求。

① 依据：表 3-2 中的 3~5 列；已选定的网络图类型；绘图规则。

② 要求：按绘图规则绘图；方便使用；方便工作的组合、分图与并图。

2）绘图步骤。绘图步骤如下：确定网络图布局→按绘图规则从起始工作开始绘图→自左至右依次绘图→检查工作和逻辑关系→进行修正→节点编号。

3. 计算时间参数

（1）计算工作持续时间和搭接时间。

1）计算依据。计算工作持续时间和搭接时间的依据包括：网络图、工程量、资源供应能力、施工组织方式、施工能力与效率、选择的计算方法。

2）计算方法。计算方法可以选择以下几种：经验估计法；定额计算法；三时估计法。

计算结果填入表 3-2 的第 6~10 列各相关项中。

（2）计算其他时间参数。其他时间参数包括：工作最早开始时间、工作最早完成时间、工作最迟开始时间、工作最迟完成时间、工作总时差、工作自由时差。计算结果填入表 3-3 中。计算方法见后文的有关章节。

表 3-3　　　　　　　　　　　　　　　　**时间参数计算结果表**

编码	工作名称	工作持续时间	时间参数						是否关键工作
			ES	EF	LS	LF	TF	FF	
1	2	3	4	5	6	7	8	9	10

（3）确定关键线路。确定关键线路的方法见本章后文各有关内容。

4. 编制可行网络计划

（1）检查和修正。

1）检查。检查的主要内容包括：工期是否符合要求；资源需要量是否满足要求，资源配置是否符合供应条件；费用是否符合要求。

2）修正。修正的内容和方法如下：

① 工期修正：当计算工期不能满足预定的时间目标要求时，可适当压缩关键工作的持续时间。当压缩不能奏效时，可改变施工方案或逻辑关系并报批。

② 资源修正：当资源需用量超过供应条件时，可延长非关键工作的持续时间，使资源需用量降低；也可在总时差允许范围内和其他条件允许的前提下，灵活安排非关键工作的起止时间，使资源的需用量降低。

（2）可行网络计划编制。可行网络计划的编制应根据修正的结果进行。编制方法见本章后文有关内容。

5. 确定正式网络计划

（1）网络计划优化。可行网络计划一般需要进行优化，然后方可确定正式网络计划。当没有优化要求时，可行网络计划即可作为正式网络计划。

网络计划优化的目标有以下几种选择：工期优化；时间固定—资源均衡优化；资源有限—时间最短优化；时间—费用优化。

优化的程序如下：选择优化目标→选择优化方法并进行优化→对优化结果进行评审、

决策。

网络计划优化的方法见本章后文有关内容。

（2）网络计划的确定。依据网络计划优化的结果确定正式网络计划并报请审批。正式网络计划应包括计划图和说明书。说明书包括下列内容：编制说明、主要计划指标一览表、执行计划的关键说明；需要解决的主要问题和关键措施、时差的使用要求。

6．网络计划的实施与控制

（1）网络计划贯彻。网络计划贯彻进行下列工作：

1）根据批准的网络计划组织实施。

2）建立相应的组织保证体系。

3）组织宣贯，进行必要的培训。

4）落实责任。

（2）检查和数据采集。

1）检查和数据采集的要求。

① 建立健全相应的检查制度，执行数据采集报告制度。

② 建立有关数据库。

③ 定期、不定期或应急地对网络计划执行情况进行检查并收集有关数据。

④ 对检查结果和收集、反馈的有关数据进行分析，抓住关键，确定对策，采取相应措施。

2）检查和数据采集的主要内容。

① 关键工作进度。

② 非关键工作进度及时差利用。

③ 工作逻辑关系的变化情况。

④ 资源和费用状况。

⑤ 存在的其他问题。

3）控制与调整。

① 控制与调整的依据是：经批准的正式网络计划；绩效报告提供的有关信息；变更请求。

② 控制与调整的内容包括：时间、资源费用、工作、其他。

③ 网络计划执行中如发生偏差，需及时纠偏。纠偏的程序是：选择纠偏的对象和目标→选择纠正措施→对纠正措施进行评价和决策→确定更新的网络计划并付诸实施。

7．收尾

（1）分析。网络计划任务完成后，应进行分析。分析的内容包括：各项目标完成情况；计划与控制工作中的问题及其原因；计划与控制工作中的经验；提高计划与控制工作水平的措施。

（2）总结。计划与其控制工作的总结要形成制度，提交总结报告，将总结资料归档。

总结的内容主要是：网络计划应用中取得的效果、经验和教训，改进网络计划应用以提高管理水平的意见。

3.1.7　网络计划技术概述思考题问答

（1）网络计划与网络图有什么区别？肯定型网络计划与非肯定性网络计划有什么区别？

答：网络计划是网络图加持续时间。

肯定型网络计划是工作、工作之间的逻辑关系以及工作持续时间三者都肯定的网络计划；非肯定型网络计划是工作、工作之间的逻辑关系以及工作持续时间三者中有一项或多项不肯定的网络计划。

（2）网络计划与横道计划相比有什么优点和缺点？

答：与横道计划相比，网络计划有五项优点：第一项也是最主要的优点是逻辑关系清楚；第二项是可以找出关键线路；第三项是可以计算出机动时间以调整或优化网络计划；第四项是能提供项目管理所需要的许多信息；第五项是它提供了应用计算机进行全过程管理的理想模型。

与横道计划相比，网络计划有三项缺点：第一项是绘图技术复杂；第二项是时间不直观；第三项是不能据图进行资源统计和优化。

（3）网络计划技术与工程项目管理有什么关系？

答：网络计划与工程项目管理的关系主要体现在三个方面：一是网络计划的产生为项目管理提供了最主要的方法和模型，因而为项目管理的产生奠定了基础；二是网络计划为项目管理提供了理想的进度管理模型和方法；三是项目管理为网络计划应用于相关管理提供了平台。

（4）网络计划技术应用计算机技术的意义是什么？

答：网络计划技术应用计算机技术的意义有以下四点：一是减少手工操作量；二是促使项目管理成为庞大的管理体系；三是使大型、复杂的网络计划优化成为可能；四是使网络计划技术的应用从生产领域进入到经营领域。

（5）网络计划技术在建设工程施工中应用的程序有哪些阶段与步骤？

答：网络计划技术在建设工程施工中应用分为七个阶段，十八个步骤。

七个阶段是：准备、绘制网络图、计算参数、编制可行网络计划、确定正式网络计划、网络计划的实施与控制、收尾。

十八个步骤是：确定网络计划目标、调查研究、项目分解、施工方案设计、逻辑关系分析、网络图构图、计算工作持续时间和搭接时间、计算其他时间参数、确定关键线路、可行网络计划编制、检查与修正、网络计划优化、网络计划确定、网络计划贯彻、检查和数据采集、控制与调整、分析、总结。

（6）试分析网络计划技术应用标准和规程的意义。

答：网络计划技术应用标准和规程的意义是：第一，有利于推广和应用网络计划技术；第二，避免理论上和实践上的混乱和失误，减少低层次的重复劳动，提高管理水平；第三，有利于网络计划技术的合作与交流，促进该技术的发展；第四，有利于计算机在网络计划技术中的应用。

3.2 双代号网络计划

3.2.1 双代号网络图的绘制

1. 双代号网络图的基本符号

图 3-5 是双代号网络图中的基本符号，它可以分解为箭线［含虚箭线，如图 3-5（d）所示］和带有编号的节点。

（1）箭线。

1）在双代号网络图中，箭线表示一项工作。在工程网络计划的网络图中，一项工作包含的范围大小视具体情况而定，小则表示一个工序、一个分项工程、一个分部工程（一幢建筑的主体结构或装修工程），大则表示某一建筑物施工的全部施工过程。

2）每一项工作都要占用一定时间（称作工作持续时间），一般也要消耗一定量资源，花费一定成本。凡是占用一定时间的施工过程都应作为一项工作来看待，用箭线表示出来。至于类似浇筑混凝土后的养护时间、抹灰的干燥时间或者已确认的等待材料或设备到达施工现场的时间等，虽然这些工作可能并不消耗资源和花费成本，但均应视为一项工作。

3）箭线的指向表示工作进行的方向，水平直线投影的方向应自左至右。箭尾表示工作的开始，箭头表示工作的结束。

4）在非时标网络图中，箭线本身并不是矢量，它的长短并不反映工作持续时间的长短。

5）箭线的形状可画成直线或折线，并应以水平线为主，斜线和竖线为辅。

6）虚箭线表示一项虚拟的工作（虚工作），不占用时间，不消耗资源。其作用是使有关工作的逻辑关系得到正确表达。

7）一般工作的名称标注在箭线的上方或左方，工作的持续时间表示在箭线的下方或右方［图 3-5（a）、（b）、（c）］，虚箭线的上下方不作标注。

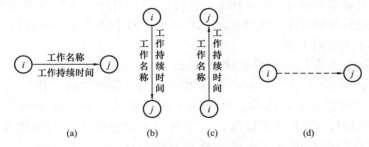

图 3-5　双代号网络图的工作表示方法

（2）节点。

1）双代号网络图节点宜用圆圈表示，节点表示两项（或两项以上）工作交接之点，既不占用时间，也不消耗资源，表示的是工作开始或完成的"瞬间"。

2）一项工作中箭线尾部的节点称为箭尾节点，又叫开始节点，箭线头部的节点称为箭头节点，又叫结束节点。

3）对一个节点来说，可能有许多箭线指向该节点，这些箭线称为内向箭线；同样，可能有许多箭线由该节点发出，这些箭线称为外向箭线，如图 3-6 所示。

4）网络图中第一个节点叫起点节点，它意味着一项计划或工程的开始，起点节点无内向箭线。网络图中最后一个节点叫终点节点，它意味着一项计划或工程的结束，终点节点无外向箭线。

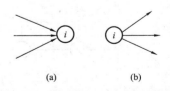

图 3-6　内向箭线与外向箭线
（a）内向箭线；（b）外向箭线

5）节点的编号顺序应从小到大，可不连续，但严禁重复。一项工作只有唯一的一条箭线和相应的一对节点编号，且箭尾的节点编号应小于箭头的节点编号。

2. 双代号网络图的逻辑关系

逻辑关系是工作之间相互制约或依赖的关系；在工程施工网络计划的网络图中，逻辑关系是根据施工工艺关系和组织关系确定的。逻辑关系是否正确，是网络图是否反映工程实际的关键，因此逻辑关系的处理就成为网络图绘制的关键。为了确定并绘制正确的逻辑关系图，我们可就某一项具体工作而言，首先要弄清该工作必须在哪些工作之前进行？该工作必须在哪些工作之后进行？该工作可与哪些工作平行进行？为了说明这些关系，我们引入下面的几个术语概念。

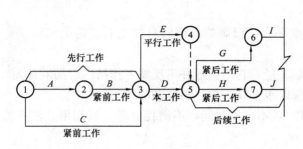

图 3-7　工作间逻辑关系术语图

现考查图 3-7 中的工作 D，将该工作称作"本工作"，紧排在本工作之前的工作 B 和 C 称作"紧前工作"，紧排在本工作之后的工作 H 和 G 称作"紧后工作"，与本工作同时进行的工作 E 称作"平行工作"。自起点节点至本工作之前各条线路段上的所有工作统称为"先行工作"；本工作之后至终点节点各条线路段上的所有工作统称为"后续工作"。

由上述逻辑关系术语的概念可以看出，它们是有针对性的。一项工作的称谓与所要考查的对象有关，因此具有相对性。如当考查工作 H 时，H 则为本工作，这时，工作 D、E 为紧前工作，工作 J 为紧后工作。

工作间的逻辑关系是正确绘制网络图的基础。

关于虚工作：图 3-7 中工作 4—5 用虚箭线绘出，称作"虚工作"，它只表示其前后相邻的两项工作的逻辑关系，即 G、H 两项工作的紧前工作除 D 外还有 E。如前所述，虚工作既不占用时间，也不消耗资源，是一项为正确表达工作间逻辑关系而虚拟的工作。在双代号网络图中利用虚工作是一种重要的表达方法。应用虚工作可解决以下几个问题：

第一，避免平行工作使用相同节点编号。

图 3-8 （a）中，工作 A、B 共用 i、j 两个节点，也即工作 i—j 既表示 A 工作，又表示 B 工作，造成混乱。解决的办法如图 3-8（b）、（c）所示，是应用虚工作，使工作逻辑关系得到了正确表达。

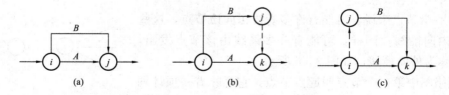

图 3-8　避免平行工作使用相同节点编号

第二，正确反映工作间的联系。

如有四项工作 A、B、C、D，其中 A 工作完成后进行 C 工作，A、B 工作均完成后进行 D 工作。正确的表达如图 3-9 所示。为了解决 A、D 工作的联系，必须使用虚工作才能正确表达。

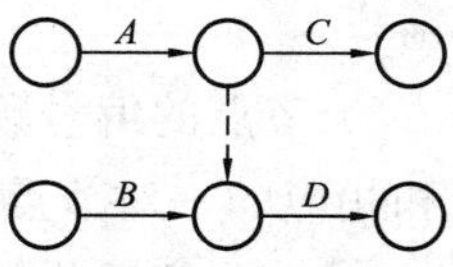

第三，隔断无关工作间的联系。

图 3-9　正确反映工作间的联系

　　这是用网络图正确表达流水施工中各项工作间逻辑关系的重要手段。

　　例如，某现浇钢筋混凝土工程共有三个施工过程（支模、扎筋、浇混凝土），当分为 3 个施工段时，如果绘成图 3-10 的形式，那就错了，因为该网络计划中有些工作间的逻辑关系发生了混乱，如浇混凝土 I 和支模 II 本没有直接联系，但此网络计划中却把支模 II 绘成混凝土 I 的紧前工作，同样浇混凝土 II 和支模 III 也存在类似的问题。此类问题在绘制单位工程施工网络图时会经常遇到的，解决的办法就是用虚箭线把这些没有联系的工作隔开，如图 3-11 所示中 4—5 隔开了混凝土 I 和支模 II；6—7 隔开了混凝土 II 和支模 III。

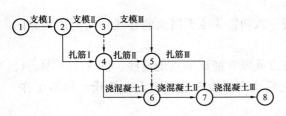

图 3-10　分段流水施工的网络图（逻辑关系有误）

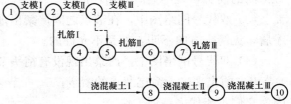

图 3-11　流水施工网络图逻辑关系的正确表达

　　关于双代号网络图中工作间逻辑关系的表示方法，详见表 3-4。

表 3-4　　　　　　　　　　　　　　网络图中工作逻辑关系表示方法

序号	逻辑关系	双代号表示方法	序号	逻辑关系	双代号表示方法
1	A 完成后进行 B，B 完成后进行 C		6	A、B 均完成后进行 D，A、B、C 均完成后进行 E，D、E 均完成后进行 F	
2	A 完成后同时进行 B 和 C		7	A、B 均完成后进行 C，B、D 均完成后进行 E	
3	A 和 B 都完成后进行 C		8	A 完成后进行 C、D，B 完成后进行 D、E	
4	A 和 B 都完成后同时进行 C 和 D		9	A、B 两项先后进行的工作各分为三段施工。A_1 完成后进行 A_2、B_1，A_2 完成后进行 A_3、B_2，B_1 完成后进行 B_2、A_3、B_2 完成后进行 B_3	
5	A 完成后进行 C，A 和 B 都完成后进行 D				

3. 双代号网络图的绘图规则和节点编号规则

（1）双代号网络图必须正确表达已定的逻辑关系。先定逻辑关系（它是客观存在的），后用图形表示。要使已定的逻辑关系无遗漏地表达清楚，也不要把没有关系的工作之间拉上了关系，其技巧就在于正确使用虚箭线，但也要防止图中出现多余的虚箭线。图 3 - 12 中，2—3 与 4—5 两条虚箭线都是多余的虚箭线。

（2）双代号网络图中，严禁出现循环回路。循环回路违反网络图是有向、有序图形的定义内涵，使网络图的线路既无起点，也无终点，形成怪圈，故绝对应当禁止。只要不画向左方指向的箭头，就不会产生循环回路。

（3）双代号网络图中，在节点之间严禁出现带双向箭头或无箭头的连线。双向箭头方向矛盾，无箭头方向不明，都是不允许的。

（4）双代号网络图中，严禁出现没有箭头节点或没有箭尾节点的箭线。图 3 - 13 中，1、4 节点之前出现了无箭尾节点的箭线；5、6 节之后出现了没有箭尾节点的箭线，均不允许，因为它们不能代表一项工作。

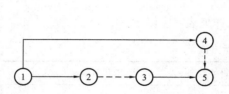

图 3 - 12　图中出现多余虚箭线

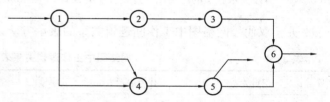

图 3 - 13　图中出现了没有箭头节点和箭尾节点的箭线

（5）当双代号网络图某些节点有多条外向箭线或多条内向箭线时，在不违反一项工作只应有唯一的一条箭线和相应的一对节点编号的规定时，可用母线法绘制。当线型不同时，可在从母线上引出的支线上标出。图 3 - 14 就是母线法绘图。

（6）绘制网络图时，箭线不宜交叉。当交叉不可避免时，可用过桥法或指向法。图 3 - 15（a）是过桥法；图 3 - 15（b）是指向法。

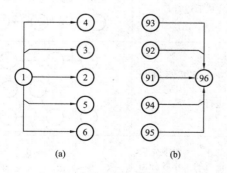

图 3 - 14　母线法绘图
（a）节点多外向箭线；（b）节点多内向箭线

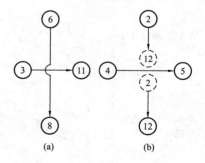

图 3 - 15　箭线交叉处理方法
（a）过桥法；（b）指向法

（7）双代号网络图中应只有一个起点节点；在不分期完成任务的网络图中，应只有一个终点节点；而其他所有节点均应是中间节点。

图3-16（a）中，节点1、4均无内向箭线，故都是起点节点，是错误的。图3-16（b）中，取消了节点4，将节点1、5直连，则构成了只有一个起点节点的网络图。

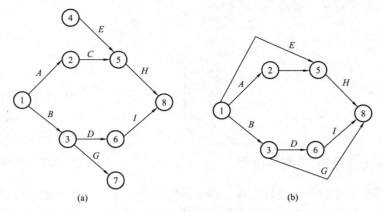

图3-16 双代号网络图中应只有一个起点节点

(a) 错误的画法；(b) 正确的画法

在图3-16（a）中，7、8节点均无外向工作，故都是终点节点，是错误的；在图3-16（b）中，取消了节点7，将3、8节点连起来，形成了只有一个终点节点的网络图。

（8）节点编号规则：每个节点均应编号；编号使用数字，但不使用数字0；节点编号应自左向右，由小到大，使箭头节点编号大于箭尾节点编号；节点编号不应重复；节点编号可不连续。

4. 双代号网络图绘图实例

【例3-1】 某网络图的逻辑关系见表3-5，试用紧前工作关系绘制网络图。

表3-5 逻辑关系一览表

本工作	持续时间	紧前工作	紧后工作	本工作	持续时间	紧前工作	紧后工作
(1)	(2)	(3)	(4)	(1)	(2)	(3)	(4)
A	3	—	C、D、E	F	2	C、D	H
B	4	—	D、E	G	4	D、E	H、I
C	4	A	F	H	4	G、F	J
D	5	A、B	F、G	I	2	G	J
E	3	A、B	G	J	3	H、I	—

【解】 绘图步骤如下：

第一步，绘制双代号网络图草图。首先，绘制没有紧前工作的本工作（即开始的工作）；从表3-5中的第（3）列可知，本例中是工作A和B；按照绘图规则，它们应该从同一个节点出发（图3-17）；其次，在表中的第（3）列寻找紧前工作是A的工作，它们是C、D、E，应把它们画在A的后面；但是，只能紧接A画C，由于D、E不能直接跟在A的后面，便用虚箭线与A相连；再次，在第（3）列中找紧前工作是B的工作，它们是D、E，由于D、E已经画出，便将它们用虚箭线与B相连；同理，从表的第（3）列中找紧前工作是C的工作，只有F，便将F画在C的后面；…以此类推，直到表中的最后一项工作J画出为止，便形成了双代号网络图草图（图 3-17）。

第二步，在双代号网络图草图的基础上加节点，按绘图规则进行整理，形成有节点的草图。图 3-17 的有节点草图如图 3-18 所示。

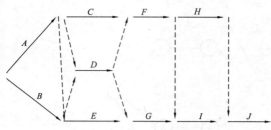

图 3-17　表 3-5 的双代号网络图草图

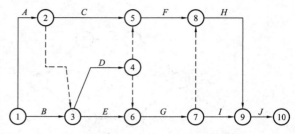

图 3-18　图 3-17 加节点整理后的网络图

第三步，对有节点的草图进行检查。检查的要点是：第一，表中的工作是否有遗漏？如有，补充在图中；第二，检查是否有重复画出的工作？如有，去掉；第三，检查是否将有关系的工作都按表中所给的关系相连？是否将没有关系的工作误连在一起？更正这方面的错误，最好的方法就只正确运用虚箭线；第四，检查是否有多余的节点和虚箭线？如有，去掉多余的，去掉的原则是不使应有的关系改变。

第四步，检查无误后按编号规则进行节点编号，注意事项如下：第一，开始节点编为 1 号；第二，箭尾节点先编号，箭头节点后编号，使箭头号大于箭尾号；第三，可连续编号，也可跳号，直到终点节点编完号为止；第四，检查是否每个节点一个号、是否有遗漏、是否有重号、是否有箭尾节点号大于箭头节点号，如有错，进行更正。

经过以上步骤，可以形成可标注时间的双代号网络图，如图 3-18 所示。

【例 3-2】　请用表 3-5 的紧后工作关系绘制双代号网络图。

【解】　绘图步骤也是四步。第一步，先绘制第一项工作，即没有作为任何工作的紧后工作的工作，寻找方法是在紧后工作列（表 3-5 的第 4 列）中没有出现过的工作，它们是 A、B 工作。紧接着，在第 4 列中找 A 的紧后工作，是 C、D、E，将它们紧跟在 A 后画出，……以此类推，直到表中的最后一项工作 J 画出为止，形成草图。第二步、第三步、第四步与例 3-1 相同，不再赘述。绘制的网络图仍为图 3-18。

【例 3-3】　请绘制表 3-6 的双代号施工网络图。

【解】　根据表 3-6 绘制的网络图如图 3-19 所示。

表 3-6　　　　　　　某多层框架结构工程一个结构层的施工工作关系表

序号	工作名称	工作代号	紧前工作	序号	工作名称	工作代号	紧前工作
1	柱扎筋	A	—	9	梁支模	I	C
2	抗震墙扎筋	B	A	10	楼板支模	J	I、H
3	柱支模	C	A	11	楼梯扎筋	K	G、F
4	电梯井支内模	D	—	12	墙、柱浇混凝土	L	K、J
5	抗震墙支模	E	B、C	13	铺设暗管	M	L
6	电梯井扎筋	F	B、D	14	梁板扎筋	N	L
7	楼梯支模	G	D	15	梁板混凝土	P	M、N
8	电梯井支外模	H	E、F				

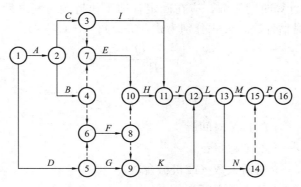

图 3-19　表 3-6 的施工网络图

3.2.2　双代号网络计划的计算

1. 网络计划的计算目的和顺序

（1）目的。网络计划计算的目的是计算出各种时间参数，为管理提供信息；求出总工期；确定关键工作和关键线路。计算的数据如下：

1）最早开始时间（ES_{i-j}）：各紧前工作全部完成后，本工作有可能开始的最早时刻。

2）最早完成时间（EF_{i-j}）：各紧前工作全部完成后，本工作有可能完成的最早时刻。

3）最迟开始时间（LS_{i-j}）：在不影响整个任务按期完成的前提下，工作必须开始的最迟时刻。

4）最迟完成时间（LF_{i-j}）：在不影响整个任务按期完成的前提下，工作必须完成的最迟时刻。

5）节点最早时间（ET_i）：双代号网络计划中，以该节点为开始节点的各项工作的最早开始时间。

6）节点最迟时间（LT_i）：双代号网络计划中，以该节点为完成节点的各项工作的最迟完成时间。

7）计算工期（T_c）：根据时间参数计算所得到的工期。

8）要求工期（T_r）：任务委托人所提出的指令性工期。

9）计划工期（T_p）：根据要求工期和计算工期所确定的作为实施目标的工期。

10）自由时差（FF_{i-j}）：在不影响其紧后工作最早开始时间的前提下，本工作可以利用的机动时间。

11）总时差（TF_{i-j}）：在不影响计划工期的前提下，本工作可以利用的机动时间。

（2）顺序。双代号网络计划时间参数计算的顺序如下：

1）按工作计算法计算时间参数的顺序：最早开始时间→最早完成时间→计算工期→计划工期→最迟完成时间→最迟开始时间→总时差→自由时差。

2）按节点计算法计算时间参数的顺序：节点最早时间→计算工期→计划工期→节点最迟时间→工作的最早开始时间→工作的最早完成时间→工作的最迟完成时间→工作的最迟开始时间→总时差→自由时差。

2. 按工作计算法计算时间参数

（1）计算条件。

1) 按工作计算法计算时间参数，应在确定各项工作持续时间之后进行，其计算既可用"定额法"，又可用三时估计法，公式分别为式（3-1）、式（3-2）。

$$D_{i-j} = \frac{Q_{i-j}}{R_{i-j}S_{i-j}} \qquad (3-1)$$

$$D_{i-j} = \frac{a+4c+b}{6} \qquad (3-2)$$

式中　D_{i-j}——工作 $i-j$ 的持续时间；

　　　Q_{i-j}——工作 $i-j$ 的工程量；

　　　R_{i-j}——工作 $i-j$ 所需人数（或机械台数）；

　　　S_{i-j}——工作 $i-j$ 的产量定额；

　　　a——乐观的估计时间；

　　　b——悲观的估计时间；

　　　c——最可能的估计时间。

2) 各时间参数的标注方式如图 3-20 所示。

3) 为了计算的方便和连续性，可对虚箭线视同"工作"进行计算，其持续时间为 0。

4) 以图 3-21 为例进行计算。

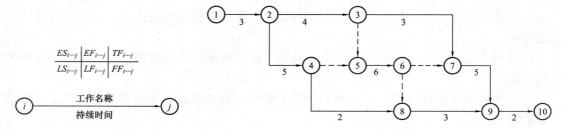

图 3-20　按工作计算法计算结果的标注　　　　图 3-21　双代号网络计划计算图

（2）工作最早时间的计算。计算各项工作的最早开始时间（ES_{i-j}）和最早完成时间（EF_{i-j}），应从起点节点开始，自左向右，逐项进行计算。先计算最早开始时间，然后加上工作持续时间 D_{i-j}，即为最早完成时间 EF_{i-j}。

$$EF_{i-j} = ES_{i-j} + D_{i-j} \qquad (3-3)$$

计算最早时间有三种情况：

1) 凡从起点节点开始的各项工作，其最早开始时间为零，即：

$$ES_{i-j} = 0 \quad （式中 i 为起点节点） \qquad (3-4)$$

例中　　　　　　　　　　　　$ES_{1-2} = 0$

$$EF_{1-2} = ES_{1-2} + D_{1-2} = 0 + 3 = 3$$

2) 工作 $i-j$ 仅有一项紧前工作时，其最早开始时间 ES_{i-j} 即等于紧前工作 $h-i$ 的最早完成时间 EF_{h-i}。

$$ES_{i-j} = ES_{h-i} + D_{h-i} = EF_{h-i} \quad (h < i < j) \qquad (3-5)$$

例中　　　　　　　　$ES_{2-3} = ES_{2-4} = EF_{1-2} = 3$

$$EF_{2-3}=ES_{2-3}+D_{2-3}=3+4=7$$

$$EF_{2-4}=ES_{2-4}+D_{2-4}=3+5=8$$

$$ES_{4-5}=ES_{2-4}+D_{2-4}=8+0=8$$

$$EF_{4-5}=ES_{4-5}+D_{4-5}=8+0=8$$

同理
$$ES_{3-7}=EF_{2-3}=7$$

$$EF_{3-7}=ES_{3-7}+D_{3-7}=7+3=10$$

$$EF_{3-5}=ES_{2-3}+D_{2-3}=3+4=7$$

$$EF_{3-5}=ES_{3-5}+D_{3-5}=7+0=7$$

$$ES_{4-8}=EF_{2-4}=8$$

$$EF_{4-8}=ES_{4-8}+D_{4-8}=8+2=10$$

3）工作 $i-j$ 有多项紧前工作时，其最早开始时间等于各紧前工作最早完成时间的最大值。

$$ES_{i-j}=\max\{ES_{h-i}+D_{h-i}\}=\max\{EF_{h-i}\} \tag{3-6}$$

工作 5—6、7—9 和工作 8—9 都各有两项紧前工作。

$$ES_{5-6}=\max\{EF_{3-5}, \quad EF_{4-5}\}=\max\{7, \quad 8\}=8$$

$$EF_{5-6}=ES_{5-6}+D_{5-6}=8+6=14$$

$$ES_{7-9}=\max\{EF_{3-7}, \quad EF_{6-7}\}=\max\{10, \quad 14\}=14$$

$$EF_{7-9}=ES_{7-9}+D_{7-9}=14+5=19$$

$$ES_{8-9}=\max\{EF_{6-8}, \quad EF_{4-8}\}=\max\{14, \quad 10\}=14$$

$$EF_{8-9}=ES_{8-9}+D_{8-9}=14+3=17$$

工作 9—10 有两项紧前工作，即工作 7—9 和工作 8—9。

所以
$$ES_{9-10}=\max\{EF_{7-0}, \quad EF_{8-9}\}=\max\{19, \quad 17\}=19$$

$$EF_{9-10}=ES_{9-10}+D_{9-10}=19+2=21$$

4）确定计算工期。网络计划的计算工期 T_c 应等于通向终点节点各项工作最早完成时间的最大值，即

例中
$$T_c=\max\{EF_{i-n}\} \quad n \text{ 为终点节点} \tag{3-7}$$
$$T_c=\max\{EF_{9-10}\}=21$$

（3）确定计划工期。网络计划的计划工期应按下列情况分别确定：

1）当已经规定了要求工期时

$$T_p \leqslant T_r \tag{3-8}$$

2）当没有要求工期时

$$T_p=T_c \tag{3-9}$$

由于本例没有要求工期，故

$$T_p=T_c=21$$

（4）工作最迟时间的计算。由于各项工作的最迟开始时间 LS_{i-j} 和最迟完成时间 LF_{i-j} 是指在不影响计划工期的条件下，工作最迟必须开始和最迟必须完成的时间，故它的计算受

计划工期的制约，必须从通向终点节点的工作算起，自右向左逐项进行计算，先计算工作的最迟完成时间，再计算工作的最迟开始时间，即

$$LS_{i-j} = LF_{i-j} - D_{i-j} \qquad (3-10)$$

有三种情况应分别对待：

1）通向终点节点的各项工作的最迟完成时间必须等于计划工期，即

$$LF_{i-n} = T_p \quad （n \text{ 为终点节点）} \qquad (3-11)$$

例中
$$LF_{9-10} = T_c = 21$$

$$LS_{9-10} = LF_{9-10} - D_{9-10} = 21 - 2 = 19$$

2）有一项紧后工作的工作，其最迟完成时间等于紧后工作最迟开始时间：

$$LF_{i-j} = LS_{j-k} = LF_{j-k} - D_{j-k} \quad （i < j < k） \qquad (3-12)$$

例中，工作 7—9、工作 8—9 有一项公用的紧后工作 9—10，所以

$$LF_{7-9} = LF_{8-9} = LS_{9-10} = 19$$

$$LS_{7-9} = LF_{7-9} - D_{7-9} = 19 - 5 = 14$$

$$LS_{8-9} = LF_{8-9} - D_{8-9} = 19 - 3 = 16$$

$$LF_{4-8} = LS_{8-9} = 16$$

$$LF_{3-7} = LS_{7-9} = 14$$

$$LF_{6-7} = LS_{7-9} = 14$$

$$LS_{6-7} = LF_{6-7} - D_{6-7} = 14 - 0 = 14$$

$$LS_{4-8} = LF_{4-8} - D_{4-8} = 16 - 2 = 14$$

$$LS_{3-7} = LF_{3-7} - D_{3-7} = 14 - 3 = 11$$

$$LF_{6-8} = LS_{8-9} = 16$$

$$LS_{6-8} = LF_{6-8} - D_{6-8} = 16 - 0 = 16$$

$$LF_{4-5} = LF_{3-5} = LS_{5-6} = 8$$

$$LS_{4-5} = LF_{4-5} - D_{4-5} = 8 - 0 = 8$$

$$LS_{3-5} = LF_{3-5} - D_{3-5} = 8 - 0 = 8$$

3）有多项紧后工作的工作，其最迟完成时间应为各紧后工作最迟开始时间的最小值。

$$LF_{i-j} = \min\{LS_{j-k}\} = \min\{LF_{j-k} - D_{j-k}\} \qquad (3-13)$$

例中，工作 5—6 有两项紧后工作：工作 6—7、工作 6—8。
　　　　工作 2—4 有两项紧后工作：工作 4—5、工作 4—8。
　　　　工作 2—3 有两项紧后工作：工作 3—7、工作 3—5。
　　　　工作 1—2 有两项紧后工作：工作 2—3、工作 2—4。

故
$$LF_{5-6} = \min\{LS_{6-8}, \ LS_{6-7}\} = \min\{16, \ 14\} = 14$$

$$LS_{5-6} = LF_{5-6} - D_{5-6} = 14 - 6 = 8$$

$$LF_{2-3} = \min\{LS_{3-7}, \ LS_{3-5}\} = \min\{11, \ 8\} = 8$$

$$LS_{2-3} = LF_{2-3} - D_{2-3} = 8 - 4 = 4$$

$$LF_{2-4} = \min\{LS_{4-5}, \quad LS_{4-8}\} = \min\{8, \quad 8\} = 8$$

$$LS_{2-4} = LF_{2-4} - D_{2-4} = 8 - 5 = 3$$

$$LF_{1-2} = \min\{LS_{2-3}, \quad LS_{2-4}\} = \min\{4, \quad 3\} = 3$$

$$LS_{1-2} = LF_{1-2} - D_{1-2} = 3 - 3 = 0$$

（5）工作总时差的计算。工作总时差（TF_{i-j}）是一项工作在不影响计划工期的条件下所具有的机动时间，也即一项工作在最早开始时间和最迟完成时间范围内所具有的机动时间：

$$TF_{i-j} = LF_{i-j} - EF_{i-j} \tag{3-14}$$

或
$$TF_{i-j} = LS_{i-j} - ES_{i-j} \tag{3-15}$$

上述公式中计算总时差所需的参数前面都已算出，并已按照规定标注在图中，所以可用公式算出，也可从图上的标注中直接算出。

$$TF_{1-2} = LF_{1-2} - EF_{1-2} = 3 - 3 = 0$$

或
$$TF_{1-2} = LS_{1-2} - ES_{1-2} = 0 - 0 = 0$$

$$TF_{2-3} = LF_{2-3} - EF_{2-3} = 8 - 7 = 1$$

或
$$TF_{2-3} = LS_{2-3} - ES_{2-3} = 4 - 3 = 1$$

$$TF_{2-4} = LF_{2-4} - EF_{2-4} = 8 - 8 = 0$$

或
$$TF_{2-4} = LS_{2-4} - ES_{2-4} = 0 - 0 = 0$$

$$TF_{3-5} = LF_{3-5} - EF_{3-5} = 8 - 7 = 1$$

或
$$TF_{3-5} = LS_{3-5} - ES_{3-5} = 8 - 7 = 1$$

$$TF_{3-7} = LF_{3-7} - EF_{3-7} = 14 - 10 = 4$$

或
$$TF_{3-7} = LS_{3-7} - ES_{3-7} = 11 - 7 = 4$$

$$TF_{4-5} = LF_{4-5} - EF_{4-5} = 8 - 8 = 0$$

或
$$TF_{4-5} = LS_{4-5} - ES_{4-5} = 8 - 8 = 0$$

$$TF_{5-6} = LF_{5-6} - EF_{5-6} = 14 - 14 = 0$$

或
$$TF_{5-6} = LS_{5-6} - ES_{5-6} = 8 - 8 = 0$$

$$TF_{4-8} = LF_{4-8} - EF_{4-8} = 16 - 10 = 6$$

或
$$TF_{4-8} = LS_{4-8} - ES_{4-8} = 14 - 8 = 6$$

$$TF_{6-8} = LF_{6-8} - EF_{6-8} = 16 - 14 = 2$$

或
$$TF_{6-8} = LS_{6-8} - ES_{6-8} = 16 - 14 = 2$$

$$TF_{7-9} = LF_{7-9} - EF_{7-9} = 19 - 19 = 0$$

或
$$TF_{7-9} = LS_{7-9} - ES_{7-9} = 14 - 14 = 0$$

$$TF_{8-9} = LF_{8-9} - EF_{8-9} = 19 - 17 = 2$$

或
$$TF_{8-9} = LS_{8-9} - ES_{8-9} = 16 - 14 = 2$$

$$TF_{9-10} = LF_{9-10} - EF_{9-10} = 21 - 21 = 0$$

或
$$TF_{9-10} = LS_{9-10} - ES_{9-10} = 19 - 19 = 0$$

（6）工作自由时差的计算。由于自由时差是一项工作在不影响紧后工作最早开始时间的条件下所具有的机动时间，故它是被计算的工作最早完成时间与紧后工作最早开始时间之间的差值。当工作 $i-j$ 与紧后工作 $j-k$ 之间无虚工作时，因为各紧后工作的最早开始时间是相同的。

故
$$FF_{i-j}=ES_{j-k}-EF_{i-j} \quad (i<j<k) \tag{3-16}$$

以终点节点（$j=n$）为箭头节点的工作，其自由时差为：

$$FF_{i-n}=T_p-ES_{i-n}-D_{i-n}=T_p-EF_{i-n} \tag{3-17}$$

例中
$$FF_{1-2}=ES_{2-3}-EF_{1-2}=3-3=0$$

$$FF_{3-7}=ES_{7-9}-EF_{3-7}=14-10=4$$

$$FF_{4-8}=ES_{8-9}-EF_{4-8}=14-10=4$$

$$FF_{7-9}=ES_{9-10}-EF_{7-9}=19-19=0$$

$$FF_{8-9}=ES_{9-10}-EF_{8-9}=19-17=2$$

$$FF_{5-6}=ES_{6-7}-EF_{5-6}=14-14=0$$

$$FF_{6-7}=ES_{7-9}-EF_{6-7}=14-14=0$$

$$FF_{6-8}=ES_{8-9}-EF_{6-8}=14-14=0$$

$$FF_{9-10}=T_p-EF_{9-10}=21-21=0$$

时差对于网络计划的管理具有重大的意义。在计划的优化与调整时，可将有时差的工作安排在允许的机动时间范围内作适当移动，或推迟开工，或延长其持续时间，甚至可以使其断续施工，都不会影响计划的正常进行，却可以调剂出一部分资源（人力、材料、设备等）以供急需，或使资源的使用更趋均衡。另外，对于没有时差的工作应作为重点，用粗线标出关键线路，加强计划实施过程中的控制，保证其按期完成。这对于进度控制总目标的实现至关重要。

以上计算出的时间参数，均标于图 3-22 的相应位置上。

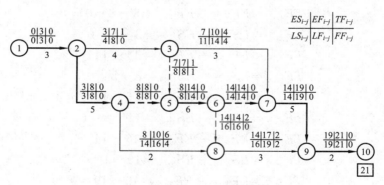

图 3-22　图 3-21 的计算结果

3. 按节点计算法计算时间参数

从双代号网络计划时间参数的计算中可知，对于一个节点而言，其各条内向箭线的最迟完成时间一定相同，它们都等于各紧后工作最迟开始时间的最小值；节点各条外向箭线的最早开始时间一定相同，它们都等于各紧前工作最早完成时间的最大值。于是，节点计算中的每个节点时间参数就是根据这一规律性设定的，即节点最早时间 ET_i，表示节点后各项工作的最早开始时间；节点最迟时间 LT_i，表达节点前各项工作的最迟完成时间。如果计算出网络计划中所有节点的这两个参数，则相当于所有各项工作的最早时间、最迟时间均已确定，相应的各项工作的时差也可随之计算出来。所以按节点计算法计算和按工作计算法计算是同样有效的。用计算机计算时，只需开辟二维数组，即可有效节约内存。

仍以图 3-21 的双代号网络计划为例，说明节点计算法计算的步骤和全过程，计算结果如图 3-23 所示。

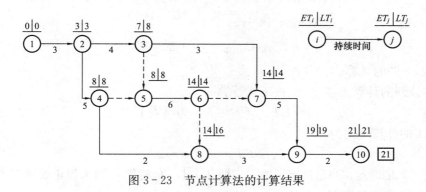

图 3-23　节点计算法的计算结果

（1）计算条件和顺序。同工作计算法一样，要首先计算工作持续时间。计算结果按图例标注在节点之上。

计算顺序是：第一，自左而右计算节点是最早时间；第二，计算"计算工期"，确定计划工期；第三，自右而左计算节点最迟时间；第四，根据节点最早时间确定工作最早开始时间和工作最早完成时间；第五，根据节点最迟时间确定工作最迟完成时间和工作最迟开始时间；第六，计算总时差；第七，计算自由时差。

（2）节点最早时间的计算。

1）节点 i 的最早时间 ET_i 应从网络计划的起点节点开始，顺着箭线方向依次逐项计算。

2）起点节点 i 如未规定最早时间 ET_i 时，其值为零，即

$$ET_i = 0 \quad (i = 1) \tag{3-18}$$

故图 3-21 中

$$ET_1 = 0$$

3）当节点 j 只有一条内向箭线时，其最早时间 ET_j 应为

$$ET_j = ET_i = D_{i-j} \tag{3-19}$$

节点 2、3、4、6、10 都只有一条内向箭线，故

$$ET_2 = ET_1 + D_{1-2} = 0 + 3 = 3$$

$$ET_3 = ET_2 + D_{2-3} = 3 + 4 = 7$$

$$ET_4 = ET_2 + D_{2-4} = 3 + 5 = 8$$

4）当节点 j 有多条内向箭线时，其最早时间 ET_j 应为

$$EF_j = \max\{ET_i + D_{i-j}\} \tag{3-20}$$

图 3-21 中，节点 5、7、8、9 都有两条内向箭线，故

$$ET_5 = \max\{ET_3 + D_{3-5}, \quad ET_4 + D_4 - 5\}$$

$$= \max\{7 + 0, \quad 8 + 0\} = 8$$

$$ET_6 = ET_5 + D_{5-6} = 8 + 6 = 14$$

$$ET_7 = \max\{ET_6 + D_{6-7}, \quad ET_3 + D_{3-7}\}$$

$$= \max\{14+0, \quad 7+3\} = 14$$

$$ET_8 = \max\{ET_6 + D_{6-8}, \quad ET_4 + D_{3-8}\}$$

$$= \max\{14+0, \quad 8+2\} = 14$$

$$ET_9 = \max\{ET_7 + D_{7-9}, \quad ET_8 + D_{8-9}\}$$

$$= \max\{14+5, \quad 14+3\} = 19$$

$$ET_{10} = ET_9 + D_{9-10} = 19+2 = 21$$

（3）计划工期的计算。

1）网络计划的计算工期 T_c 应按下式计算

$$T_c = ET_n \quad （式中，n 为终点节点） \tag{3-21}$$

图 3-21 的计算工期为：

$$T_c = ET_n = ET_{10} = 20$$

2）计划工期的确定：当已规定了要求工期 T_r 时，$T_p \leqslant T_r$；当未规定要求工期时，$T_p = T_c$。由于本例没有规定工期，故

$$T_p = T_c = 21$$

（4）节点最迟时间的计算。

1）节点 i 的最迟时间 LT_i 应从网络计划的终点节点开始，逆着箭线的方向依次逐项计算。当部分工作分期完成时，有关节点的最迟时间必须从分期节点开始，逆向逐项计算。

2）终点节点 n 的最迟时间 LT_n 应按网络计划的计划工期确定，即

$$LT_n = T_p \tag{3-22}$$

分期完成节点的最迟时间应等于该节点规定的分期完成的时间。

由于本例未规定分期完成，故

$$LT_{10} = T_p = 21$$

3）其他节点的最迟时间应为

$$LT_i = \min\{LT_j - D_{i-j}\} \tag{3-23}$$

图 3-21 中，各节点的最迟时间计算如下

$$LT_9 - LT_{10} - D_{9-10} = 21-2 = 19$$

$$LT_8 - LT_9 - D_{8-9} = 19-3 = 16$$

$$LT_7 - LT_9 - D_{7-9} = 19-5 = 14$$

$$LT_6 = \min\{LT_7 - D_{6-7}, \quad LT_8 - D_{6-8}\}$$

$$= \min\{14-0, \quad 16-0\} = 14$$

$$LT_5 = LT_6 - D_{5-6} = 14-6 = 8$$

$$LT_4 = \min\{LT_8 - D_{5-8}, \quad LT_5 - D_{4-5}\}$$

$$= \min\{16-2, \quad 8-0\} = 8$$

$$LT_3 = \min\{LT_7 - D_{3-7}, \quad LT_5 - D_{3-5}\}$$

$$= \min\{14-3, \quad 8-0\} = 8$$

$$LT_2 = \min\{LT_4 - D_{2-4}, \quad LT_3 - D_{2-3}\}$$

$$=\min\{8-5,\ 8-4\}=3$$

$$LT_1=LT_2-D_{1-2}=3-3=0$$

计算结果均标注于图 3-23 相应的位置。

（5）工作 $i—j$ 最早时间的计算。

1）工作 $i—j$ 的最早开始时间 ES_{i-j} 应按下式计算

$$ES_{i-j}=ET_i \tag{3-24}$$

2）工作 $i—j$ 的最早完成时间 EF_{i-j} 应按下式计算

$$EF_{i-j}=ET_i+D_{i-j} \tag{3-25}$$

（6）工作 $i—j$ 的最迟时间的计算。

1）工作 $i—j$ 的最迟完成时间 LF_{i-j} 应按下式计算

$$LF_{i-j}=LT_j \tag{3-26}$$

2）工作 $i—j$ 的最迟开始时间按下式计算

$$LS_{i-j}=LT_j=D_{i-j} \tag{3-27}$$

计算结果应同图 3-22 所注，此处不一一演算。

（7）工作总时差和自由时差的计算。

1）工作总时差应按下式计算

$$TF_{i-j}=LT_j-ET_i-D_{i-j} \tag{3-28}$$

2）工作自由时差应按下式计算

$$FF_{i-j}=ET_j-ET_i-D_{i-j} \tag{3-29}$$

计算结果应同图 3-22 所注，此处不一一演算。

4. 关键工作和关键线路的确定

（1）关键工作的确定。总时差为最小的工作应为关键工作。当计划工期与计算工期相等时，总时差的最小值为零；当计划工期小于计算工期时，总时差最小值为负值；当计划工期大于计算工期时，总时差为正值。

图 3-22 的最小总时差为零，故关键工作为 1—2、2—4、4—5、5—6、6—7、7—9、9—10。

（2）关键线路的确定。双代号网络计划中，自始至终全部由关键工作组成的线路，或线路上总的工作持续时间最长的线路，应为关键线路。

图 3-22 中，全部由关键工作组成的线路是 1—2—4—5—6—7—9—10，故该线路是关键线路。

上述关键线路的总持续时间是 21，与计算工期相等，也证明关键线路的确定无误。

关键线路在一个网络计划中最少有一条，可能有多条。网络计划中关键线路是少数线路，但都是管理的重点。

（3）用标号法确定关键线路。当不需要计算各项工作的时间参数，只需要确定网络计划的关键线路时，可采用标号法，仅计算出各节点的最早时间，从而快速确定关键线路，即：

1）起点节点 i 如未规定最早时间 ET_i 时，其值应等于零，按式（3-18）计算，即

$$ET_i=0 \quad (i=1)$$

2）当节点 j 只有一条内向箭线时，最早时间 ET_j 按式（3-19）计算，即

$$ET_j = ET_i + D_{i-j}$$

3）当节点 j 有多条内向箭线时，其最早时间 ET_j 按式（3-20）计算，即

$$ET_j = \max\{ET_i + D_{i-j}\}$$

4）将 ET_j 的值用方框框住，并在其旁边标出产生最大值的来源节点的编号，如有多个相同的最大值，则应将其全部标注出来。

5）网络计划的计算工期 T_c 应按式（3-21）计算，即

$$T_c = ET_n \quad （式中，\ n\ 为终点节点）$$

式中　ET_n——终点节点 n 的最早时间。

6）按照已标注出的最大值的节点编号来源，从终点节点向起点节点逆向搜索，即可确定关键线路。

如图 3-23 所示的节点计算法计算结果，把 ET_j 的值用方框框住，并在其旁边标出产生最大值的来源节点的编号，然后按照已标注出的最大值的节点编号来源，从终点节点向起点节点逆向搜索，即可确定关键线路，如图 3-24 所示。

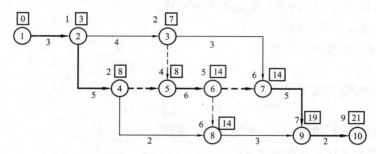

图 3-24　用标号法确定网络计划关键线路

（4）关键线路的标注。关键线路应当用粗线、双线或彩色线标注。图 3-22 和图 3-24 中的关键线路都是用粗线标注的，即都是 1—2—4—5—6—7—9—10 线路。

3.2.3　双代号时标网络计划

1．双代号时标网络计划的特点与适用范围

（1）特点。时标网络计划是以时间坐标为尺度编制的网络计划，其主要特点是：

1）时标网络计划既是一个网络计划，又有横道图计划的优点，能够清楚表明计划的时间进程。

2）时标网络计划能在图上直接显示各项工作开始与完成时间、工作的自由时差及关键线路。

3）时标网络计划在绘制中受到时间坐标的限制，因此不易产生循环回路之类的逻辑错误。

4）时标网络计划可以直接在图上统计劳动力、材料、机械等资源的需要量，以便对网络计划的资源进行优化和调整。

5）因为箭线受时标的约束，故绘图和修改都比较困难，往往要重新绘制网络图。

（2）适用范围。时标网络计划主要适用于以下几种情况：

1）对于工作项目较少、工艺过程比较简单的进度计划，可以边绘、边算、边调整。

2）对于大型、复杂工程的进度计划，可以先用时标网络计划的形式绘制各分部工程的网络计划，然后再综合起来绘制时标总网络计划，也可以先编制一个简明的时标总网络计划，再分别绘制分部工程的详细时标网络计划。总之，编制大型、复杂工程的时标网络计划较为麻烦，应优先采用计算机，将已编制好的一般网络计划用计算机绘制成时标网络计划。

3）利用时标网络计划的"实际进度前锋线"进行网络计划的进度控制是十分有效的（"实际进度前锋线"将在本章 3.6 中介绍）。

2. 双代号时标网络计划的编制方法

（1）基本符号。双代号时标网络计划的实例如图 3 - 25 所示。它是根据图 3 - 21 的双代号网络计划，按最早时间绘制成的时标网络计划。在双代号时标网络计划中，以实箭线表示工作，其水平投影长度表示工作的持续时间；以虚箭线表示虚工作；以波形线表示工作的自由时差或时间间隔。

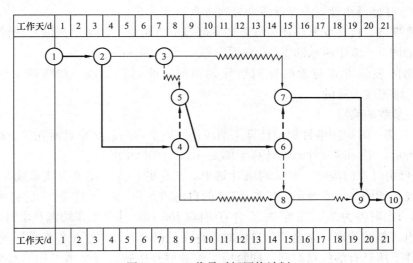

图 3 - 25　双代号时标网络计划

（2）时标网络计划的编制。双代号时标网络计划宜按最早时间编制。先绘出时标计划表，标注时标并注明时标单位。时标计划表中的刻度线宜为细实线，以使图面清晰；刻度线也可不画或少画。编制时标网络计划前，还应绘制无时标网络计划草图。

先计算网络计划的时间参数，再编制时标网络计划的方法：

1）计算各项工作的最早时间参数。

2）在时标计划表上，按最早开始时间确定每项工作的开始节点位置（图形与原网络图相近）。

3）按各工作的持续时间长度绘制相应工作的实线部分，使其水平投影长度等于工作的持续时间。虚工作因不占用时间，故以垂直虚线表示。

4）用波形线把实线部分与其紧后工作的开始节点连接起来，以表示自由时差，虚箭线中的波形线表示时间间隔即其紧后工作的最早开始时间与其紧前工作的最早完成时间之差。图 3 - 21 的双代号时标网络计划如图 3 - 25 所示。

（3）不经计算，直接绘制时标网络计划的方法。

1）绘制非时标计划图及时标表。

2）将起点节点定位在时标计划表的起始刻度线上，如图 3－25 所示的节点①。

3）按工作的持续时间在时标计划表上绘出起点节点的外向箭线，如图 3－25 所示的工作 1—2。

4）工作的箭头节点，必须在其所有内向箭线绘完之后，定位在最大的最早完成时间处，如图 3－25 中所示的节点⑤、⑦、⑧、⑨。

5）某些内向箭线实线长度未到达该箭头节点时，用波形线补足，如图 3－25 中所示的 3—7、4—8、8—9。如果虚箭线的开始节点与结束节点之间有水平间距，以波形线补足，如图 3－25 中所示的 3—5，如虚箭线的开始节点与结束节点在同一条刻度线上，可绘制成垂直虚箭线，如图 3－25 中所示的 4—5、6—7、6—8。

6）按上述方法自左至右依次确定各节点位置，直至终点节点定位。在确定节点位置时，应尽量与原网络图的节点位置相当，使总体布局与原网络图近似。

3．双代号时标网络计划关键线路和时间参数的确定

（1）关键线路。自终点节点逆箭线方向朝起点节点观察，凡不出现波形线的通路，即为关键线路。如图 3－25 中所示的①—②—④—⑤—⑥—⑦—⑨—⑩。

关键线路的表达方式与无时标网络计划相同，即用粗实线、双线或彩线标注均可，图 3－25 中是用粗线表示的。

（2）时间参数的确定。

1）计算工期。时标网络计划的计算工期应是终点节点与起点节点所在位置时标值之差。如图 3－25 所示，时标网络计划的计算工期是（21－0)d＝21d。

2）工作自由时差的确定。时标网络计划中，工作的自由时差值为波形线在坐标轴上的水平投影长度，如图 3－25 所示，工作 4—8 的自由时差为 4d，工作 3—7 的自由时差为 4d，工作 8—9 的自由时差为 2d，工作 3—5 含有时间间隔 1d，其余工作均无自由时差。

上述自由时差的确定，完全符合自由时差存在的概念，即等于工作在不影响紧后工作最早开始的条件下所具有的机动时间。即紧后工作最早开始时间减去本工作的最早完成时间，而这两个时间参数在时标网络图上均已明显地表示出来了，波形线正是这个差值的显示。

3）工作总时差的确定。以终点节点（$j＝n$）为箭头节点的工作的总时差 TF_{i-j} 按下式计算：

$$TF_{i-n} = T_p - ET_{i-n} \qquad (3-30)$$

其余工作的总时差应等于紧后各工作总时差的最小值与本工作的自由时差之和：

$$TF_{i-j} = \min[TF_{j-k}] + FF_{i-j} \qquad (3-31)$$

式中　TF_{j-k}——工作 $i—j$ 紧后工作的总时差；

　　　FF_{i-j}——工作 $i—j$ 的自由时差（从时标网络图上可直接显示出来）。

确定时应从终点节点开始，自右向左逐项进行。

如　　　　　　　　　　$TF_{9-10} = 21 - 21 = 0$

　　　　　　　　　　　$TF_{7-9} = 0 + 0 = 0$

　　　　　　　　　　　$TF_{8-9} = 0 + 2 = 2$

　　　　　　　　　　　$TF_{3-7} = 0 + 4 = 4$

　　　　　　　　　　　$TF_{4-8} = 2 + 4 = 6$

$$TF_{2-3} = \min\{(4+0),\ (0+1)\} = 1$$

4）工作最迟时间的计算。时标网络计划所直接显示的是各项工作的最早开始时间与最早完成时间，但各项工作的最迟时间却未显示出来，因此工作的最迟时间要用公式计算。

因为
$$TF_{i-j} = LF_{i-j} - EF_{i-j} \tag{3-32}$$

故
$$LF_{i-j} = TF_{i-j} + EF_{i-j} \tag{3-33}$$

同理
$$LS_{i-j} = TF_{i-j} + ES_{i-j} \tag{3-34}$$

例如，图 3-25：

$$LS_{3-7} = 4 + 7 = 11$$
$$LF_{3-7} = 4 + 10 = 14$$
$$LS_{4-8} = 6 + 8 = 14$$
$$LF_{4-8} = 6 + 10 = 16$$
$$\cdots$$

4．双代号时标网络计划示例

图 3-26 是表 3-5 的时标网络计划。

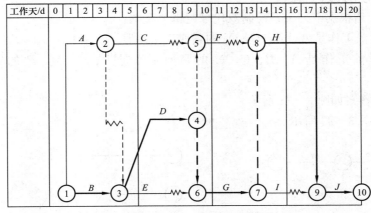

图 3-26　表 3-5 的双代号时标网络计划图

表 3-7 是某现浇多层框架工程一个结构层施工工作关系表，其时标网络计划如图 3-27 所示。

表 3-7　　　　　　　　某现浇多层框架工程一个结构层施工工作关系表

序号	工作名称	工作代号	持续时间	紧前工作	序号	工作名称	工作代号	持续时间	紧前工作
1	扎柱筋	A	1	—	9	梁支模	I	1	C
2	抗震墙扎筋	B	2	A	10	楼板支模	J	1	I、H
3	柱支模	C	1	A	11	楼梯扎筋	K	1	G、F
4	电梯井支内模	D	1	—	12	墙、柱浇混凝土	L	1	K、J
5	抗震墙支模	E	2	B、C	13	铺设暗管	M	1	L
6	电梯井扎筋	F	1	B、D	14	梁板扎筋	N	1	L
7	楼梯支模	G	1	D	15	梁板浇混凝土	P	1	M、N
8	电梯井支外模	H	1	E、F					

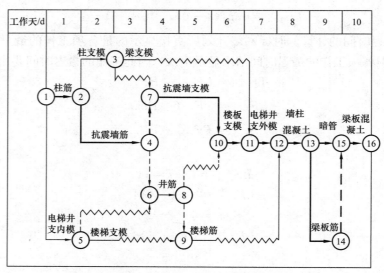

图 3-27　表 3-7 的时标网络计划

3.2.4　双线号网络计划实例

【例 3-4】　请根据下列关系绘制双代号逻辑关系图：

（1）M 的紧前工作是 A、B、C，N 的紧前工作是 B、C、D。

（2）H 的紧前工作是 A、B、C，N 的紧前工作是 B、C、D，P 的紧前工作是 C、D、E。

【解】　（1）答案如图 3-28 所示。

（2）答案如图 3-29 所示。

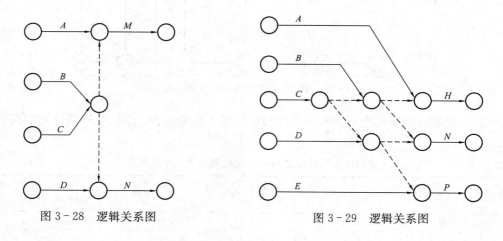

图 3-28　逻辑关系图　　　　　　　　图 3-29　逻辑关系图

【例 3-5】　请根据表 3-8 所列的逻辑关系绘制双代号网络图。

表 3-8　　　　　　　　　　　　逻 辑 关 系 表

序　　号	工作名称	紧前工作	紧后工作
1	A	—	B、C、G
2	B	A	D、E、I

序　号	工作名称	紧前工作	紧后工作
3	C	A	H
4	D	B	H
5	E	B	F、H
6	F	E	J
7	G	A	J
8	H	C、D、E	J
9	I	B	K
10	J	F、H、G	K
11	K	I、J	—

【解】　根据表 3-8 绘制的双代号网络图如图 3-30 所示。

【例 3-6】　请按工作计算法计算图 3-31 网络计划的各项时间参数，寻找并标注关键线路。

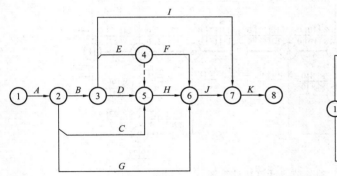

图 3-30　根据表 3-8 绘制的双代号网络图

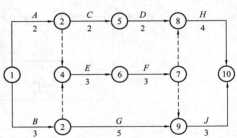

图 3-31　工作计算法计算图

【解】　图 3-31 的计算结果如图 3-32 所示。

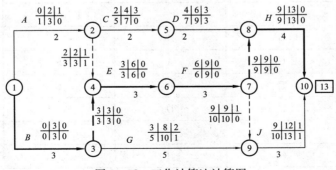

图 3-32　工作计算法计算图

【例 3-7】　请按节点计算法计算图 3-33 网络计划的各项时间参数，寻找并标注关键线路。

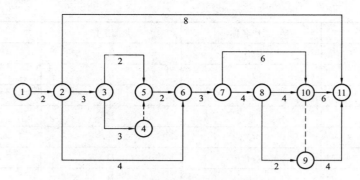

图 3-33　节点计算法计算图

【解】　图 3-33 的节点计算法计算结果如图 3-34 所示。

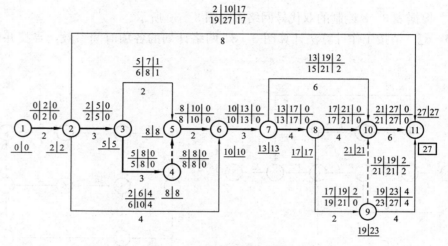

图 3-34　节点计算法计算图

表 3-9　　　　　　　　　　　　逻 辑 关 系 表

序号	工作	紧前工作	紧后工作	持续时间/d
1	A	—	B、C、D	2
2	B	A	G、F	4
3	C	A	F	6
4	D	A	E	2
5	E	D	F、H	2
6	F	B、C、E	J	3
7	G	B	J	2
8	H	E	J	1
9	J	G、F、H	—	2

【例 3-8】　请根据表 3-9 的逻辑关系绘制单代号时标网络计划。

【解】

（1）无时标网络计划如图 3-35 所示。

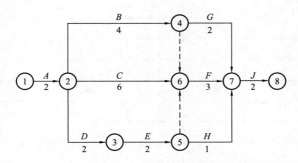

图 3-35　根据表 3-9 绘制的双代号网络计划

（2）根据图 3-35 绘制的时标网络计划如图 3-36 所示。

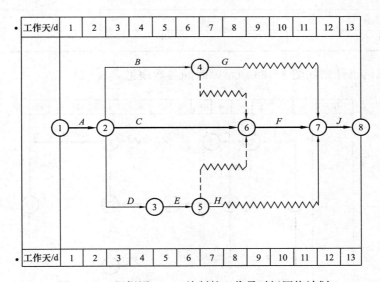

图 3-36　根据图 3-36 绘制的双代号时标网络计划

【例 3-9】　将图 3-37 绘制成时标网络计划，用表 3-10 的方式列出其各项时间参数，将关键线路标注在图上。

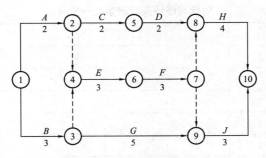

图 3-37　绘制时标网络计划模型

表 3－10　　　　　　　　　　　时标网络计划时间参数一览表

代号	工作	D_i	ES	EF	LS	LF	TF	FF
1—2	A							
1—3	B							
2—4	虚							
3—4	虚							
2—5	C							
5—8	D							
4—6	E							
6—7	F							
3—9	G							
7—8	虚							
7—9	虚							
8—10	H							
9—10	J							

【解】　时标网络计划如图 3－38 所示，时间参数表见表 3－11。

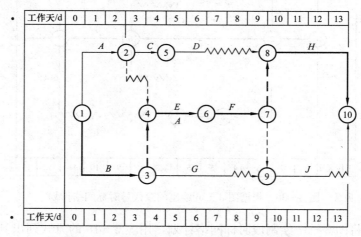

图 3－38　根据图 3－37 绘制的时标网络计划

表 3－11　　　　　　　　　　　时标网络计划时间参数一览表

代号	工作	D_i	ES	EF	LS	LF	TF	FF
1—2	A	2	0	2	1	3	1	0
1—3	B	3	0	3	0	3	0	0
2—4	虚	0	2	2	3	3	1	1
3—4	虚	0	3	3	3	3	0	0
2—5	C	2	2	4	5	7	3	0
5—8	D	2	4	6	7	9	3	3

代号	工作	D_i	ES	EF	LS	LF	TF	FF
4—6	E	3	3	6	3	6	0	0
6—7	F	3	6	9	6	9	0	0
3—9	G	5	3	8	5	10	2	1
7—8	虚	0	9	9	9	9	0	0
7—9	虚	0	9	9	10	10	1	0
8—10	H	4	9	13	9	13	0	0
9—10	J	3	9	12	10	13	1	1

【例 3 - 10】　请用标号法寻找图 3 - 39 的关键线路。

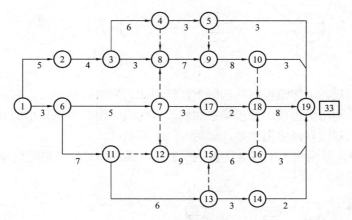

图 3 - 39　用标号法寻找关键线路模型

【解】　用标号法寻找图 3 - 39 的关键线路如图 3 - 40 所示。

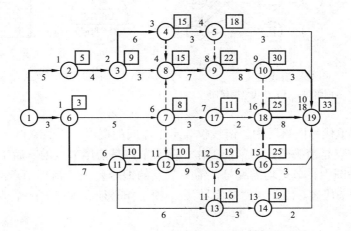

图 3 - 40　用标号法寻找图 3 - 39 关键线路的结果

3.3　单代号网络计划

3.3.1　单代号网络图的绘制

1. 单代号网络图的基本符号

图 3-41 是表 3-5 的单代号网络图。

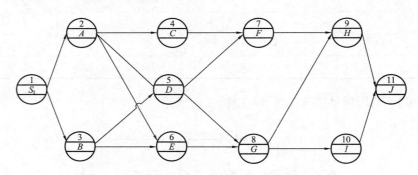

图 3-41　表 3-5 的单代号网络图

单代号网络图是在工作流程图的基础上演绎而成的网络计划形式，它具有绘制简便、逻辑关系容易表达、不用虚箭线、便于检查和修改等优点，但在多进多出的节点处容易发生箭线交叉，因此不如双代号网络图清楚，如图 3-42 所示。

（1）节点。单代号网络图中节点代表一项工作，既占用时间又消耗资源，节点可用圆圈或方框表示，如图 3-43 所示。

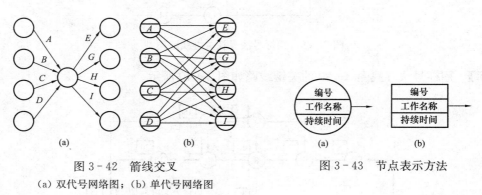

图 3-42　箭线交叉
（a）双代号网络图；（b）单代号网络图

图 3-43　节点表示方法

（2）箭线。在单代号网络图中，箭线仅表示工作间的逻辑关系。它既不占用时间，又不消耗资源。箭尾节点是箭头节点的紧前工作；箭头节点是箭尾节点的紧后工作。

在单代号网络图中，节点均需编号，箭头节点的编号要大于箭尾节点的编号，每项工作可用一个节点编号来代表，因此叫"单代号"。一项工作必须有唯一的一个节点及相应的一个编号。

2. 单代号网络图的逻辑关系

单代号网络图中工作间的逻辑关系仍然是根据工艺及组织两种需要来确定的。单代号网络图各种逻辑关系的表示方法见表 3-12，该表与表 3-4 的双代号网络图逻辑关系是对应的。

表 3 - 12　　　　　　　　　　　　　　单代号网络图逻辑关系表示方法

逻辑关系	单代号表示方法	逻辑关系	单代号表示方法
A 完成后进行 B B 完成后进行 C	（图）	A、B 均完成后进行 C B、D 均完成后进行 E	（图）
A 完成后同时进行 B 和 C	（图）		
A 和 B 都完成后进行 C	（图）	A 完成后进行 C A、B 均完成后进行 D B 完成后进行 E	（图）
A 和 B 都完成后同时进行 C 和 D	（图）		
A 完成后进行 C A 和 B 都完成后进行 D	（图）	A、B 两项先后进行的工作各分为三段进行。A₁ 完成后进行 A₂、B₁；A₂ 完成后进行 A₃、B₂；B₁ 完成后进行 B₂、A₃、B₂ 完成后进行 B₃	（图）
A、B 均完成后进行 D A、B、C 均完成后进行 E D、E 均完成后进行 F	（图）		

3. 单代号网络图的绘图规则和编号规则

单代号网络图的绘图规则如下：

（1）单代号网络图必须正确表达已定的逻辑关系。

（2）单代号网络图中，严禁出现循环回路。

（3）单代号网络图中，严禁出现双向箭头或无箭头的连线。

（4）单代号网络图中，严禁出现没有箭尾节点的箭线和没有箭头节点的连线。

（5）绘制网络图时箭线不宜交叉，当交叉不可避免时可采用过桥法和指向法绘制。

（6）单代号网络图只应有一个起点节点和一个终点节点；当网络图中出现多项起点节点和多项终点节点时，应在网络图的两端分别设置一项虚工作，作为该网络图的起点节点（S_t）和终点节点（F_{in}）。

图 3-41 中的起点节点 S_t（编号 "1"），就是一个虚拟的起点节点。

从以上规则可以看出，单代号网络图的绘图规划与双代号网络图的绘图规则基本相同。

单代号网络图的编号规则与双代号网络图的编号规则相同。

4. 单代号网络图绘图实例

【例 3 - 11】　试根据表 3-5 的逻辑关系绘制单代号网络图。

【解】　根据表 3-5 绘制的单代号网络图如图 3-44 所示。可见，在单代号网络图中，不需设置虚箭线便可表达出已定的逻辑关系，绘图十分简便，但是图的布局要恰当，以避免或减少箭线交叉。简单的绘图步骤是：第一，绘制节点，以表示每项工作；第二，根据已经给出的一种（紧前或紧后）逻辑关系将各相关节点连接起来；第三，进行检查并对网络图结构进行调整，减少箭线交叉；第四，增设虚拟节点（如果图中本来只有一个起点节点和只有一个终点节点，本步骤可取消）；第五，在节点中填写代号和工作名称；第六，检查网络图是否符合绘图规则，如有问题则进行更正。

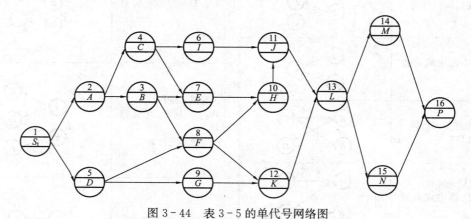

图 3-44　表 3-5 的单代号网络图

【例 3-12】　试将表 3-13 所示的逻辑关系绘制成单代号网络图。

【解】　根据表 3-13 绘制的单代号网络图如图 3-45 所示。

表 3-13　　　　　　　　　　　　　　某工程的工作逻辑关系表

工作	紧前工作	紧后工作
A_1	—	A_2、B_1
A_2	A_1	A_3、B_2
A_3	A_2	B_3
B_1	A_1	B_2、C_1
B_2	A_2、B_1	B_3、B_2
B_3	A_3、B_2	D、C_3
C_1	B_1	C_2
C_2	B_2、C_1	C_3
C_3	B_3、C_2	E、F
D	B_3	G
E	C_3	G
F	C_3	I
G	D、E	H、I
H	G	—
I	F、G	—

【例 3-13】　试将图 3-46 的双代号网络图转换成单代号网络图。

【解】　根据图 3-46 的双代号网络图转换成的单代号网络图如图 3-47 所示。

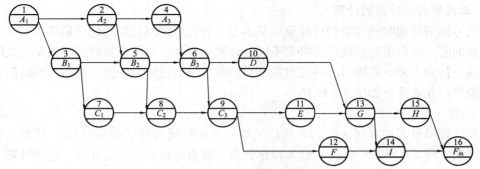

图 3-45　按表 3-13 绘制的单代号网络图

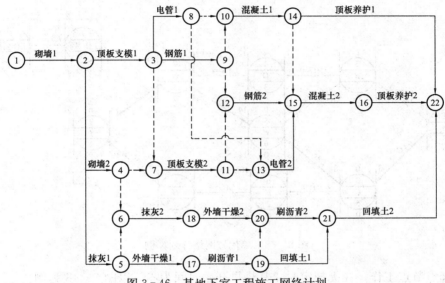

图 3-46　某地下室工程施工网络计划

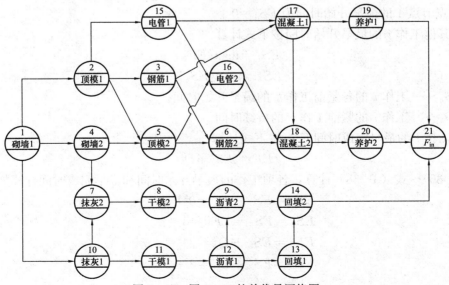

图 3-47　图 3-46 的单代号网络图

3.3.2 单代号网络计划的计算

单代号网络计划时间参数的计算原理基本上与双代号网络计划的计算原理相同，只是增加了时间间隔，且自由时差的计算略有不同。计算步骤是：最早开始时间→最早完成时间→计算工期→计划工期→间隔时间→总时差→自由时差→最迟完成时间→最迟开始时间。下面以实例说明计算方法，如图 3-48 所示。

1. 工作最早时间计算

首先计算最早开始时间（ES_i），然后用最早开始时间与持续时间（D_i）相加计算出最早完成时间，即 $EF_i = ES_i + D_i$；计算顺序是自左而右，从起点节点开始，逐项计算；之后按图上指示的标注方法标注在图上相应的位置，如图 3-48 所示。

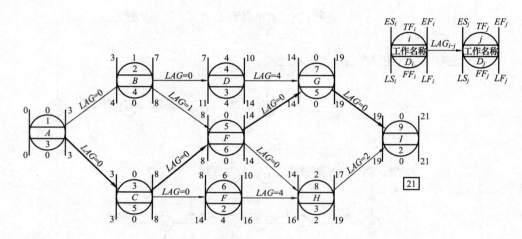

图 3-48 单代号网络计划算例

（1）起点节点工作，在无规定时，其最早开始时间为零。以图 3-48 为例：

$$ES_i = 0 \quad （"i" 为起点节点编号）\tag{3-35}$$

故起点节点 1 的最早开始时间为 $ES_1 = 0$

（2）其他工作 i 的最早开始时间按下式计算

$$ES_i = \max\{EF_h\}\tag{3-36}$$

或

$$ES_i = \max\{ES_h + D_h\}\tag{3-37}$$

式中　ES_h——工作 i 的各紧前工作 h 的最早开始时间；

　　　D_h——工作 i 的紧前工作 h 的持续时间。

（3）工作 i 的最早完成时间 EF_i 按下式计算

$$EF_i = ES_i + D_i\tag{3-38}$$

按式（3-36）～式（3-38）计算：各项工作的最早开始时间和最早完成时间计算如下：

$$EF_1 = ES_1 + D_1 = 0 + 3 = 3$$
$$ES_2 = ES_3 = EF_1 = 3$$
$$EF_2 = ES_2 + D_2 = 3 + 4 = 7$$
$$EF_3 = ES_3 + D_3 = 3 + 5 = 8$$

$$ES_4 = EF_2 = 7$$

$$EF_4 = ES_4 + D_4 = 7 + 3 = 10$$

$$ES_5 = \max\{EF_2, \ EF_2\} = \max\{7, \ 8\} = 8$$

$$EF_5 = ES_5 + D_5 = 8 + 6 = 14$$

$$ES_6 = EF_3 = 8$$

$$EF_6 = ES_6 + D_6 = 8 + 2 = 10$$

$$ES_7 = \max\{EF_4, \ EF_5\} = \max\{10, \ 14\} = 14$$

$$EF_7 = ES_7 + D_7 = 14 + 5 = 19$$

$$ES_8 = \max\{EF_5, \ EF_6\} = \max\{14, \ 10\} = 14$$

$$EF_8 = ES_8 + D_8 = 14 + 3 = 17$$

$$ES_9 = \max\{EF_7, \ EF_8\} = \max\{19, \ 17\} = 19$$

$$EF_9 = ES_9 + D_9 = 19 + 2 = 21$$

2. 网络计划计算工期和计划工期的计算

（1）网络计划计算工期应按下式计算

$$T_c = EF_n \quad （n \text{ 为终点节点}） \tag{3-39}$$

故图 3-48 的计算工期为

$$T_c = EF_n = EF_9 = 21$$

（2）网络计划工期的计算与双代号网络计划相同，无规定工期时：

$$T_p = T_c = 21$$

3. 间隔时间（$LAG_{i,j}$）的计算

（1）终点节点如果是虚拟的，其紧前工作与它的间隔时间按下式计算

$$LAG_{i,n} = T_p - EF_i \tag{3-40}$$

（2）其他节点之间的间隔时间为

$$LAG_{i,j} = ES_j - EF_i \tag{3-41}$$

根据以上公式计算，则图 3-44 的 $LAG_{i,j}$ 计算如下（本例无虚拟节点）

$$LAG_{1,2} = ES_2 - EF_1 = 3 - 3 = 0$$

$$LAG_{1,3} = ES_3 - EF_1 = 3 - 3 = 0$$

$$LAG_{2,4} = ES_4 - EF_2 = 7 - 7 = 0$$

$$LAG_{2,5} = ES_5 - EF_2 = 8 - 7 = 1$$

$$LAG_{3,5} = ES_5 - EF_3 = 8 - 8 = 0$$

$$LAG_{3,6} = ES_6 - EF_3 = 8 - 8 = 0$$

$$LAG_{4,7} = ES_7 - EF_4 = 14 - 10 = 4$$

$$LAG_{5,7} = ES_7 - EF_5 = 14 - 14 = 0$$

$$LAG_{5,8} = ES_8 - EF_5 = 14 - 14 = 0$$

$$LAG_{6,8} = ES_8 - EF_6 = 14 - 10 = 4$$

$$LAG_{7,9} = ES_9 - EF_7 = 19 - 19 = 0$$

$$LAG_{8,9} = ES_9 - EF_8 = 19 - 17 = 2$$

4. 工作总时差（TF_i）的计算

（1）工作 i 的总时差应从网络计划的终点节点开始，逆箭线方向逐项计算。当部分工作分期完成时，有关工作的总时差必须从分期完成的节点开始逆向逐项计算。

（2）终点节点所代表的工作 n 的总时差 TF_n 值应为

$$TF_n = T_p - EF_n \qquad (3-42)$$

故图 3-48 的终点节点 9 的总时差为

$$TF_9 = T_p - EF_9 = 21 - 21 = 0$$

（3）其他工作的总时差为

$$TF_i = \min\{TF_j + LAG_{i,j}\} \qquad (3-43)$$

根据式（3-42）计算各工作的总时差如下

$$TF_8 = TF_9 + LAG_{8,9} = 0 + 2 = 2$$

$$TF_7 = TF_9 + LAG_{7,9} = 0 + 0 = 0$$

$$TF_6 = TF_8 + LAG_{6,8} = 2 + 4 = 6$$

$$TF_5 = \min\{TF_7 + LAG_{5,7}, \ TF_8 + LAG_{5,8}\} = \min\{0+0, \ 2+0\} = 0$$

$$TF_4 = TF_7 + LAG_{4,7} = 0 + 4 = 4$$

$$TF_3 = \min\{TF_5 + LAG_{3,5}, \ TF_6 + LAG_{3,6}\} = \min\{0+0, \ 6+0\} = 0$$

$$TF_2 = \min\{TF_4 + LAG_{2,4}, \ TF_5 + LAG_{2,5}\} = \min\{4+0, \ 0+1\} = 1$$

$$TF_1 = \min\{TF_2 + LAG_{1,2}, \ TF_3 + LAG_{1,3}\} = \min\{1+0, \ 0+0\} = 0$$

5. 工作自由时差（FF_i）的计算

（1）终点节点所代表的工作 n 的自由时差 FF_n 按下式计算

$$FF_n = T_p - EF_n \qquad (3-44)$$

图 3-48 的终点节点 9 的自由时差为

$$FF_9 = T_p - EF_9 = 21 - 21 = 0$$

（2）其他工作 i 的自由时差 FF_i 应为

$$FF_i = \min\{LAG_{i,j}\} \qquad (3-45)$$

根据式（3-44）计算各项工作的自由时差为

$$FF_8 = LAG_{8,9} = 2$$

$$FF_7 = LAG_{7,9} = 0$$

$$FF_6 = LAG_{6,8} = 4$$

$$FF_5 = \min\{LAG_{5,7}, \ LAG_{5,8}\} = \min\{0, \ 0\} = 0$$

$$FF_4 = LAG_{4,7} = 4$$

$$FF_3 = \min\{LAG_{3,5}, \ LAG_{3,6}\} = \min\{0, \ 0\} = 0$$

$$FF_2 = \min\{LAG_{2,4}, \ LAG_{2,5}\} = \min\{0, \ 1\} = 0$$

$$FF_1 = \min\{LAG_{1,2}, \ LAG_{1,3}\} = \min\{0, \ 0\} = 0$$

6. 工作最迟时间的计算

（1）工作 i 的最迟完成时间 LF_i 应从网络计划的终点节点开始，逆着箭线方向依次逐项计算。当部分工作分期完成时，有关工作的最迟完成时间应从分期完成的节点开始，逆向逐项计算。

（2）终点节点所代表的工作 n 的最迟完成时间 LF_n，应按网络计划的计划工期 T_p 确定，即

$$LF_n = T_p \tag{3-46}$$

图 3-48 的终点节点 9 的最迟完成时间为

$$LF_9 = T_p = 21$$

（3）其他工作 i 的最迟完成时间 LF_i 应为

$$LF_i = \min\{LS_j\} \tag{3-47}$$

或

$$LF_i = EF_i + TF_i \tag{3-48}$$

（4）工作 i 的最迟开始时间 LS_i 按下式计算

$$LS_i = LF_i - D_i \tag{3-49}$$

或

$$LS_i = ES_i + TF_i \tag{3-50}$$

根据式（3-47）和式（3-49）分别计算图 3-48 的最迟完成时间和最迟开始时间如下

$$LS_9 = LF_9 - D_9 = 21 - 2 = 19$$

$$LF_8 = LS_9 = 19$$

$$LS_8 = LF_8 - D_8 = 19 - 3 = 16$$

$$LF_7 = LS_9 = 19$$

$$LS_7 = LF_7 - D_7 = 19 - 5 = 14$$

$$LF_6 = LS_8 = 16$$

$$LS_6 = LF_6 - D_6 = 16 - 2 = 14$$

$$LF_5 = \min\{LS_7, LS_8\} = \min\{14, 16\} = 14$$

$$LS_5 = LF_5 - D_5 = 14 - 6 = 8$$

$$LF_4 = LS_7 = 14$$

$$LS_4 - LF_4 - D_4 = 14 - 3 = 11$$

$$LF_3 = \min\{LS_5, LS_6\} = \min\{8, 14\} = 8$$

$$LS_3 = LF_3 - D_3 = 8 - 5 = 3$$

$$LF_2 = \min\{LS_4, LS_5\} = \min\{11, 8\} = 8$$

$$LS_2 = LF_2 - D_2 = 8 - 4 = 4$$

$$LF_1 = \min\{LS_2, LS_3\} = \min\{4, 3\} = 3$$

$$LS_1 = LF_1 - D_1 = 3 - 3 = 0$$

7. 单代号网络计划编制与计算实例

试将图 3-47 加持续时间进行计算，找出关键线路。

本例计算结果如图 3-49 所示，其计算工期为 23d，关键线路为 1—4—5—6—18—20—21。关键工作是砌墙 1、砌墙 2、顶模 2、钢筋 2、混凝土 2 和养护 2。各时间参数不一一列示，读者可自做练习。

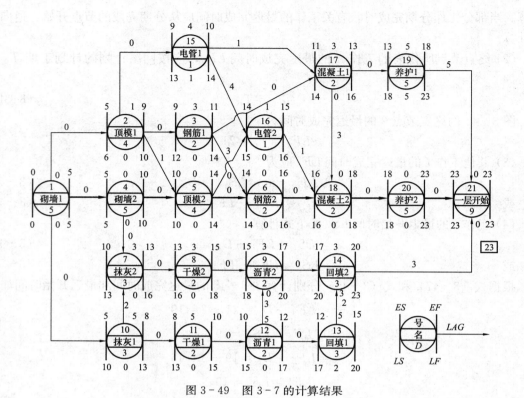

图 3-49　图 3-7 的计算结果

3.3.3　单线号网络计划关键工作和关键线路的确定

1. 关键工作的确定

关键工作是总时差为最小的工作。图 3-48 中，关键工作为 1、3、5、7、9。图 3-49 的关键工作是 1、4、5、6、18、20。

2. 关键线路的确定

从起点节点开始到终点节点均为关键工作，且所有关键工作间的间隔时间均为零的线路为关键线路。

只有间隔时间为 0，才是前后工作相衔接的工作，所以这样的关键工作既是总时差最小的，又无自由时差，且两者连续，故必为关键线路上的工作，这样的线路必为关键线路。图 3-48 的关键线路为 1—3—5—7—9。图 3-49 的关键线路为 1—4—5—6—18—20—21。

3. 关键线路的标注

同双代号网络计划一样，关键线路的箭线用粗线、双线或彩线标注。图 3-48 是用粗线标注的。其计算工期为 21d。图 3-49 的关键线路也是用粗线标注的。

3.3.4　单代号网络计划实例

【例 3-14】　请按下列关系绘制单代号逻辑关系图：

L 的紧后工作是 M、N，M 的紧后工作是 A、B、C、D，N 的紧后工作是 B、C、D、E，A、B、C、D、E 的紧后工作是 R。

【解】　根据以上逻辑关系绘制的逻辑关系图如图 3-50 所示。

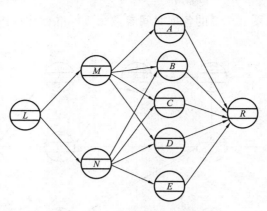

图 3-50　单代号逻辑关系图

【例 3-15】　请根据表 3-14 的逻辑关系绘制单代号网络图。

表 3-14　　　　　　　　　　　　　逻 辑 关 系 表

序号	工作	紧前工作	紧后工作
1	A	—	F
2	B	—	D
3	C	—	D、E
4	D	B、C	F、G、I、J
5	E	C	I、J
6	F	A、D	H
7	G	D	H
8	H	F、G	M、K
9	I	D、E	M、K
10	J	D、E	—
11	K	H、I	L
12	L	K	N
13	M	H、I	N
14	N	L、M	—

【解】　根据表 3-14 绘制的单代号网络图如图 3-51 所示。

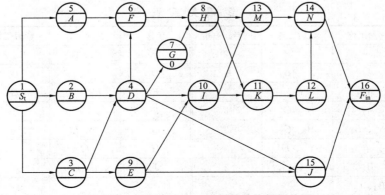

图 3-51　根据表 3-14 绘制的单代号网络图

【例 3 - 16】 请计算图 3 - 52 的各项时间参数，按标准标注在图上，并用粗线标出关键线路。

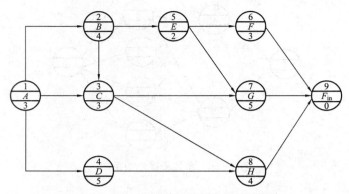

图 3 - 52　待计算的单代号网络计划

【解】 图 3 - 52 的计算结果如图 3 - 53 所示。

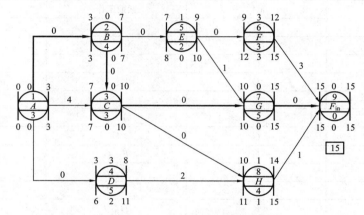

图 3 - 53　图 3 - 52 的单代号网络计划计算结果

【例 3 - 17】 请根据表 3 - 15 的逻辑关系和持续时间编制单代号网络计划，然后计算各项时间参数，按标准要求进行标注，用粗线标注关键线路。

【解】 根据表 3 - 15 的逻辑关系绘制的单代号网络计划及其计算结果如图 3 - 54 所示。

表 3 - 15　　　　　　　　　　　　　　　　逻 辑 关 系 表

工作	紧前工作	紧后工作	持续时间	工作	紧前工作	紧后工作	持续时间
A_1	—	A_2、B_1	2	C_3	B_3、C_2	E、F	2
A_2	A_1	A_3、B_2	2	D	B_3	G	2
A_3	A_2	B_3	2	E	C_3	G	1
B_1	A_1	B_2、C_1	3	F	C_3	I	2
B_2	A_2、B_1	B_3、C_2	3	G	D、E	H、I	4
B_3	A_3、B_2	C_3、D	3	H	G	—	3
C_1	B_1	C_2	2	I	F、G	—	3
C_2	B_2、C_1	C_3	4				

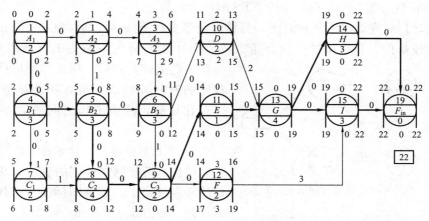

图 3-54　根据表 3-15 的逻辑关系绘制的单代号网络计划及其计算结果

3.4　搭接网络计划

3.4.1　搭接网络计划原理

1. 搭接网络计划的特点

在建设工程的实践中，搭接关系是大量存在的，要求进度计划的图形能够表达和处理好这种关系。然而，传统的单代号网络计划和双代号网络计划却只能表示两项工作之间首尾相接的关系，即前一项工作完成，后一项工作立即开始，而不能表示搭接关系，遇到搭接关系时，不得不将前一项工作分成两段，以符合"前面工作不完成，后面工作不能开始"的要求，这就使得网络计划变得复杂起来，绘图与调整都不方便。针对这一重大问题和普遍需要，陆续出现了许多种类表示搭接关系的网络计划，我们统称为"搭接网络计划"，其共同特点是，当前一项工作没有完成时，后一项工作便可插入进行，即可以将前后工作搭接起来。这就大大简化了网络计划，但也因此使网络计划的计算复杂化，故应借助计算机进行计算。搭接网络计划用单代号网络图表达，既方便又清楚，研究和应用成熟，故本书只讲授单代号搭接网络计划。

2. 搭接网络计划搭接关系的种类

搭接关系以前一项工作开始或完成和后一项工作的开始或完成的时间间隔（或称时距）表示。搭接关系的种类如图 3-55 所示，共有四种关系：

（1）STS 关系，即前一项工作开始到后一项工作开始的时距。

（2）STF 关系，即前一项工作开始到后一项工作完成的时距。

（3）FTF 关系，即前一项工作完成到后一项工作完成之间的时距。

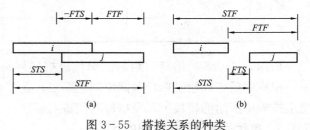

图 3-55　搭接关系的种类

（4）FTS 关系，即前一项工作完成到后一项工作开始之间的时距。图 3-55（b）中的

FTS 时距为正数，图 3 - 55（a）中的 FTS 时距为负数。

在编制计划时究竟采用何种时距，其数值是多少？要根据计划对象的工程量、技术要求、资源供应条件、自然条件、领导指令等，由计划人员在编制施工方案后计算确定。

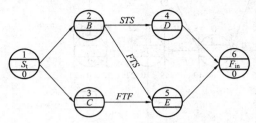

图 3 - 56　单代号搭接网络计划的表达方法

时距一经确定，则后一项工作便应严格按时距规定的时间开始或完成，不能随意改变。为了简化计算，两项工作之间的时距应只确定一种。

3. 单代号搭接网络计划的表达方法

单代号搭接网络计划的表达方法是把时距标注在箭线之上，节点的标注与单代号网络计划相同，如图 3 - 56 所示。

3.4.2　单代号搭接网络计划的编制

1. 单代号搭接网络计划的编制特点

单代号搭接网络计划的符号、编制步骤、方法和绘图规则与前文所述单代号网络计划基本相同，所不同的有两点：

（1）在编制施工方案时要认真研究搭接关系，在计算持续时间时，要估算时距，在计算时间参数和优化时要考虑时距。

（2）编制单代号搭接网络计划时，必须设置虚拟起点节点和虚拟终点节点，这是时间参数计算时所需要的。

2. 单代号搭接网络计划编制

设有表 3 - 16 的工作关系，试绘制单代号搭接网络计划。

表 3 - 16　　　　　　　　　　　编制搭接网络计划信息

工作	持续时间	紧后工作	搭接关系及搭接时间/d					
			A	B	C	D	E	F
A	10	B、C、D		$FTS=0$	$STS=6$	$FTF=5$		
B	15	C、E			$STS=5$		$STF=25$	
C	6	F						$STS=3$
D	22	E、F					$STS=1$	$STS=3$
E	20	F						$STS=5$
F	10	—						

根据表 3 - 16 的信息，绘制的单代号搭接网络计划如图 3 - 57 所示。编制步骤是：第一，根据紧后工作绘制单代号网络图；第二，在节点中编号，标注持续时间；第三，在箭线之上按表中所给的搭接关系及搭接时间进行标注。

3.4.3　单代号搭接网络计划的计算

1. 计算要求

（1）单代号搭接网络计划时间参数计算，应在确定各工作持续时间和各项工作之间时距关系之后进行。

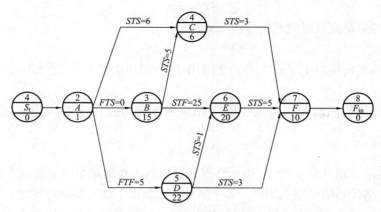

图 3-57 根据表 3-16 的信息绘制的单代号搭接网络计划

（2）单代号搭接网络计划中的时间参数基本内容和形式应按图 3-58 所示方式标注。

（3）工作最早时间的计算。

1）计算最早时间参数必须从起点节点开始依次进行，只有紧前工作计算完毕，才能计算本工作。

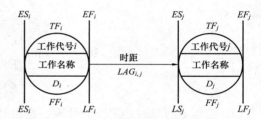

图 3-58 单代号搭接网络计划时间参数标注形式

2）计算工作最早开始时间应按下列步骤进行：

① 凡与起点节点相连的工作最早开始时间都应为零，即

$$ES_i = 0 \qquad (3-51)$$

② 其他工作 j 的最早开始时间根据时距应按下列公式计算：

相邻时距为 $STS_{i,j}$ 时

$$ES_j = ES_i + STS_{i,\,j} \qquad (3-52)$$

相邻时距为 $FTF_{i,j}$ 时

$$ES_j = ES_i + D_i + FTF_{i,\,j} - D_j \qquad (3-53)$$

相邻时距为 $STF_{i,j}$ 时

$$ES_j = ES_i + STF_{i,\,j} - D_j \qquad (3-54)$$

相邻时距为 $FTS_{i,j}$ 时

$$ES_j = ES_i + D_i + FTS_{i,\,j} \qquad (3-55)$$

式中　ES_i——工作 i 的最早开始时间；

D_i、D_j——相邻的两项工作的持续时间；

$STS_{i,j}$——i、j 两项工作开始到开始的时距；

$FTF_{i,j}$——i、j 两项工作完成到完成的时距；

$STF_{i,j}$——i、j 两项工作开始到完成的时距；

$FTS_{i,j}$——i、j 两项工作完成到开始的时距。

③ 计算工作最早时间时，如果出现最早开始时间为负值时，应将该工作与起点节点用虚箭线相连接，并确定其时距为

$$STS = 0 \tag{3-56}$$

3）工作 j 的最早完成时间 EF_j 应按下式计算

$$EF_j = ES_j + D_j \tag{3-57}$$

4）当有两项或两项以上紧前工作限制工作间的逻辑关系时，应分别计算其最早时间，取其最大值。

5）有最早完成时间的最大值的中间工作应与终点节点用虚箭线相连接，并确定其时距为

$$FTF = 0 \tag{3-58}$$

（4）搭接网络计划计算工期 T_c 由与终点相联系的工作的最早完成的最大值决定。

（5）搭接网络计划的计划工期 T_p 应符合本章第 3.3.2 节的 2 中的规定。

（6）相邻两项工作 i 和 j 之间在满足时距之外，还有多余的间隔时间 $LAG_{i,j}$，应按下式计算

$$LAG_{i,j} = \min \begin{bmatrix} ES_j - EF_i - FTS_{i,j} \\ ES_j - ES_i - STS_{i,j} \\ EF_j - EF_i - FTF_{i,j} \\ EF_j - ES_i - STF_{i,j} \end{bmatrix} \tag{3-59}$$

（7）工作 i 的总时差 TF_i 的计算、自由时差 FF_i 的计算、最迟完成时间 LF_i 的计算、最迟开始时间 LS_i 的计算，与本书 3.3 中所述的单代号网络计划的计算方法相同，即

$$TF_n = T_p - EF_n \tag{3-60}$$

$$TF_i = \min\{FF_j + LAG_{i,j}\} \tag{3-61}$$

$$FF_n = T_p - EF_n \tag{3-62}$$

$$FF_i = \min\{LAG_{i,j}\} \tag{3-63}$$

$$LF_n = T_p \tag{3-64}$$

$$LF_i = \min\{LS_j\} \tag{3-65}$$

$$LS_i = LF_i - D_i \tag{3-66}$$

$$LS_i = ES_i + TF_i \tag{3-67}$$

2. 举例

【例 3-18】 试对图 3-57 的单代号搭接网络计划进行计算，并将计算结果标注在图 3-59 上。

【解】

（1）最早时间的计算。根据式（3-51）~式（3-58）计算如下：

$$ES_2 = 0 \quad EF_2 = 0 + 10 = 10$$

$$ES_3 = EF_2 + FTS_{2,3} = 10 + 0 = 10 \quad EF_3 = 10 + 15 = 25$$

$$ES_4 = \max\{ES_2 + STS_{2,4}, \quad ES_3 + STS_3\} = \max\{0 + 6, \quad 10 + 5\} = 15 \quad EF_4 = 15 + 6 = 21$$

$$ES_5 = EF_2 + FTF_{2,5} - D_5 = 10 + 5 - 22 = -7$$

由于 ES_5 出现了负值，不合理，故令 $ES_5 = 0$，并将工作 5 与起点节点用虚箭线相连，并令 $FTS_{1,5} = 0$。

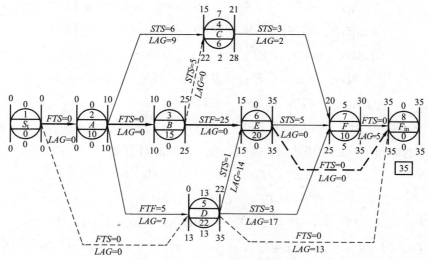

图 3-59　根据图 3-57 的单代号搭接网络计划计算的时间参数

$$ES_5 = 0 \quad EF_5 = 0 + 22 = 22$$

$$ES_6 = \max\{ES_5 + STS_{5,6}, \quad ES_3 + STF_{3,6} - D_6\} = \max\{0+1, \quad 10+25-20\} = 15$$

$$EF_6 = 15 + 20 = 35$$

$$ES_7 = \max\{ES_6 + STS_{6,7}, \quad ES_4 + STS_{4,7}, \quad ES_5 + STS_{5,7}\} = \max\{15+5, \quad 15+3, \quad 0+3\} = 20$$

$$EF_7 = 20 + 10 = 30$$

$$ES_8 = EF_7 + FTS_{7,8} = 30 + 0 = 30$$

$$EF_8 = ES_8 + D_8 = 30 + 0 = 30$$

由于 $EF_8 < EF_6$，故节点 8 的 EF 值取 EF_6，即取 35，并将节点 6 与节点 8 用虚箭线相连，并令 $FTS_{6,8} = 0$，即

$$EF_8 = 35$$

$$ES_8 = 35 - 0 = 35$$

（2）单代号搭接网络计划计划工期的计算。由于终点节点 8 的最早完成时间已经求出，故 $T_c = 35$；本例又没有规定工期，故节点 8 的最早完成时间就是计划工期，$T_p = T_c = 35$。

（3）间隔时间（$LAG_{i,j}$）的计算。最早时间已经求出，便可按式（3-59）计算间隔时间。

$$LAG_{1,2} = ES_2 - EF_1 - FTS_{1,2} = 0 - 0 - 0 = 0$$

$$LAG_{1,5} = ES_5 - EF_1 - FTS_{1,5} = 0 - 0 - 0 = 0$$

$$LAG_{2,3} = ES_3 - EF_2 - FTS_{2,3} = 10 - 10 - 0 = 0$$

$$LAG_{2,5} = EF_5 - EF_2 - FTF_{2,5} = 22 - 10 - 5 = 7$$

$$LAG_{2,4} = ES_4 - ES_2 - STS_{2,4} = 15 - 0 - 6 = 9$$

$$LAG_{3,4} = ES_4 - ES_3 - STS_{3,4} = 15 - 10 - 5 = 0$$

$$LAG_{3,6} = EF_6 - ES_3 - STF_{3,6} = 35 - 10 - 25 = 0$$

$$LAG_{4,7} = ES_7 - ES_4 - STS_{4,7} = 20 - 15 - 3 = 2$$

$$LAG_{5,6} = ES_6 - ES_5 - STS_{5,6} = 15 - 0 - 1 = 14$$

$$LAG_{5,7} = ES_7 - ES_5 - STS_{5,7} = 20 - 0 - 3 = 17$$

$$LAG_{5,8} = ES_8 - EF_5 - FTS_{5,8} = 35 - 22 - 0 = 13$$

$$LAG_{6,7} = ES_7 - ES_6 - STS_{6,7} = 20 - 15 - 5 = 0$$

$$LAG_{6,8} = ES_8 - EF_6 - FTS_{6,8} = 35 - 35 - 0 = 0$$

$$LAG_{7,8} = ES_8 - EF_7 - FTS_{7,8} = 35 - 30 - 0 = 5$$

（4）工作总时差的计算。按式（3-60）、式（3-61）计算如下：

$$TF_8 = T_P - EF_8 = 35 - 35 = 0$$

$$TF_7 = TF_8 + LAG_{7,8} = 0 + 5 = 5$$

$$TF_6 = \min\{TF_7 + LAG_{6,7}, \ TF_8 + LAG_{6,8}\} = \min\{5 + 0, \ 0 + 0\} = 0$$

$$TF_5 = \min\{TF_6 + LAG_{5,6}, \ TF_7 + LAG_{5,7}, \ TF_8 + LAG_{5,8}\} = \min\{0 + 14, \ 5 + 17, \ 0 + 13\} = 13$$

$$TF_4 = TF_7 + LAG_{4,7} = 5 + 2 = 7$$

$$TF_3 = \min\{TF_4 + LAG_{3,4}, \ TF_6 + LAG_{3,6}\} = \min\{7 + 0, \ 0 + 0\} = 0$$

$$TF_2 = \min\{TF_3 + LAG_{2,3}, \ TF_4 + LAG_{2,4}, \ TF_5 + LAG_{2,5}\} = \min\{0 + 0, \ 7 + 9, \ 13 + 7\} = 0$$

$$TF_1 = 0$$

（5）工作自由时差的计算。按式（3-62）、式（3-63）计算如下：

终点节点 8 的自由时差 $FF_8 = T_p - EF_8 = 35 - 35 = 0$

其他节点的自由时差为

$$FF_i = \min\{LAG_{i,j}\}$$

$$FF_7 = 5 \quad FF_6 = 0 \quad FF_5 = 13 \quad FF_4 = 2 \quad FF_3 = 0 \quad FF_2 = 0 \quad FF_1 = 0$$

（6）工作最迟时间的计算。按式（3-64）～式（3-67）计算如下：

按公式 $LF_i = EF_i + TF_i$ 及 $LS_i = LF_i - D_i$ 进行计算

$$LF_8 = LF_7 = LF_6 = T_p = 35$$

$$LS_8 = 35 \quad LS_7 = 35 - 10 = 25 \quad LS_6 = 35 - 20 = 15$$

$$LF_5 = EF_5 + TF_5 = 22 + 13 = 35$$

由于 LF_5 与 T_p 相等，故应将工作 5 与终点节点用虚箭线相连，并令 $FTS_{5,8} = 0$ 故

$$LF_5 = 35 \quad LS_5 = 35 - 22 = 13$$

$$LF_4 = EF_4 + TF_4 = 21 + 7 = 28 \quad LS_4 = 28 - 6 = 22$$

$$LF_3 = EF_3 + TF_3 = 25 + 0 = 25 \quad LS_3 = 25 - 15 = 10$$

$$LF_2 = EF_2 + TF_2 = 10 + 0 = 10 \quad LS_2 = 10 - 10 = 0$$

$$LF_1 = LS_1 = 0$$

至此，全部时间参数计算并标注完毕，如图 3-59 所示。

图 3-60 是一个单代号搭接网络计划算例；图 3-61 标注了计算结果，读者可自行计算并与图 3-61 的计算结果相核对。

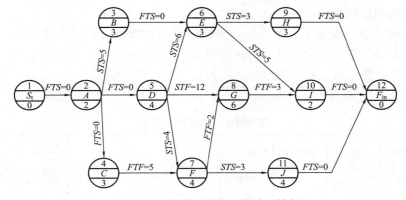

图 3-60　单代号搭接网络计划算例

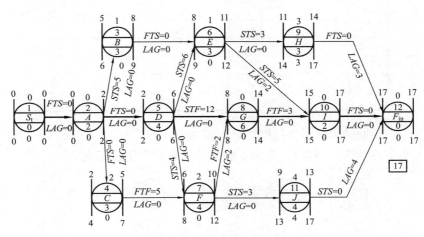

图 3-61　单代号搭接网络计划算例计算结果

3.4.4　单代号搭接网络计划关键工作和关键路线的确定

1. 关键工作的确定

单代号搭接网络计划中，总时差最小的工作是关键工作。图 3-59 和图 3-61 中的最小总时差为 0，故图 3-59 的关键工作是 A、B、E。图 3-61 的关键工作是 A、D、G、I。

2. 关键线路的确定

关键线路是从起点节点到终点节点均为关键工作，且其间隔时间均为零的通路，图 3-59 的关键线路是 1—2—3—6—8，或为 S_t—A—B—E—F_{in}。图 3-61 的关键线路是 1—2—5—8—10—12，或为 S_t—A—D—G—I—F_{in}。

3.4.5　单代号搭接网络计划实例

【例 3-19】　某单层工业厂房工程，由以下施工过程组成：基础，结构，装修，设备运输，设备安装，收尾交工。经计算，其持续时间以周计，分别是：4、10、12、2、8、2。其搭接关系要求是：基础完成后立即将设备运进安装现场；基础完成 1 周后开始结构施工；结构施工前设备运输完成；结构进行 2 周后开始安装；装修施工开始前结构和设备安装完成；装修工程和设备安装工程完成 1 周后收尾开始。

要求如下：第一，根据上述信息编制搭接网络计划搭接关系表；第二，根据搭接关系表绘制单代号搭接网络计划图。

【解】 编制表格过程如下：第一步，按照标准的要求列出表格；第二步，填写施工过程，给出代号；第三步，填写持续时间；第四步，根据专业知识确定紧后工作，用代号列入第5列相应位置；第五步，根据所给的搭接关系要求，填写在表中相应位置。编制的搭接网络计划搭接关系见表3-17。

表3-17　　　　　　　　　　　　搭接网络计划搭接关系表

施工过程	代号	编号	持续时间	紧后工作	搭接关系					
					A	B	C	D	E	M
(1)	(2)	(3)	(4)	(5)	(6)	(7)	(8)	(9)	(10)	(11)
起点	S_t	1	0	A						
基础	A	2	4	B、D		FTS=1				
结构	B	4	10	C、E					STS=2	
装修	C	6	12	M						FTS=1
运输	D	3	2	B、E						
安装	E	5	8	C、M						FTS=1
收尾	M	7	2	F_{in}						
终点	F_{in}	8	0							

根据表3-17绘制的单代号搭接网络计划图如图3-62所示，注意，开始和结束都增加一个节点（起点节点和终点节点），是为了将来计算可能产生的需要。

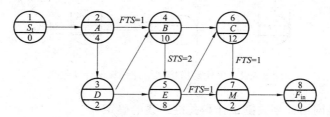

图3-62　表3-17的单代号搭接网络计划

【例3-20】 将表3-18所示的搭接网络计划的逻辑关系绘制成单代号搭接网络计划。

表3-18　　　　　　　　　　　　搭接网络计划逻辑关系表

工作	持续时间	紧后工作	搭接关系/d								
			A	B	C	D	E	F	G	H	I
A	5	D				FTS=0					
B	8	D、E				FTS=5	STS=3				
C	10	F						FTF=2			
D	15	G							STS=2		
E	20	G、I							FTS=0		STS=4
F	20	G、H							FTS=0	STF=3	
G	10	I									STS=2
H	5	I									FTS=4
I	8	—									

【解】　根据表 3-18 绘制的单代号搭接网络计划如图 3-63 所示。

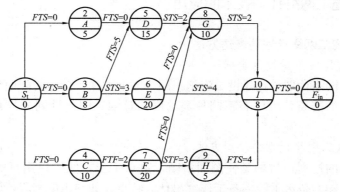

图 3-63　根据表 3-18 绘制的单代号搭接网络计划

【例 3-21】　请对图 3-64 所示的单代号搭接网络计划进行计算，将计算结果按标准标注在图上，用粗线标示关键线路。

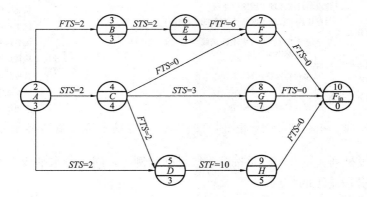

图 3-64　单代号搭接网络计划

【解】　图 3-64 的计算结果如图 3-65 所示。

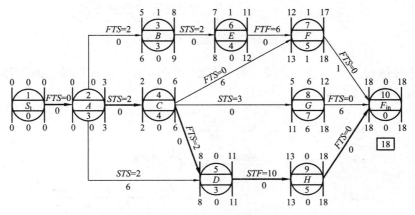

图 3-65　单代号搭接网络计划计算结果

3.5　建设工程施工网络计划技术的应用

3.5.1　建设工程施工网络计划的表达方法

1. 建设工程施工网络计划的类别

建设工程施工网络计划是在建设工程施工网络图上加注其持续时间而形成的计划。为了适应各种计划工作的需要，可以有不同种类的网络计划。网络计划分类系统图如图 3-66 所示。

2. 建设工程施工网络计划的排列方法

讲述网络计划的排列，目的是使图面清晰，重点突出，便于使用。所谓网络计划的排列，是指网络图的同一条水平线上各工作突出什么特点，如突出施工段，则称按施工段排列等，下面分别介绍各种排列方法，其分类如图 3-67 所示。

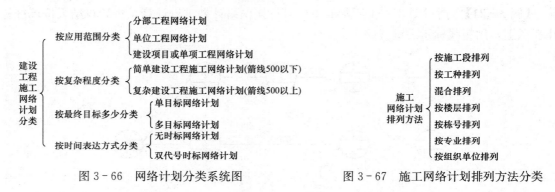

图 3-66　网络计划分类系统图　　　　图 3-67　施工网络计划排列方法分类

（1）按施工段排列。图 3-68 是按施工段排列的例子，同一条水平线上的工作属于同一个施工段，反映分段施工的特点。

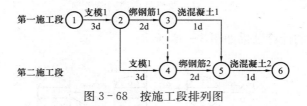

图 3-68　按施工段排列图

（2）按工种排列。图 3-69 是按工种排列的例子，同一条水平线上的工作属同一个工种，反映不同工种的工作情况。

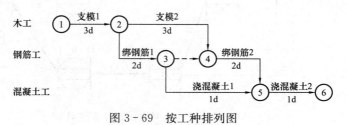

图 3-69　按工种排列图

（3）混合排列。图 3-70 是混合排列的图形，图面美观，可用于画较简单的网络图。

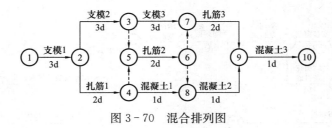

图 3-70 混合排列图

（4）按楼层排列。图 3-71 是按楼层排列的图形，每一条水平线上突出一个楼层的工作。工作是自上而下逐层展开的，这种排列便于分层检查与统计。

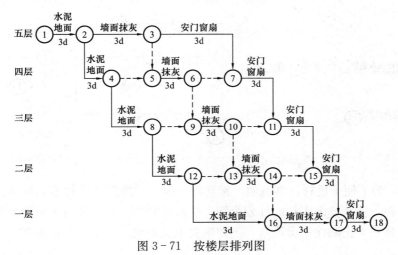

图 3-71 按楼层排列图

（5）按栋号排列。图 3-72 是按栋号排列的图例。同一个栋号的工作在同一条水平线上。

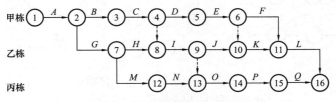

图 3-72 按栋号排列图

其他排列方法不一一分述。综合各种排列方法，不外乎两类，一类是按工艺关系排列，如按施工段排列、按楼层排列、按栋号排列等；另一类是按组织关系排列，如按工种排列、按专业排列、按组织单位排列等。

3. 建筑施工网络计划的组合与并图

（1）组合。所谓网络计划的组合，是将一张复杂的网络计划图的若干项工作简化为一项工作，从而简化整个网络计划，以便进行控制。图 3-74 是图 3-73 的组合图。在图 3-74 中 11~16 是由图 3-73 中的 6 项工作组成的，其持续时间是图 3-73 合并线路中最长的一条线路。图 3-73 还可以组合成图 3-75。

但应注意，如果某节点与组合对象之外的其他节点有联系，则该节点应予保留，如图 3-76 所示。

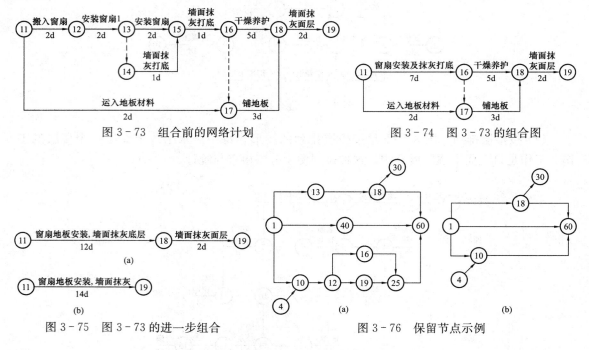

图 3-73　组合前的网络计划

图 3-74　图 3-73 的组合图

图 3-75　图 3-73 的进一步组合

图 3-76　保留节点示例

（2）并图。为了便于进行计划编制，常常将一项工程按部位单独编制网络计划，然后把它们合并在一起，反映整个工程的计划全貌，这就是并图。并图注意要根据实际工艺条件和组织关系进行合并，正确使用虚箭线，把逻辑关系搞正确。图 3-78 是由图 3-77 的三个网络图合并而成。

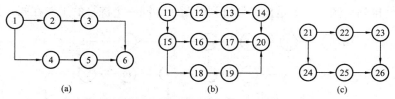

图 3-77　分别绘制的三个网络图形

（a）基础部分；（b）结构部分；（c）装修部分

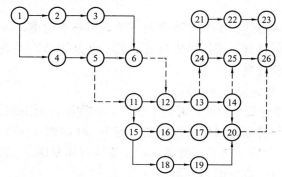

图 3-78　图 3-77 合并后的网络计划图

3.5.2 建设工程施工网络计划的优化

1. 网络计划优化的意义及内容

网络计划优化，是在编制阶段，在满足既定约束条件下，按某一目标，通过不断改进网络计划的可行方案，寻求满意结果，从而编制可供实施的网络计划的过程。

网络计划的优化目标，包括工期、资源和费用。通过网络计划优化实现这些目标，有重要的实际意义，甚至会使项目施工取得重大的经济效果。我们应当尽量利用网络计划模型可优化的特点，努力实现优化目标。

2. 工期优化

工期优化是压缩计划工期，以达到要求的工期目标，或在一定约束条件下使工期最短的过程。

（1）工程优化的方法。工期优化的方法主要是通过压缩关键工作的持续时间而达到工期优化的目标。在优化过程中，不得把关键工作压缩成非关键工作；当优化过程中关键线路压缩后出现多条关键线路时，应对多条关键线路同时压缩。

（2）工期优化的步骤。

1）计算网络计划的时间参数，确定关键工作和关键线路。

2）按要求工期计算应缩短的时间为

$$\Delta T = T_c - T_r \tag{3-68}$$

式中 T_c——网络计划计算工期；

　　　　T_r——要求工期。

3）按下列条件选择应优先缩短持续时间的关键工作：

① 缩短持续时间对质量和安全影响不大的工作。

② 有充足备用资源的工作。

③ 缩短持续时间所需增加费用最少的工作。

④ 当有多条关键线路，其他条件相同时，应优先缩短公用的关键工作。

4）将优先缩短的关键工作压缩至最短的持续时间，并重新确定关键线路，若被压缩的工作变成了非关键工作，则应将其持续时间延长，使之仍为关键工作。

5）在每次压缩后，应检查计算工期是否满足工期要求，若计算工期仍超过要求工期，则应重复以上的压缩步骤，直到满足工期要求或工期已不可能再缩短时为止。

（3）工期优化举例。

【例 3-22】 某双代号网络计划如图 3-79 所示。图中箭线下方为工作的正常持续时间和最短持续时间（括号内），箭线上方为工作名称和优选系数（括号内）。优选系数是综合考虑工作优先缩短的各种条件而定量确定的，优选系数越小越应优先选择为缩短的对象。如多项工作同时缩短，应选择组合优选系数小者。假定业主要求的工期为 100d，试进行工期优化。

【解】 工期优化步骤如下：

第一步，计算网络计划的时间参数，确定关键线路。本例按节点计算法，确定各节点的最早时间和最迟时间，如图 3-80 所示，计算工期为 160d，关键线路为 1—3—4—6。当要求工期为 100d 时，需缩短的工期：

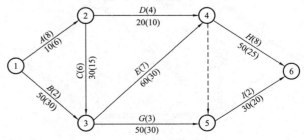

图 3-79 某双代号网络计划

$$\Delta T = T_c - T_r = (160 - 100)d = 60d$$

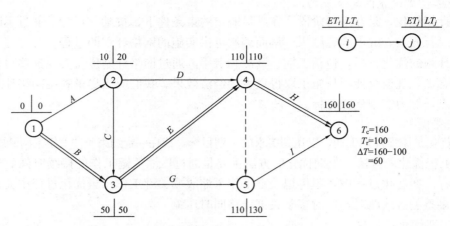

图 3-80　工期优化过程图

第二步，第一次缩短。在三项关键工作中选择工作 B，B 优选系数最小，予以优先缩短。将工作 B 按最大限制缩短，由 50d 缩为 30d。此时工作 B 变为非关键工作。而工作 A、C 变为关键工作，所以应将工作 B 持续时间由 30d 延长为 40d，使其仍为关键工作，并形成了两条关键线路 1—3—4—6 和 1—2—3—4—6，计算工期为 150d。

第三步，第二次缩短，两条关键线路应同时缩短，缩短方案有：

1）同时缩短工作 B、C，组合优选系数为 8。

2）同时缩短工作 A、B，组合优选系数为 10。

3）缩短公用关键工作 E，优选系数为 7。

4）缩短公用关键工作 H，优选系数为 8。

可见，以优选缩短工作 E 为最佳方案。将工作 E 由 60d 缩短为 30d，其优选系数变为 ∞，即不可再缩短。此时计算工期为 120d，而且 1—3—5—6 和 1—2—3—5—6 也变成了关键线路。

第四步，第三次缩短，多条关键线路应同时缩短，缩短的方案有：

1）同时缩短 A、B，组合优选系数为 10。

2）同时缩短 B、C，组合优选系数为 8。

3）同时缩短 G、H，组合优选系数为 11。

4）同时缩短 H、I，组合优选系数为 10。

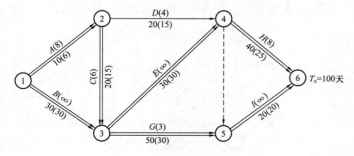

图 3-81　工期优化结果图

因此，应选择同时缩短工作 B、C 方案，工作 B、C 各缩 10d，关键线路未变，而计算工期为 110d。

第五步，第四次缩短，将工作 H、I 各缩短 10d，计算工期为 100d，已满足工期要求，工期优化完毕，最终结果如图 3-81 所示。

（4）缩短工作持续时间是工期优化的主要途径。

通常可采取下述措施来缩短工作的持续时间：

1）组织措施。

① 增加工作面，增加劳动力数量。

② 增加每天的工作时间（如采用三班制等）。

③ 增加施工机械数量。

2）技术措施。

① 改进施工工艺和施工技术，缩短工艺技术间歇时间。

② 采用更先进的施工方法。

③ 采用更先进的施工机械。

3）经济措施。

① 提高奖金数额。

② 实行包干奖励。

③ 对采取的技术措施予以经济补偿。

4）其他配套措施。

① 改善外部配合条件。

② 改善劳动条件。

③ 实施有效地调度。

上述措施的采用，将使施工费用增加，所以缩短工作的持续时间必须要考虑经济问题，以使缩短工期增加的费用为最少。

3. 资源优化

在实际工程中，必须考虑网络计划实现的客观人力和物质条件，一项科学合理的进度计划，必须是合理使用现有资源的计划。这里所说的资源包括人力、材料、机械、设备、工具和资金等。资源供应情况，常常是影响工程进度计划的主要因素。因此在编制网络计划时要以现有的资源条件为基础，充分地、合理地利用这些资源，使网络计划既能均衡地满足各项工作对资源的需求量，又使工期合理。

资源计划安排有两种情况：一种情况是网络计划需要的资源受到限制，如果不增加资源（例如劳动力）数量有时会使工期拖延，或者难以进行（如材料供应不及时）；另一种情况是在一定时间内如何合理地安排各项工作的持续时间，以使各项资源的消耗达到均衡，这样既有利于施工的组织与管理，又会取得良好的经济效果。资源优化就是通过改变工作的开始时间，使资源按时间的分布符合优化目标。

（1）资源优化中的几个术语解释。

1）资源强度。一项工作在单位时间内所需要的某种资源数量。工作 $i-j$ 的资源强度用 r_{i-j} 表示。

2）资源需用量。网络计划中各项工作在某一单位时间内所需某种资源数量之和。第 t 天资源需用量用 R_t 表示。

3）资源限量。单位时间内可供使用的某种资源的最大数量，用 R_a 表示。

（2）资源优化的种类。

1）工期固定—资源均衡的优化。在工期不变的条件下，使资源尽可能均衡的过程。

2）资源有限—工期最短的优化。在满足资源限制条件下，使工期拖延最少的过程。

（3）工期固定—资源均衡的优化原理。

网络计划工期固定—资源均衡的优化是在规定的工期内，资源可以保证的条件下，不仅使资源需要量曲线的"高峰"压低，而且还可以把资源需要量曲线"低谷"抬高，以解决资源的均衡问题。

资源需要量曲线表明了在计划期内资源强度的分布状态，而最理想的状态就是保持一条水平直线（即资源强度在整个计划期内为一常量），但在实际上这种理想状态是不可能存在的，资源强度总是在一个平均水平线的上下波动，波动越大说明资源需要量越不平衡，反之则越是均衡。

1）网络计划资源均衡的指标计算原理。

① 不均衡系数 K，K 值越小越均衡。

$$K = \frac{R_{\max}}{R_{\mathrm{m}}} \tag{3-69}$$

式中　$R_{\max}$——最大资源需用量，即计划期内 R_t 的最大值；

　　　R_{m}——资源需用量的平均值。

$$R_{\mathrm{m}} = \frac{1}{T_{\mathrm{p}}}(R_1 + R_2 + R_3 + \cdots + R_t + \cdots + R_{T_{\mathrm{p}}}) = \frac{1}{T_{\mathrm{p}}}\sum_{t=1}^{T_{\mathrm{p}}} R_t \tag{3-70}$$

式中　R_t——第 t 天资源需用量；

　　　T_{p}——计划工期。

② 极差值 ΔR，ΔR 越小越均衡。

$$\Delta R = \max_{t \in [0,\ T_{\mathrm{p}}]} \{|R_t - R_{\mathrm{m}}|\} \tag{3-71}$$

③ 均方差 σ，σ 越小越均衡。

$$\sigma^2 = \frac{1}{T_{\mathrm{p}}}\sum_{t=1}^{T_{\mathrm{p}}} (R_t - R_{\mathrm{m}})^2 \tag{3-72}$$

为使计算简便，式（3-72）可作如下变换：

$$\sigma^2 = \frac{1}{T_{\mathrm{p}}}\sum_{t=1}^{T_{\mathrm{p}}} (R_t - R_{\mathrm{m}})^2 = \frac{1}{T_{\mathrm{p}}}\sum_{t=1}^{T_{\mathrm{p}}} (R_t^2 - 2R_t R_{\mathrm{m}} + R_{\mathrm{m}}^2)$$

$$= \frac{1}{T_{\mathrm{p}}}\sum_{t=1}^{T_{\mathrm{p}}} R_t^2 - 2 \times \frac{1}{T_{\mathrm{p}}}\sum_{t=1}^{T_{\mathrm{p}}} R_t R_{\mathrm{m}} + \frac{1}{T_{\mathrm{p}}}\sum_{t=1}^{T_{\mathrm{p}}} R_{\mathrm{m}}^2$$

$$= \frac{1}{T_{\mathrm{p}}}\sum_{t=1}^{T_{\mathrm{p}}} R_t^2 - 2R_{\mathrm{m}}^2 + R_{\mathrm{m}}^2 = \frac{1}{T_{\mathrm{p}}}\sum_{t=1}^{T_{\mathrm{p}}} R_t^2 - R_{\mathrm{m}}^2 \tag{3-73}$$

由于 T_{p} 及 R_{m} 皆为常量，所以欲使 σ^2 最小，必须使 $\sum\limits_{t=1}^{T_{\mathrm{p}}} R_t^2$ 为最小，也即必须使

$$\sum_{t=1}^{T_{\mathrm{p}}} R_t^2 = R_1^2 + R_2^2 + R_3^2 + \cdots + R_t + \cdots + R_{T_{\mathrm{p}}}^2 \tag{3-74}$$

为最小。

2）工期固定—资源均衡优化方法之一。根据使均方差最小的原理，从终点节点开始自右向左在工作总时差范围内逐个调整非关键工作最早开始时间和最早完成时间。当节点前有多项工作时，先调整最早开始时间迟的工作。当所有非关键工作都按上述顺序右

移调整了一次之后，再按上述顺序进行多次调整，直至所有非关键工作既不能右移也不能左移为止。

工作可移性的判断：由于工期已固定不得变动，故关键工作是不能移动的，非关键工作是否可移动，主要是看移动后在资源曲线上是否有削低高峰值，填高了低谷值的结果，即是不是有削峰填谷的结果。一般可用下面两种方法去判断：

① 若工作向右移动一天，则在右移后该工作完成的那一天的资源需用量是否等于或小于右移前该工作开始的那一天的资源需用量，否则说明在削低了高峰值之后，又出现了新的高峰值。现用 k—l 表示被移动的工作，工作 k—l 的资源强度为 r_{k-l}，用 i、j 分别表示工作 k—l 未移动前开始和完成的一天，则

$$R_{j+1} + r_{k-l} \leqslant R_i \qquad (3-75)$$

是判断工作 k—l 可以右移一天的条件。

同理，若工作向左移动一天，必须满足下式的要求：

$$R_{i-1} + r_{k-l} \leqslant R_j \qquad (3-76)$$

② 若工作向右移一天不能满足上述条件，则要看右移数天能否使均方差 σ^2 减小，由于前述均方差值计算公式中 R_m 不变，未受移动影响的部分的 R_t 不变，故只比较受移动影响部分的 R_t 即可，即

$$[(R_i - r_{k-l})^2 + (R_{i+1} - r_{k-l})^2 + (R_{i+2} - r_{k-l})^2 + \cdots +$$
$$(R_{j+1} + r_{k-l})^2 + (R_{j+2} + r_{k-l})^2 + (R_{j+3} + r_{k-l})^2 + \cdots]$$
$$\leqslant [R_i^2 + R_{i+1}^2 + R_{i+2}^2 + \cdots + R_{j+1}^2 + R_{j+2}^2 + R_{j+3}^2 + \cdots] \qquad (3-77)$$

③ 根据使均方差值最小的优化原理，网络计划工期固定—资源均衡优化的具体步骤如下：

a. 根据满足工期规定条件的网络计划绘制相应于各工作最早时间的双代号时标网络计划，并据此绘制出资源需用量动态曲线，确定关键线路、关键工作及非关键工作的时差。

b. 关键线路上的工作不动，非关键工作按最早开始时间的后先顺序，自右向左进行调整，每次右移一天，使 $R_1^2 + R_2^2 + R_3^2 + \cdots + R_{T_p}^2$ 值减小为有效，在总时差的范围内右移，直至不能右移为止，每次右移一天不能奏效，可一次右移 2d，甚至 3d。

c. 在所有的非关键工作都按最早开始时间的后先顺序，自右向左进行了一次调整之后，为使方差进一步减小，可再按最早开始时间的后先顺序，自右向左进行第二次调整。循环反复，直至所有的非关键工作的位置都不能再移动为止（有时还可考虑工作的左移）。

3）工期固定——资源均衡优化方法之二。根据使极差值为最小的优化原理，网络计划资源均衡指标极差值 $\Delta R = \max\limits_{t \in [0, T_p]} \{|R_t - R_m|\}$，因为 R_m 为常数，因此欲使极差值最小，就要使 $\max R_t$ 为最小。根据这一原理，另一种网络计划工期固定—资源均衡优化的方法（又叫削高峰法）的步骤如下：

① 根据已给出的原始网络计划，绘制成按最早时间编制的时标网络计划及资源需要量动态曲线，确定关键工作及关键线路，确定各非关键工作的总时差。

② 确定资源削高峰目标，其值等于每"时间单位"资源需用量的最大值减一个单位量。

③ 找出高峰时段的最后时间 T_h 及有关工作的最早开始时间 ES_{i-j} 和工作总时差 TF_{i-j}。

④ 对超过资源削高峰目标的时间区段中每一项非关键工作是否能调整应根据其时间差值 ΔT_{i-j} 判断：

$$\Delta T_{i-j} = TF_{i-j} - (T_h - ES_{i-j}) \geqslant 0 \tag{3-78}$$

若某工作的上列不等式成立，则该工作可右移至资源高峰之后，即移动 $(T_h - ES_{i-j})$ 时间单位，以削去高峰。若某工作的不等式不成立，则该工作不能右移，当需要调整的时段中，不止一项工作使不等式成立时，应按时间差值大小的顺序，最大值者先移动，如果时间差值相同，则资源数量小的工作先移动。

⑤ 画出移动后的时标网络计划，并计算出每日的资源数量，再确定新的资源削高峰目标，重复②～④步骤。

如此按每次削资源高峰一个资源单位，进行逐轮调整，直至资源高峰不能再减少时，即得到优化方案。

(4) 资源有限—工期最短的优化原理。这里只介绍资源强度固定—工期最短的优化，也即在满足资源限制的条件下，移动某些工作（关键工作或非关键工作），使工期拖延的时间为最小的过程。

1) 资源有限—工期最短的优化方法。资源有限工期最短的优化，应逐时间单位地作资源需用量检查，当出现第 t 个"时间单位"资源需用量 R_t 大于资源限量 R_a 时，应立即进行调整。当资源有冲突段只有两项工作时，应比较该二项工作谁移至谁的后面造成的工期延长为最小。如果资源有冲突时段有多项工作，则应两两工作作排序组合，从中选择造成工期延长最小的组合，将该组合的两项工作的一项工作右移到另一项工作之后进行。实际上这种排序和选择就是要把工作中最迟开始时间最大值的工作右移至最早完成时间最小值的工作之后进行，而不论它们是否是关键工作。如果最迟开始时间和最早完成时间属于同一项工作，则应找出最早完成时间为次小，最迟开始时间为次大的工作，分别组成两个顺序方案，再从中选取较小者进行调整。

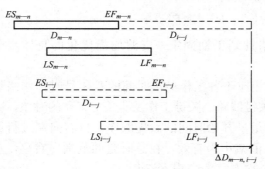

图 3-82　$\Delta D_{m-n,i-j}$ 公式推导图

一项工作 $i-j$ 右移至另一项工作 $m-n$ 之后，工期延长时间 $\Delta D_{m-n,i-j}$ 的计算公式，可按图 3-82 推导：

$$\begin{aligned}
\Delta D_{m-n,\,i-j} &= EF_{m-n} + D_{i-j} - LF_{i-j} \\
&= EF_{m-n} - (LF_{i-j} - D_{i-j}) \\
&= EF_{m-n} - LS_{i-j}
\end{aligned} \tag{3-79}$$

而

$$LS_{i-j} = ES_{i-j} + TF_{i-f}$$

所以又有

$$\Delta D_{m-n,\,i-j} = EF_{m-n} - ES_{i-j} - TF_{i-j} \tag{3-80}$$

从计算出的各 $\Delta D_{m-n,i-j}$ 值中选择工期延长时间最小的工作排序组合。

2) 资源有限—工期最短的优化步骤。该问题的优化步骤如下：

① 计算网络计划每时间单位的资源需用量。

② 从网络计划开始之日起,逐步检查每个"时间单位"资源需用量 R_t 是否超过资源限量 R_a,如果在整个工期内每个"时间单位"均能满足资源限量的要求,可行优化方案就编制完成,否则必须进行调整。

③ 分析超过资源限量的时段,计算各工作排序组合的工期延长时间,选择工期延长时间最小值的排序组合,确定新的接排顺序。

④ 绘制调整后的网络计划;重复上述步骤直到满足要求。

4. 工期—成本优化原理

(1) 工程成本与工期的关系。

工程成本由直接成本与间接成本组成。直接成本由人工费、材料费、机械费和其他直接费组成。施工方案不同,直接成本也就不相同;施工方案一定,如工期不同,直接成本也就不同。间接成本一般也会随着工期的增加而增加。考虑工程总成本时,还应考虑拖期要接受罚款,提前竣工会得到奖励及提前投产而得到收益。工期与成本的关系曲线可用图 3-83 表示。

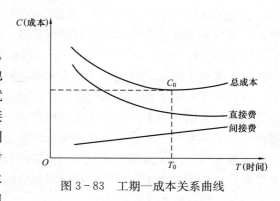

图 3-83 工期—成本关系曲线

工期—成本优化的目的是求出与最低工程总成本 C_0 相对应的工程工期 T_0 或求出在规定工期条件下工程最低成本。网络计划中工期的长短取决于关键线路的持续时间。关键线路由关键工作组成。为了达到工期—成本优化的目的,必须分析网络计划中工作的持续时间和成本(主要是直接成本)之间的关系。

(2) 工作持续时间和直接成本的关系。工作持续时间和费用的关系有以下几种类型。

1) 连续直线型,如图 3-84 (a) 所示,即 A 点时间为 t_1,成本为 C_A;在 B 点时间为 t_2,成本为 C_B;A、B 间各点的时间费用关系点在 A、B 的连线上。就整个工程讲,可以认为直线型关系有普遍意义,而且会给优化工作带来方便。

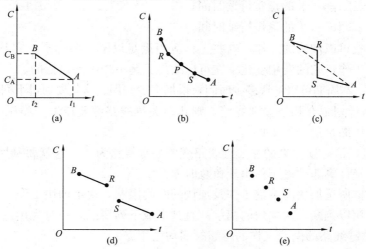

图 3-84 工作的时间—费用关系类型

(a) 连续直线型;(b) 折线型;(c) 突变型;(d) 断裂型;(e) 离散型

2）折线型，如图 3-84（b）所示，表示不同时间的费用变化率是不同的。对一项表示小型工程的网络计划来讲，这种线型有实际应用意义，且比较准确。

3）突变型，如图 3-84（c）所示。AS 段代表一种方案费用和时间的关系；SR 段表示变换了另一种施工方法后，费用增加但持续时间不变；RB 段表示另一种施工方案增加资源而引起的时间缩短与费用增加的关系。在优化时，可用 AB 线表示这种关系的近似值。

4）断裂型，如图 3-84（d）所示。它表示时间和费用的关系不是连续型的，BR 和 SA 分别代表两种不同施工方案的时间费用关系。这种情况多属不同的机械施工方案。

5）离散型，如图 3-84（e）所示。这也多属机械施工方案，各方案之间无任何关系，工作也不能逐天缩短，只能在几个方案中选择。

所以在工程的工期—成本优化中，一般选择工作的直线型关系进行研究。

工程的工期—成本优化的基本思想就在于，不断从这些工作的时间和成本关系中，找出能使计划工期缩短而又能使得直接成本增额最少的工作，缩短其持续时间，然后考虑间接成本随工期缩短而减少的情况。把不同工期的直接成本和间接成本分别叠加，即可求出工程成本最低时相应的最优工期或工期指定时相应的最低工程成本。

（3）工期—成本优化的步骤。

第一步，绘制正常时间下的网络计划。

第二步，求出网络计划中各项工作采取可行的方案后可加快的时间。

第三步，求出正常工作时间和加快工作时间下工作的直接费，并用下式求出费用率：

$$\Delta C_{i-j} = \frac{CC_{i-j} - CN_{i-j}}{DN_{i-j} - DC_{i-j}} \tag{3-81}$$

式中　ΔC_{i-j}——工作 $i-j$ 费用率；

CC_{i-j}——将工作 $i-j$ 持续时间缩短为最短持续时间完成该工作所需直接费用；

CN_{i-j}——在正常条件下完成工作 $i-j$ 所需直接费用；

DN_{i-j}——工作 $i-j$ 的正常持续时间；

DC_{i-j}——工作 $i-j$ 的最短持续时间。

第四步，寻找可以加快的工作。这些工作应当满足以下三项标准：它是一项关键工作；它是可以压缩的工作；它的费用变化率在可压缩的关键工作中是最低的。

第五步，确定本周期可以加快多少时间，增加多少费用。这就要通过下列标准进行决策：

1）如果网络计划中有几条关键线路，则几条关键线路都要压缩，而压缩的时间应是各条关键线路中可压缩量最少的工作。

2）每次压缩以恰好使原来的非关键线路变成关键线路为质。这就要利用总时差值判断，即不要在压缩后经计算非关键工作出现负总时差。

第六步，根据所选加快的关键工作及加快的时间限制，逐个加快工作，每加快一次都要重新计算参数，用以判断下次加快的幅度。直到形成下列情况之一时为止：

1）有一条关键线路的全部工作的可缩时间均已用完。

2）为加快工程施工进度所引起的费用增加数值，开始超过因提前完工而预计节约的单位时间的间接费及可获得的利益。

第七步，求出优化后的总工期和总成本，绘制工期—成本优化后的网络计划，付诸实施。

（4）工期—成本优化举例。

【例 3-23】　图 3-85 是某工程的网络计划及其正常作业时间的算例。表 3-19 是它的原始资料，经计算得出了第 9 列中的赶工费率。表 3-20 是个压缩工作计算表，请对该网络计划的工期进行压缩。

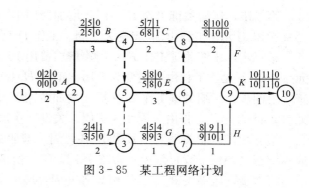

图 3-85　某工程网络计划

表 3-19　　　　　　　　　　　　　　　　　**赶 工 费 率 计 算 表**

工作代号	工作名称	正常持续时间/周	正常直接成本/万元	最短作业时间/周	临界直接成本/万元	时间差值/周	直接成本差额/万元	赶工费率/（万元/周）
（1）	（2）	（3）	（4）	（5）	（6）	（7）	（8）	（9）=（8）/（7）
1-2	A	2	200	1	218	1	18	18
2-4	B	3	280	1	304	2	24	12
4-8	C	2	180	1	198	1	18	18
2-3	D	2	210	1	225	1	15	15
5-6	E	3	300	1	320	2	20	10
8-9	F	2	260	1	275	1	15	15
3-7	G	1	140	1	140	0	0	—
7-9	H	1	230	1	230	0	0	—
9-10	K	1	190	1	190	0	0	—
总计			1990	1	2100			

表 3-20　　　　　　　　　　　　　　　　　**压 缩 工 作 计 算 表**

调整次数	压缩工作名称	压缩时间/周	赶工费率/（万元/周）	直接成本增加额/万元	工程直接成本/万元	工程计算工期/周
（1）	（2）	（3）	（4）	（5）	（6）	（7）
0					1990	11
1	E	1	10	10	2000	10
2	B	1	12	12	2012	9
3	F	1	15	15	2027	8
4	A	1	18	18	2045	7
5	B、D	1	27	27	2072	6
6	C、E	1	28	28	2100	5

【解】　第一步，压缩关键工作 E 一周，增加费用 10 万元，工程直接成本增至（1990+10）万元=2000 万元，工程由 11 周变为 10 周。工作 C 变成了关键工作。

第二步，压缩关键工作 B 一周，增加费用 12 万元，工程直接成本增至（2000＋12）万元＝2012 万元，工程由 10 周变为 9 周。工作 D 变成了关键工作。

第三步，压缩关键工作 F 一周，增加费用 15 万元，工程直接成本增至（2012＋15）万元＝2027 万元，工程由 9 周变为 8 周。工作 H 变成了关键工作。

第四步，压缩关键工作 A 一周，增加费用 18 万元，工程直接成本增至（2027＋18）万元＝2045 万元，工程由 8 周变为 7 周。关键工作没有增加。

第五步，压缩关键工作 B 和 D 各一周，增加费用（12＋15）万元＝27 万元，工程直接成本增至（2045＋27）万元＝2072 万元，工程由 7 周变为 6 周。关键工作没有增加。

第六步，压缩关键工作 C 和 E 各一周，增加费用（18＋10）万元＝28 万元，工程直接成本增至（2072＋28）万元＝2100 万元，工程由 6 周变为 5 周。工作 G 变成了关键工作。

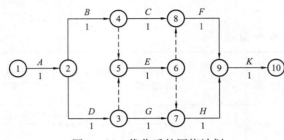

图 3－86　优化后的网络计划

至此，各条线路均变成了关键线路，各项工作的压缩潜力已经用完，故压缩停止。图 3－86 是压缩完成后的网络计划。

假如每周间接成本 16 万元，则该网络计划的总成本见表 3－21。

表 3－21　总成本表

计算工期/周	5	6	7	8	9	10	11
直接成本/万元	2100	2072	2045	2027	2012	2000	1990
间接成本/万元	80	96	112	128	144	160	176
总成本/万元	2180	2168	2157	2155	2156	2160	2166

从表 3－21 中可见，计算工期为 8 周时总成本最低。

将优化过程所得的各项费用绘成工期—成本曲线，如图 3－87 所示。

从正常施工工期加快到最短工期，平均加快一周增加直接成本为 [（2100－1990）/（11－5）] 万元＝18.33 万元

由于每缩短一周减少间接成本 16 万元，故实际上每缩短一周增加成本为 2.33 万元。

3.5.3　单体工程施工网络计划

1. 单体工程施工网络计划的概念

单体工程是指一个独立的建筑物或构筑物，一般说来，一个单体工程就是一个单项工程，它具有独立的设计文件，竣工后可以独立发挥设计所规定的效益。有时

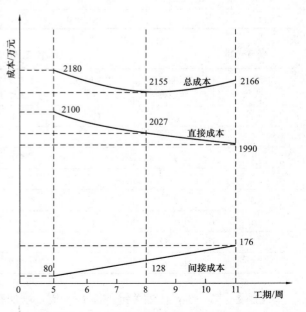

图 3－87　优化后的工期—成本曲线

一个单体工程包含着不同性质的工程内容，则可根据能否独立施工的要求，划分为若干个单位工程。一座工厂，一个建筑群，都是由许多单体工程所组成的。

因此，单体工程施工网络计划，就应该是以单体工程为对象而编制的，能够在从开工到竣工投产的整个施工过程中指导施工的网络计划。

单体工程施工网络计划的应用是非常普遍的。凡应用网络计划组织施工的工程，都必须编制单体工程施工网络计划，这是因为单体工程是各种工程的组成实体。一个建筑群、一座工厂、一所学校、一栋住宅、一个车间、一条道路、一座水坝、一个广场等，无不包含着若干个（或本身就是一个）单体工程。有时我们可能要编制分部工程的施工网络计划。但它是在单体工程施工网络计划的控制下，作为单体工程整体的一个组成部分而存在的。月度、季度及年度的施工网络计划，都必须反映单体工程计划并以它为基础进行编制。

小的单体工程施工网络计划，即可作为一个具体指导施工的网络计划；较大的单体工程，往往先编制带控制性的网络计划，并在它的控制下编制单位工程或分部工程的网络计划以具体指导施工。无论在哪种情况下，单体工程施工网络计划都必须具有作业性。不能仅编制纯控制性的单体工程施工网络计划，而使施工缺乏具体的指导。所谓作业性，即是要求能够用以指导施工队组进行作业，在组织关系和工艺关系上都要有明确的反映。所以单体工程施工网络计划又是一种作业性的网络计划。

单体工程施工网络计划应作为单体工程施工组织设计或施工项目管理规划的一个组成部分，离开施工组织设计去编制单体工程施工网络计划将使计划缺乏根据而失去指导施工的作用。当然，单体工程施工网络计划也可以对施工方案、施工总平面图设计、资源计划的编制起反馈作用，能为设计提供必要的信息。因此，在编制施工组织设计时很好地利用网络计划，是改进施工组织设计，提高施工组织设计水平的一种重要途径。

2. 单体工程施工网络计划的两种逻辑关系

网络计划的逻辑关系，即是网络计划中所表示的各工作在进行施工时客观上存在的先后顺序关系。这种关系可归纳为两大类：一类是工艺上的关系，称作工艺关系；另一类是组织上的关系。因此，我们在编制网络计划时，只要把握住这两种逻辑关系，在网络计划上予以恰当的表达，就可以编制出正确实用的网络计划。

（1）工艺关系。工艺关系是由施工工艺所决定的各工作之间的先后顺序关系。这种关系，是受客观规律支配的，一般是不可改变的。一个单体工程，当它的施工方法被确定之后，工艺关系也就随之被确定下来。如果违背这种关系，将不可能进行施工，或会造成质量、安全事故，导致返工和浪费。

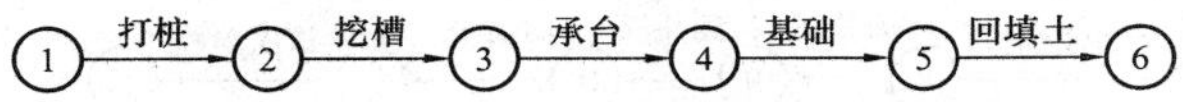

工艺关系的客观性可以用图 3 - 88 所示的工程为例来说明。图 3 - 88 所示是某基础工程网络计划。其中五道工序的先后关系纯粹是由工艺要求决定的。

图 3 - 88　某基础工程工艺关系示例

很明显，这种顺序是绝对不能改变的。例如，如果不做完基础，填土工序就不能进行。

从工艺关系的角度讲，有时会发生技术间歇，如干燥、养护等，它们也要占用时间，实际上也是施工过程中必不可少的一个"工序"，在网络图上必须表达清楚。否则，按照习惯看似乎没有问题，但是在逻辑关系上则是错误的，用以指导施工则会导致失误。

　　工艺关系虽是客观的，但也是有条件的，条件不同，工艺关系也不会一样，所以，不能将一种工艺关系套在工程性质、施工方法不相同的另一种工程上。例如图 3-88 所示的基础工程，如果有地下室并要求打桩，那么在打桩之前就需要增加一个挖土方工序，而回填土也需待做完地下室防潮工程以后才能进行，其结果如图 3-89 所示。

$$①\xrightarrow{挖土方}②\xrightarrow{打桩}③\xrightarrow{挖槽}④\xrightarrow{承台}⑤\xrightarrow{基础}⑥\xrightarrow{地下室}⑦\xrightarrow{防潮}⑧\xrightarrow{回填土}⑨$$

图 3-89　有地下室的基础工程工艺关系示例

　　（2）组织关系。组织关系是在施工过程中，由于劳动力、机械、材料和构件等资源的组织与安排需要而形成的各工序之间的先后顺序关系。这种关系不是由工程本身决定的，而是人为的。组织方式不同，组织关系也就不同，所以它不是一成不变的。但是，不同的组织安排往往产生不同的经济效果。所以组织关系不但可以调整，而且应该优化，这是由组织管理水平决定的，应该按组织规律办事。

　　图 3-90 所示是在一个工程上砌砖的先后顺序。

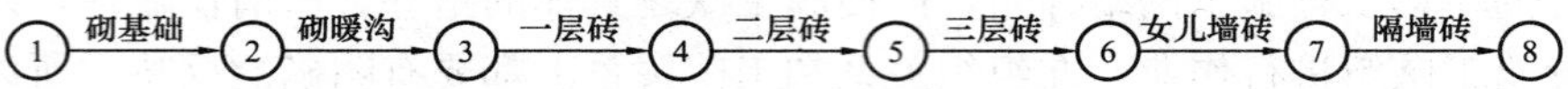

$$①\xrightarrow{砌基础}②\xrightarrow{砌暖沟}③\xrightarrow{一层砖}④\xrightarrow{二层砖}⑤\xrightarrow{三层砖}⑥\xrightarrow{女儿墙砖}⑦\xrightarrow{隔墙砖}⑧$$

图 3-90　砌砖工程组织关系示例

　　严格地说，砌暖沟与砌基础，女儿墙砖与隔墙砖等都不是非要这样安排不可的，是可以按另外的顺序安排的；一层砖与二层砖，二层砖与三层砖之间本来还有其他工序，但是在一个单体工程中，却往往把它们联系到一起了。这是为了表示瓦工的流水而人为地安排的。在单体工程的网络计划中必须表示出主要工种的流水施工或转移顺序。

　　综上所述，一个单体工程的两种逻辑关系虽同时出现，但性质完全不同，可以分别进行安排。于是就出现了工艺网络图和组织网络图。将两种网络图合并在一起才可以构成单体工程的施工网络图。图 3-92 所示的某下水管道工程施工网络图，就是由图 3-91（a）所示的工艺网络图和图 3-91（b）所示的组织网络图合并而成的。

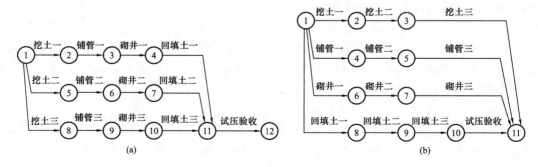

图 3-91　某下水管道工程施工网络图
（a）工艺网络图；（b）组织网络图

　　需要指出的是，在单代号网络计划中可以用箭线很明确地表示出两种逻辑关系，而在双代号网络计划中，前面工序两种联系的表达就显得比较复杂。将图 3-92（a）与（b）比较一下就可以明确这一点。

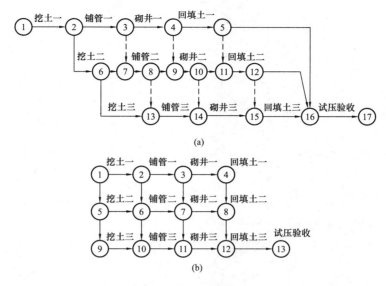

图 3-92　某下水管道工程施工网络图
(a) 双代号网络图；(b) 单代号网络图

（3）正确理解单体工程网络计划逻辑关系的意义。

1）在编制网络计划前，可以将各工序之间的关系全部分析清楚而明确相互之间的逻辑关系。

2）编制网络计划图可以按照已确定的逻辑关系将全部工序表达清楚，不致发生遗漏或混乱。

3）当情况发生变化而需对网络计划进行调整时，一般变化了的是组织关系，而工艺关系一般不会变动，因而只要调整组织关系就可以了。如果施工方案或工艺关系或工程本身发生了重大变化，此时对网络计划就不能只作简单调整，而是要重新进行编制了。

3. 单体工程施工网络计划编制示例

图 3-93 是某单层厂房的工程施工网络计划。

3.5.4　群体工程施工网络计划

1. 群体工程施工的特点

无论是工业建设项目还是民用建筑项目，以群体为多，群体工程在施工时，组织管理工作是相当复杂的，必须根据其特点，做好施工组织总设计，编制好进度计划，以控制施工进度。群体工程施工有以下特点：

（1）群体工程项目多。顾名思义，群体工程项目多，无论是大的居住小区还是大的工厂，或者是某项基础设施工程，项目之多往往以几十计。这些项目组成一个整体，而又有系统性。一个建设项目是一个大系统，一个单项工程是一个小系统，单位工程是一个更小的系统。因此，施工时就要有系统的进度目标，进行目标分解，以分目标的完成保证整体目标的实现。

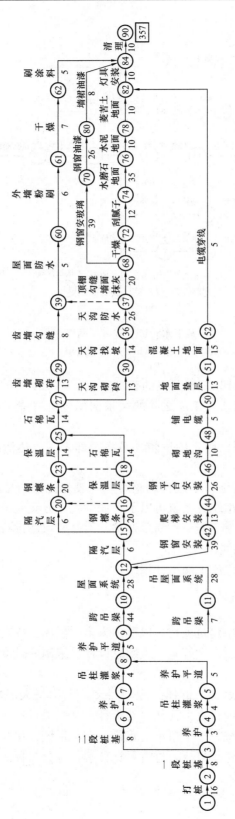

图 3 - 93　某单层厂房工程施工网络计划

（2）群体工程施工周期长。群体工程由于项目多，工程量大，施工周期必然长，少则几年，多则十几年。周期长使不可预见因素多，风险因素也多。因此其进度计划就必须在进行科学预测后编制，加强其控制性。同时要分期、分批施工，配套交付使用。要搞好大统筹，提高整体效率。

（3）群体工程施工单位多，专业配合复杂。群体工程施工，往往有总承包单位，又有许多分包单位，分包单位也可能再进行部分发包，这就形成了多单位、多专业、多工种的协作施工局面。施工进度计划必须统筹安排这些施工单位的工作，协调彼此的工作内容和进度，防止相互干扰。网络计划技术对解决这项难题具有特殊的效能。例如，利用网络计划把各参加施工的单位的工作先后顺序、搭接时间安排好，利用网络计划抓关键工作，解决主要矛盾等，效果是非常显著的，这已经被大量的施工实践证明了。

2. 群体工程施工网络计划的编制原则

（1）使群体工程施工优化。群体工程施工，必须从整体出发，进行全面分析，统筹安排，做到群体工程施工优化。有些安排在局部是合理的，但从整体上看就不一定合理，因此编制进度计划就必须先总体计划后局部计划，以局部计划保总体优化目标的实现。

（2）组织群体工程流水施工。编制群体施工网络计划，必须以流水施工为前提，即保证施工队伍或施工设备工作的连续性和施工时资源需要量的均衡性。群体工程施工的组织关系重于工艺关系，其优化的潜力很大，组织流水施工本身就是一种优化组织。

（3）使网络计划系统化。群体工程施工，既要编制总体网络计划，又要编制局部网络计划，甚至要编制细部网络计划。要使这些网络计划成为一个网络计划系统，在总体网络计划的基础上编制局部网络计划。在局部网络计划的基础上编制细部网络计划；又以细部的保局部的，以局部的保全局的。这正是分级网络（或称多级网络）的编制原则。

（4）编制资源供应网络计划，确保施工网络计划的实现。资源供应网络计划从广义上说包括材料、设备、图纸、构件等网络计划。没有资源的计划供应，就不会有施工计划的顺利实现。

（5）网络计划要简明，尽量不编制过分庞大的网络计划。过分庞大的网络计划不利于识图，也不利于施工时使用，必须采用分割编制或先粗后细的编制方法。

3. 群体工程施工网络计划的编制方法

群体工程网络计划的编制必须采用分级编制的方法。

（1）分级的含义是根据计划内容的多少、时间的长短或作业性的强弱（或控制性的强弱）分别编制计划，然后把它们组合成相互关联的"级"。

（2）分级的多少，应视工程的规模、复杂程度和施工组织管理的需要，进行认真设计，可以是二级、三级，必要时也可分四级、五级。

（3）进行分级编制应与科学编码相结合，以利于用计算机绘图、计算和管理。

4. 群体住宅工程施工网络计划的编制实例

（1）工程概况。某住宅小区总建筑面积为 207 846m²，共有 65 幢单体建筑，其中 55 幢住宅，10 幢公共建筑，55 幢住宅中有 50 幢 5～6 层住宅和 5 幢高层住宅，高层住宅中 2 幢 14 层，3 幢 24 层，10 幢公建；此外还有小区道路、上水、下水、煤气等设施，如图 3 - 94 所示。

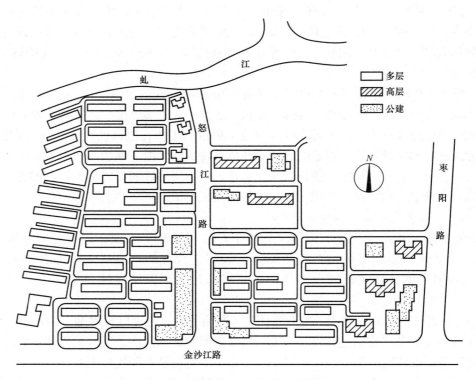

图 3-94 某住宅小区布置图

5～6 层住宅均系内浇外砌和内浇外挂。标准单元，可灵活组并。5 幢高层均为剪力墙结构，其中 2 幢为 14 层外挂内浇剪力墙结构，3 幢为 24 层全现浇剪力墙结构，10 幢公建，除商店 1 幢为长柱无牛腿多层装配外，均系混合结构。

要求小区建设达到下述目标：①提高小区使用功能和小区配套使用能力；②合理使用主辅机械和模具，提高小区施工机械化水平；③均衡连续有节奏地组织施工，缩短施工周期；④提高综合经济效益，降低施工总成本。

（2）施工方案选择。

1）划分流水大区的主要原则。

① 各流水大区工程量基本接近，用就近公建作为平衡区。

② 施工主辅机械、模具在流水大区内要有通用性。

③ 各综合分部（或综合工序）专业施工队应能连续、均衡施工。

④ 考虑分期分批交付投产使用的可能性。

2）住宅流水大区的组成。根据设计图纸到达的先后次序，并按其共用模具、共用主辅机械、共用专用劳动组织、现场可能开工条件的先后次序、工程量平衡等因素，结合小区总体规划布局，组成了五个大流水区。

这些流水大区具有如下特点：

① 各流水大区内的住宅均是同类结构体系的定型设计。

② 每个单幢住宅的施工工艺程序完全相同。

③ 使用同一种模具。

④ 选用的主辅机械、模具在整个流水大区施工过程中相对不变，并能连续地施工到流水区全部竣工。

3）流水方向选择的原则。

① 较快地分期分批形成居住能力，按同一流水方向能依次配套竣工，依次交付使用。

② 新施工流水区不交叉在已竣住宅区域中，保证已竣工的住宅区整洁、安静，以利居民使用。

③ 流水方向始点的选择，根据设计图纸到达的时间、现场拆迁的可能、市政设施条件等综合考虑，并有利于主辅机械、模具早进场就位。

④ 有利于施工场地的合理使用和分配。

4）小区的流水方向。小区分 5 个流水大区，23 个流水小区。总的施工流水方向是各类资源供应流水方向以及各类专业劳动组织的流水方向。

5 个流水大区的组成见表 3 - 22。5 个流水大区的流水方式如图 3 - 95 及图 3 - 96 所示。

表 3 - 22　　　　　　　　　　　流 水 大 区 组 成 表

流水大区	幢　数	结构体系	面　　积/m²
第一流水大区	19	外挂内浇（多层）	53 295
第二流水大区	17	外挂内浇（多层）	29 462
第三流水大区	14	外砌内浇（多层）	39 983
第四流水大区	2	外挂内浇剪力墙（高层）	20 988
第五流水大区	3	全现浇剪力墙（高层）	38 530
总计	55		182 258

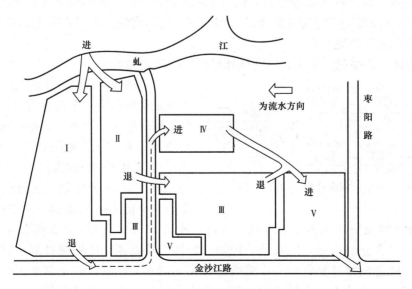

图 3 - 95　流水大区示意图

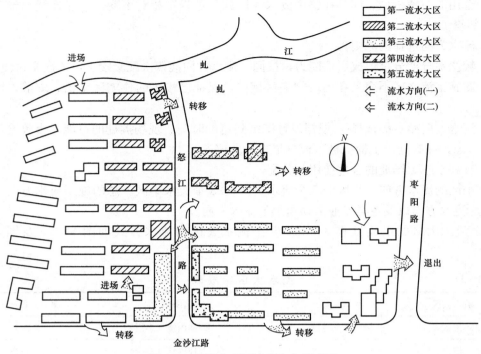

图 3-96　流水大区流水方向示意图

5) 施工机械、模具的配置。施工主辅机械、模具按流水大区,每个流水大区又要按基础、结构、装饰三个综合分部实际需要量配置。在主辅机械和模具选型上,要尽可能考虑从一个流水大区转入另一个流水大区时施工机械和模具有连续使用的可能性。

6) 劳动组织。每个流水大区均按基础、结构、装饰三个综合分部工程,分别组建三支综合分部工程施工队,每支综合分部工程施工队根据每个流水区的流水方式和现存的工作面数,再组成 2~3 支综合工序专业施工队。如三幢住宅结构的流水,实际上只有 3 个工作面,只能组成 3 支综合工序施工队。

(3) 网络计划的编制。本工程的网络计划是按四级编制的。

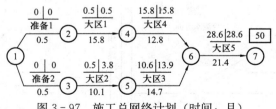

图 3-97　施工总网络计划(时间:月)

1) 一级网络计划。整个住宅小区 65 幢单体工程组合成 5 个流水大区,由两支施工队伍同时进入小区施工,最后两支施工队伍汇合到 3 幢 24 层高层住宅(第 5 流水大区)。其总网络计划如图 3-97 所示。

2) 二级网络计划。二级网络计划主要表示 5 个流水大区主体工程的施工总网络图。每个流水大区又分解为若干个流水区。每一组流水区又包括 2~3 幢住宅。每个流水区分解成 3 个综合分部工程,即基础、结构、装饰。这就是二级网络计划。每一张二级网络计划就是一级总网络计划中的一个箭线。如第 3 流水大区共有 5 个流水区,其中 4 个流水区为幢三流,一个流水区为幢二流。第 3 流水大区的流水示意图如图 3-98 所示。第 3 流水大区施工总网络图如图 3-99 所示。

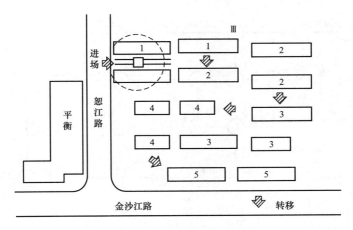

图 3 - 98　第 3 流水大区的流水示意图

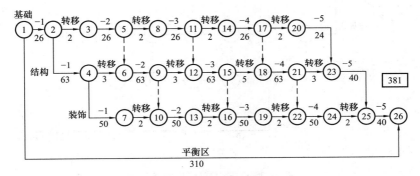

图 3 - 99　第 3 流水大区施工总网络计划

3）三级网络计划。三级网络图是二级网络图箭线的进一步分解，即每个流水大区的施工总网络图中的每根箭线均应分解成一张三级网络图。三级网络是流水区内施工应遵循的综合分部工程（基础、结构、装饰）的逻辑关系。

4）四级网络计划。四级网络计划是三级网络计划中箭线的分解。每张三级网络计划中每条箭线均可分解为一张四级网络图。主要表示工序的工艺关系。

3.5.5　建设工程网络计划技术应用实例

【例 3 - 24】　某单体工程共四层，装修工程分为准备、抹灰、木装修、油漆四个队，各队在每层的持续时间分别为 2d、6d、8d、10d，要求：

（1）编制按层排列和按工种排列的双代号网络计划；在图上用粗线标注关键线路，标出计算工期。

（2）编制按层排列和按工种排列的单代号网络计划，在图上用粗线标注关键线路，标出计算工期。

【解】

（1）双代号网络计划如图 3 - 100（a）、（b）所示。

（2）单代号网络计划如图 3 - 101 和图 3 - 102 所示。

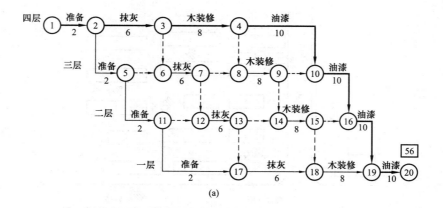

(a)

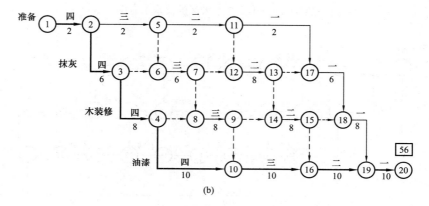

(b)

图 3 - 100　施工双代号网络计划

（a）按层排列装修工程施工双代号网络计划；（b）按工种排列装修工程施工双代号网络计划

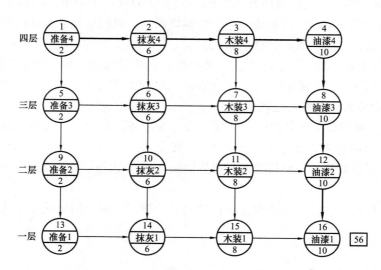

图 3 - 101　施工单代号网络计划（一）

按层排列装修工程施工单代号网络计划

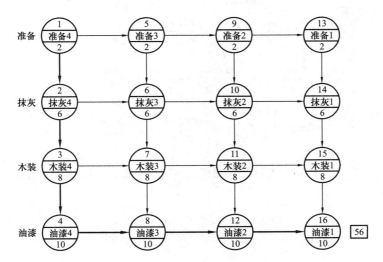

图 3 - 102　施工单代号网络计划（二）

按工种排列装修工程施工单代号网络计划

【例 3 - 25】　某大型工程施工划分为甲、乙、丙、丁 4 个流水段，组织一个基础专业队，一个结构专业队，流水顺序是甲—乙—丙—丁；组织 A、B 两个装修队，A 装修队负责甲段和丙段，B 装修队负责乙段和丁段；每段的持续时间是：基础 30d，结构 25d，装修 40d。要求：

（1）按专业队排列和按段排列编制双代号网络计划；在图上用粗实线标注关键线路，标出计算工期。

（2）按专业队排列和按段排列编制单代号网络计划；在图上用粗实线标注关键线路，标出计算工期。

【解】

（1）双代号网络计划如图 3 - 103 和图 3 - 104 所示。

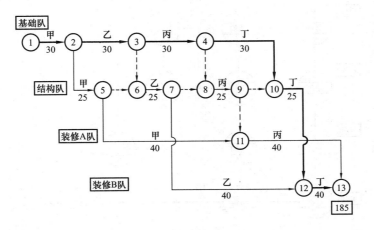

图 3 - 103　双代号网络计划（一）

工程施工按专业队排列的双代号网络计划

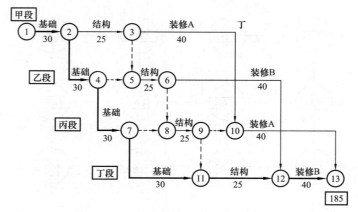

图 3-104　双代号网络计划（二）

工程施工按施工段排列的双代号网络计划

（2）单代号网络计划如图 3-105 所示。

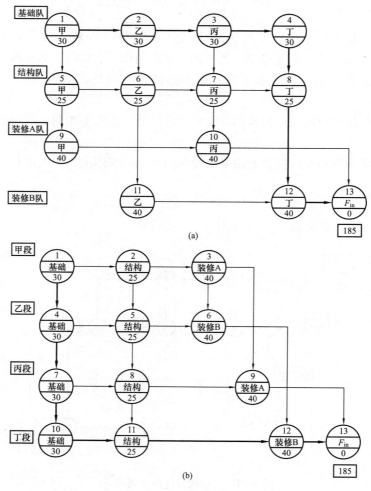

(a)

(b)

图 3-105　单代号网络

（a）工程施工按专业队排列的单代号网络计划；（b）工程施工按施工段排列的单代号网络计划

【例3-26】　某住宅小区有甲、乙、丙、丁四栋宿舍楼工程，按每栋作为一段组织流水施工。每栋楼分为基础、结构、装修三大分部工程，其持续时间和专业队数见表3-23，要求按专业队排列绘制双代号网络计划，用粗线标明关键线路，确定计划工期；按栋号排列绘制单代号网络计划，用粗线标明关键线路，确定计划工期。

表3-23　　　　　　　　　　　　　　　　　组　织　安　排

序　号	分部工程	持续时间/周	专业队数
1	基础工程	6	1
2	结构工程	12	2
3	装修工程	12	2

【解】　本工程为一组群体工程，可分为两级网络计划安排施工：一级计划安排整个群体工程施工，二级计划安排单栋工程施工。根据所给条件，本题编制一级网络计划。决定：安排结构1队负责甲、丙楼的结构施工，结构2队负责乙、丁楼的结构施工；安排装修1队负责甲、丙楼的装修施工，装修2队负责乙、丁楼的装修施工。

（1）编制的按专业队排列的一级双代号网络计划如图3-106所示。

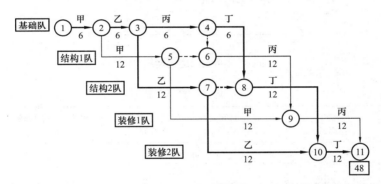

图3-106　群体工程按专业队排列的一级双代号网络计划

（2）编制的按栋号排列的一级单代号网络计划如图3-107所示。

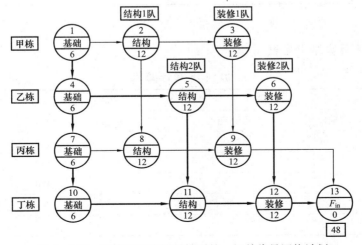

图3-107　群体工程按栋号排列的一级单代号网络计划

【例3-27】 请根据表3-24完成下列练习：

（1）求出加快费率。

（2）对图3-108进行时间参数计算。

（3）用表3-25的形式求出增加费用最少的优化工期。

（4）绘制工期优化后的网络计划。

表3-24 工 期 优 化 原 始 信 息

工 序	正 常		最 快		加快费率 /(万元/d)
	时间/d	费用/万元	时间/d	费用/万元	
A	4	40	2	100	
B	6	60	4	140	
C	8	50	3	120	
D	7	60	5	90	

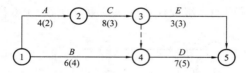

图3-108 待优化网络计划

表3-25 优 化 计 算 表 式

调整步骤	压缩工作名称	压缩时间 /d	赶工费率 /(万元/d)	直接成本增加额 /万元	计算工期/d
优化结果					

【解】

（1）加快费率计算结果见表3-26。

表3-26 加 快 费 率 计 算 表

工 序	正 常		最 快		加快费率 /(万元/d)
	时间/d	费用/万元	时间/d	费用/万元	
A	4	40	2	100	30
B	6	60	4	140	40
C	8	50	3	120	14
D	7	60	5	90	15
E	3	20	3	20	—

（2）图 3-108 的计算结果如图 3-109 所示。

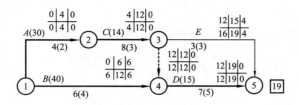

图 3-109　网络计划实践参数计算

（3）工期优化步骤如下：

第一步，缩短 C 工作 5d，增加费用 14×5 万元＝70 万元，工期变为（19－5)d＝14d

第二步，缩短 D 工作 2d，增加费用 15×2 万元＝30 万元，工期变为（14－2)d＝12d

第三步，缩短 A 工作 1d，增加费用 30×1 万元＝30 万元，工期变为（12－1)d＝11d，工作 B 成为关键工作。

第四步，缩短 A 工作和 B 各 1d，增加费用（30＋40)×1 万元＝70 万元，工期变为（11－1)d＝10d。

至此，工作 A、C、D 均为最短持续时间，工作 B 虽有 1d 可缩短，但因为与其平行的工作不能缩短，故没有利用的价值。

将上述步骤的计算结果列于表 3-27。

表 3-27　　　　　　　　　　　　优　化　计　算　表

调整步骤	压缩工作名称	压缩时间/d	赶工费率/(万元/d)	直接成本增加额/万元	计算工期/d
第一步	C	5	14	14×5＝70	19－5＝14
第二步	D	2	15	15×2＝30	14－2＝12
第三步	A	1	30	30×1＝30	12－1＝11
第四步	A、B	1	30＋40＝70	70×1＝70	11－1＝10
优化结果				200	10

（4）工期优化后的网络计划如图 3-110 所示。

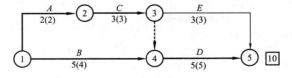

图 3-110　工期优化网络计划

【例 3-28】　根据缩短工期优选系数大小，对网络计划图 3-111 进行工期优化，得出最短工期，并绘制优化后的网络计划。

【解】

（1）用节点计算法计算工期，如图 3-112 所示。

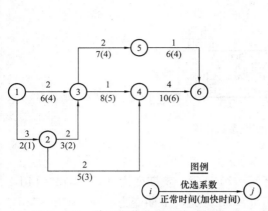

图 3-111 待工期优化的网络计划模型

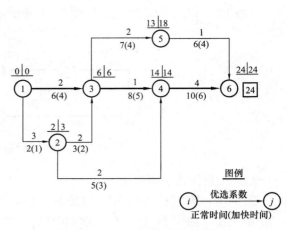

图 3-112 用节点计算法计算工期

(2) 优化步骤如下：

第一步，选择优选系数最小的关键工作 3-4 压缩 3d，工期剩下 (24-3)d＝21d。

第二步，选择优选系数次小的关键工作 1-3 压缩 1d，1-2 和 2-3 变成了关键工作，工期剩下 (21-1)d＝20d。

第三步，观察优选系数，应压缩工作 4-6，它虽有 4d 潜力，但是与其相平行的线路 3-5-6 相比较，只有 2d 空间，故压缩 4-6 工作 2d，3-5-6 变成了关键线路。工期剩下 (20-2)d＝18d。

第四步，观察节点 3 之前后的两个关键线路圈，1-3 还可压缩 1d，4-6 还可压缩 2d；但是必须同时压缩与其平行的关键线路上的工作；比较优选系数之和，1-3 与 2-3 的优选系数为 4，4-6 与 5-6 的优选系数是 5，所以优先压缩工作 1-3 和 2-3 各 1d，工期剩下 (18-1)d＝17d。

第五步，压缩 4-6 与 5-6 工作各 2d，4-6 与 5-6 的压缩空间都已用完。工期剩下 17-2＝15d。

至此，关键线路的压缩空间已经用尽，压缩完成，优化工期为 15d。优化网络计划如图 3-113 所示。

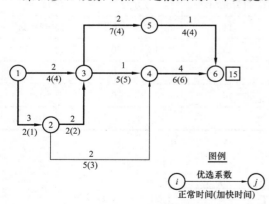

图 3-113 工期优化后的网络计划

3.6 建设工程施工网络计划实施与控制

3.6.1 施工网络计划实施

1. 建设工程施工网络计划实施中管理的意义

编制一份可供执行的较好网络计划，在目前的条件下并不太困难。而要将网络计划付诸实施，让它对工程起到指导施工和控制进度的作用，却很不容易。在计划实施过程中，由于资源供应、自然条件的变化和各种风险因素的产生，会打破计划的平衡，不平衡是绝对的。因此必须加强计划实施中的管理，适应各种变化，在动态中努力实现计划的相对平衡，保证计划规定目标的实现。目前有些单位虽然花力气编制了很好的计划，但是并不认真地执行就束之高阁；有的单位慑于情况多变，失去了使用网络计划的信心。所以我们应当认真地研究和对待网络计划实施中的管理，解决它的理论和方法问题，这比编制网络计划更有实际意义。

2. 建设工程施工网络计划实施中管理的内容

网络计划实施中管理的内容包括以下几方面：

（1）网络计划实际进度的记录和检查。

（2）网络计划进度提前和延误的原因分析和报告。

（3）提出解决执行中各项矛盾的指令和措施。

（4）改进或调整网络计划。

（5）对计划完成情况进行统计和分析。

3. 建设工程施工网络计划实施的条件

（1）有关组织有力的支持。正式计划确定后，上报上级部门批准，获得上级的支持，是计划顺利实施的关键。因此上级部门应尊重已批准的计划，不发布有违计划实施的指令，从行政上给予必要的支持和条件保证。

建设单位应对网络计划的实施给予支持。只要计划对工程施工合同的条款履行有利，就应赞同并创造有利于计划实施的条件。例如，不随意提出变更设计的要求，按进度要求拨付备料款和工程款，及时提供由建设单位供应的材料和设备，及时进行隐蔽工程检查与验收，进行阶段工程验收，完工后抓紧进行预验和正式验收等。

工程监理单位在对网络计划进行审查同意后，就要同施工单位保持一致，协力促使计划完成，在进行监理的过程中，积极促使进度计划完成而不做有碍计划完成的事，同施工单位一起抓紧解决矛盾，哪怕是由于施工单位存在问题，心中也要有时间观念，主动协助迅速解决，而不消极对待，突出"帮"字，不设"关卡"。

设计单位要按合同和出图计划及时提供图纸，及时解决施工中的设计问题，减少设计变更，及时参加检查和验收。

另外还有融资银行的支持，供应单位的支持，以及市政、公用、交通、能源供应、街道等单位和部门的支持。施工单位要主动搞好公共关系。

（2）做好实施准备。

1）落实网络计划执行责任制。

2）计划交底：交进度，交条件，交协作关系等。

3）把分包单位的责任落实好，既要有分工，又要讲协作。

4）做好作业条件准备，特别是阶段施工开始前的准备，以便做到基础、结构、装修、安装阶段及时交叉施工，尽量避免停工。

5）抓好资源供应，确保连续施工。

6）做好现场条件准备，排除施工障碍。

7）施工单位的计划、调度机构要健全，人员要配备齐全并工作得力。

8）信息是进度控制的基础，故应健全进度控制信息系统，用于信息的收集、整理、分析、传递及反馈。

3.6.2 施工网络计划控制

1. 施工网络计划实施中实际进度的记录

实际进度的记录可以在网络计划上进行。第一种方法是记录每项工作的实际作业时间；第二种方法是记录实际作业时间和计划的开始日期、完成日期；第三种方法是在网络计划上以特殊的符号或线条、颜色记录完成部分，如图 3 - 114 所示。

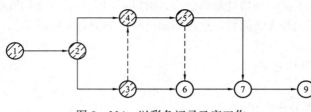

图 3 - 114 以彩色记录已完工作

当采用时标网络计划时，可以用"实际进度前锋线"对实际进度进行记录。"实际进度前锋线"是在计划执行的某一时刻，正在进行的各项工作实际进度的前锋连线。它是在时标网络计划上标画的，从时间坐标轴开始，自上而下依次连接各条线路的实际进度前锋点，形成一条折线，这条折线就是"实际进度前锋线"。

画实际进度前锋线的关键是标定该时刻正在进行的各工作的实际进度前锋位置。有两种标定方法：

一是按已完成的工程实物量标定。因为每项工作的持续时间是与其工程实物量成正比的，因此箭线的长度也与工程实物量成正比。在某一时刻某工作的工程实物量完成到几分之几，它的实际进度前锋线就从箭线开始节点起，由左至右标注到其长度的几分之几。

二是按尚需时间标定。有些工作的持续时间是难以按工程实物量来计算的，只能根据经验或用其他办法估算出来。要标定该工作在某时刻的实际进度前锋，就要用原来的估算办法，估算出从该时刻起到完成该工作还需要的时间。

标定前锋线的信息，来自于工长日志，调度日记及从施工现场直接获得的信息。当标定了每条线路的实际进度前锋位置，从时间坐标轴上表示该时刻的那一点开始，自上而下依次连接各个前锋点，最下端仍可回到同最上端同一时刻的日期线位置，前锋线就画好了。如图 3 - 115 所示。该图所示的进度每 5d 检查记载一次，如第 15d 检查时，混凝土 1 按计划完成一半，关键工作钢筋 2 已提前一天绑扎完成，沥青 2 可以按计划开始，回填土 1 提前一天。总的计划完成情况较好。

网络计划的检查可定期进行，间隔时间的长短可根据领导的要求、制度的规定和工程的复杂程度决定，可按 5d、7d、10d、15d、30d 为周期进行选择。

2. 施工网络计划的检查与执行情况分析

（1）施工网络计划的检查重点。施工网络计划实施情况检查的重点应包括关键工作的进度，非关键工作的时差利用，工作之间的逻辑关系等。对关键工作的进度检查目的在于保证工期目标的实现，不使延误。对非关键工作时差的利用的检查，一是与非关键工作的进度状况有关；二是可以调动非关键工作的资源支援关键工作。对逻辑关系执行情况的检查，一是为了保证质量（不颠倒工序）；二是为了搞好各工作队之间的协作。总之，通过检查，可以提供计划执行信息，以便于分析调整计划。

（2）网络计划执行情况的分析。

1）时标网络计划执行情况的分析可用"实际进度前锋线"。它可做到对未来进度有预测，对进度协调有办法，延误的进度能赶上，提前完成时有积极结果，能分析出经验教训。

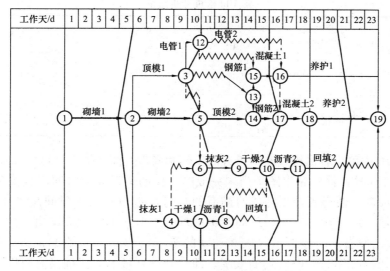

图 3 - 115　实际进度前锋线

利用实际进度前锋线对进度进行记录后，便使实际进度前锋线形成了波形图。前锋处于波峰上的线路相对于相邻线路超前；处于波谷中的线路相对于相邻线路滞后；在基准线前面（右边）的线路都比原计划超前；在基准线后面的线路都比原计划滞后，于是，画出了基准线，实际进度状况便一目了然。在执行计划中按照一定的时间间隔依次画出各时刻的实际进度前锋线，就可以相当生动地描述出网络计划各个阶段的执行动态。时间间隔越短，描述得越精确。可以设想，如果将一个网络计划执行过程中的所有实际进度前锋线按其先后顺序进行连续显示，我们将会相当直观地看到这个计划实际执行情况的整个动态过程。这个过程可以用计算机进行绘图描述。

2）对无时标网络计划，可用切割线进行分析，如图 3 - 116 所示。在第 10d 进行检查时，可画一条"切割线"（图中的竖向点划线）。本例切中了三项工作：D 工作尚需 1d 才能完成；G 工作尚需 8d 才能完成，L 工作尚需 2d 才能完成。要判断计划的完成情况必须进行分析。

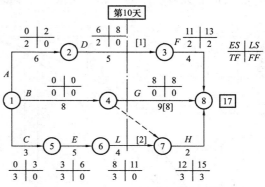

图 3 - 116　用切割线进行分析

注：[ ] 内的数字是第 10d 检查时，工作尚需时间。

表 3 - 28 是一个标准用表，第 10d 检查的分析结果见表 3 - 29，其计算方法如下：

表 3 - 28　　　　　　　　　用切割线分析进度时用表

工作编号	工作名称	检查计划时尚需作业时间	到计划最迟完成前尚有时间	原有总时差	尚有总时差	情况判断
(1)	(2)	(3)	(4)	(5)	(6)=(4)-(3)	(7)

表 3 - 29　　　　　　　　　　　第 10d 检查分析结果

工作编号	工作名称	检查时尚需时间	到计划最迟完成前尚有时间	原有总时差	尚有时差	情况判断
(1)	(2)	(3)	(4)	(5)	(6)	(7)
2 - 3	D	1	13－10＝3	2	3－1＝2	正常
4 - 8	G	8	17－10＝7	0	7－8＝－1	拖期 1d
6 - 7	L	2	15－10＝5	3	5－2＝3	正常

从图 3 - 116 中可以看出检查时所检查的工作和尚需时间,填入 (1)、(2)、(3) 列;第 (4) 列的数字计算是:首先算出图中尚未完成的工作的最迟完成时间,这个最迟完成时间减去检查时的天数,便得到计划完成时尚有的时间。如 D 尚有的时间是 (13－10)d＝3d, G 尚有的时间是 (17－10)d＝7d, L 尚有的时间是 (15－10)d＝5d,填入 (4) 列中。从图 3 - 116 中找出原有总时差,填入表 3 - 29 的第 (5) 列。"尚有总时差"[第 (6) 列]是用第 (4) 列的数字减第 (3) 列的数字,即"到计划最迟完成前尚有时间"减去"检查时尚需时间": D 为 (3－1)d＝2d, G 为 (7－8)d＝－1d, L 为 (5－2)d＝3d。第 (7) 列的结论是这样得出的:将第 (6) 列的数与第 (5) 列进行对比,相等为正常(如 D、L);小为延误,如 G;大为提前。但仍需注意,必须分析关键工作的状况,以判断整个计划的状况。如本例中,G 为关键工作。现已发现关键工作 G 延误 1d。因此 G 必须在尚需的 8d 中把延误的一天追回来,否则就会造成整个网络计划拖期。如果发现非关键工作提前,则时差增多,应适当放慢或抽出力量支援关键工作。如果发现关键工作提前,则应巩固这个成果,并使相关的非关键线路的工作相应跟上,不要扯了关键工作的后腿。

3) 利用 S 形(或香蕉形)曲线进行实际进度分析,如图 3 - 117 所示。

该图的横坐标是时间,可用绝对数表示,也可用百分数表示;纵坐标是完成数量,可用百分数表示,也可用工日和工作量(或实物量)表示,本图用百分数表示。图中的 A 线,是用网络计划的最早开始时间绘制的 S 形曲线;B 线是用网络计划中最迟完成时间绘制的 S 形曲线;P 线是实际完成进度的轨迹,随工程进展进行统计、打点,连线而成。每当检查完成,即可绘

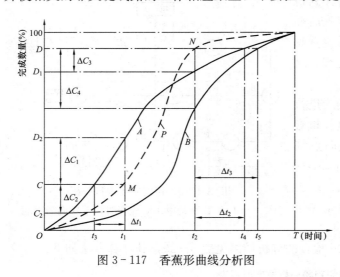

图 3 - 117　香蕉形曲线分析图

图分析。例如,当工作进行到 t_1 时间,实际进度累计达到 M 点,这时进行分析可以发现:从完成数量看,比 A 线少完成 ΔC_1,比 B 线多完成 ΔC_2,是正常情况;从完成该数量所需的 t_1 时间看,它比 A 线延误 Δt_1 时间,比 B 线提前。也属正常。当工程进展到 t_2 时间时,实际进度达到 N 点。这时完成量比 A 线多 ΔC_3,比 B 线多 ΔC_4,是提前完成计划;

从时间上看，比 A 线提前 Δt_2，比 B 线提前 Δt_3，也属提前状况。我们还可以分析 P 线的切线斜率，斜率越大，速度越快，斜率越小，速度越慢，速度是否适宜可将 P 线的斜率与 A、B 线的斜率进行对比，根据对比结果进行实施速度的调整。

香蕉曲线的绘制步骤如下：

第一步，编制网络计划，在计划中标注各项工作每个时间单位的资源需要量（如每天需要多少人）或计划完成工程量（工作量）（根据检查指标确定）。

第二步，计算该网络计划的最早时间参数和最迟时间参数。

第三步，根据计算的时间参数，按最早时间和最迟时间绘制两份横道计划图或两份时标网络计划图，在图中标注单位时间的检查对象数量。

第四步，根据横道图叠加检查对象的数量，绘制检查对象的动态曲线。

第五步，根据动态曲线进行检查对象累加，在一张坐标图上（纵轴为检查对象，横轴为时间）绘制最早时间 S 形曲线和最迟时间 S 形曲线，从而形成一份香蕉形曲线图。

3. 施工网络计划实施中的调整

（1）关键线路长度的调整。

1）当关键线路的实际进度比计划进度提前时，若不拟缩短工期，应选择资源占用量大或直接费用高的关键工作，适当延长其持续时间以降低资源（或费用）强度；若要提前完成计划，应将计划的未完成部分作为一个新计划，重新进行调整，按新计划指导实施。

2）当关键线路的实际进度比计划进度延误时，应在未完部分选择资源强度小或费用率低的关键工作，缩短其持续时间，并把计划的未完成部分作为一个独立计划，按工期优化方法进行调整。

（2）非关键工作时差的调整。非关键工作时差的调整是为了把资源利用好，支援关键工作和降低成本。调整方法如下：

1）将工作在其最早开始时间和最迟完成时间范围内移动。

2）延长工作持续时间。

3）缩短工作持续时间。

在每次调整以后，都应重新计算时间参数，以观察调整对计划全局的影响。

（3）其他调整。

1）增减工作项目。增减工作项目应不打乱原网络计划的逻辑关系，只对局部逻辑关系进行调整。在调整后要重新计算时间参数，分析对原网络计划的影响。必要时采取措施以保证计划工期不变。

2）调整逻辑关系。只有当实际情况要求改变施工方法或组织方法时才调整逻辑关系。调整时要使原定计划工期和其他工作免受影响。

3）重新估算某些工作的持续时间。当发现某些工作的原计划持续时间有误，或实际条件不充分时，应重新估算持续时间，并重新计算时间参数，找出新的关键线路。

4）对资源投入量作调整。当资源供应发生差异时，应采用资源优化方法对计划进行调整；或采取应急措施，使对工期的影响最小。

（4）工期调整实例。

【例 3－29】 图 3－118 所示的某工程，计划工期是 118d。当工程按计划进行到第 10d 时，接上级指令，必须按 100d 完成全部任务。故应在原计划的基础上压缩 18 个工作日。试问，项目经理部应如何调整计划，才能使增加的费用最少？

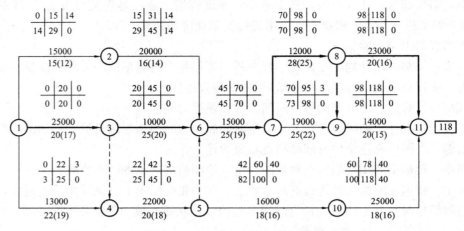

图 3-118　待调整的网络计划

【解】

1）调整计划的原则。在可压缩的关键工作中，首先压缩增加费用最少的关键工作；当要压缩的关键工作有平行关键工作时，应同时压缩该平行工作，并综合考虑所增加的费用在可压缩的关键工作中是最低的。完成压缩任务后，是否再压缩持续时间，要看项目上所需资源的可能性，以及所需压缩费用与奖惩条件比较是否合算。

2）本工程的调整步骤如下：

第一步，审视图 3-118，当计划完成到第 10d 时，工作 1—3（关键工作）、1—2、1—4 所剩任务是 10d、5d 和 12d，剩余约一半时间，是否压缩，留待最后考虑。

在其余可压缩的关键工作中，工作 3—6 的费用最低，因此首先压缩它。由于它的平行工作 4—5 只有 3d 的总时差，故只能选择压缩 3d，增加费用 1×3 万元＝3 万元，还需压缩 (18−3)d＝15d。工作 1—4 及 4—5 变成了关键工作。

第二步，在其余可压缩的关键工作中，7—8 的费用最低，且具有 3d 的压缩空间，它的平行工作 7—9 具有 3d 的总时差，故可决定压缩 3d，增加费用 3×1.2 万元＝3.6 万元。还需压缩 (15−3)d＝12d。7—9 变成了关键工作。

第三步，在其余可压缩的工作中，6—7 的费用最低，它允许压缩 6d，其平行工作 5—10、10—11 的总时差大大超过了此数，故可压缩 6d。增加费用 1.5×6 万元＝9 万元。还需压缩 (12−6)d＝6d。

第四步，在其余可压缩的关键工作中，工作 8—11 和 9—11 的合计费用最低，由于允许压缩的时间都只有 4d，故压缩 4d，增加费用 (2.3＋1.4)×4 万元＝14.8 万元。还需压缩 (6−4)d＝2d。

第五步，剩下的 2d 只能在工作 1—3 和 1—4 中考虑，它们都具有 3d 的压缩时间，故可压缩 2d，增加费用 (2.5＋1.3)×2 万元＝7.6 万元。

至此，计划调整完成。调整的过程可用表 3-30 总览；调整后的网络计划如图 3-119 所示。

压缩 18d 共增加的费用是：(3＋3.6＋9＋14.8＋7.6) 万元＝38 万元。

表 3 - 30　　　　　　　　　　　　　某工程网络计划的调整过程

压缩步骤	被压缩的关键工作	可压缩时间	压缩时间	累计压缩时间	剩余可压缩时	增加费用/万元
1	3—6	5	3	3	2	$1 \times 3 = 3$
2	7—8	3	3	6	0	$1.2 \times 3 = 3.6$
3	6—7	6	6	12	0	$1.5 \times 6 = 9$
4	8—11 9—11	4 5	4 4	16	0 1	$(2.3+1.6) \times 4$ $= 14.8$
5	1—3 1—4	3 3	2 2	18	1 1	$(2.5+1.3) \times 2 = 7.6$
合计				18		38

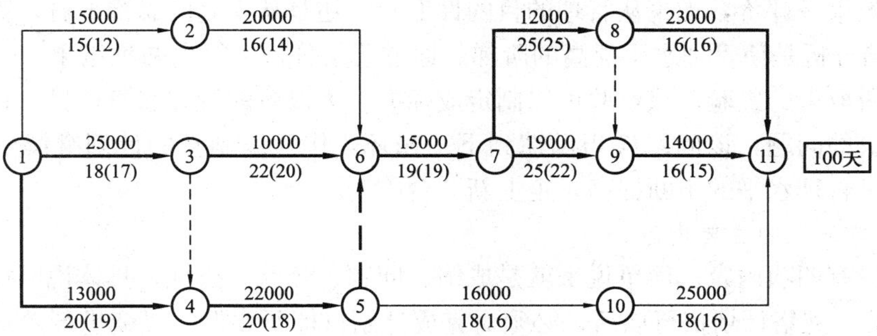

图 3 - 119　调整后的网络计划

3.6.3　施工网络计划应用的总结与分析

1. 进行网络计划应用总结与分析的必要性

网络计划应用的总结分析是网络计划技术在项目管理中应用结束阶段的唯一步骤,是必须做好的一项重要工作而不是可有可无的。为什么这个步骤是必需的呢? 原因有三点,现详述如下。

(1)总结分析是管理理论所要求的。管理活动是受管理理论指导的。现代化管理有着若干原理,有两个原理都要求网络计划在项目管理中应用必须进行总结分析。

第一项是"封闭原理"(图 3 - 120)。封闭原理指管理的过程和环节,必须构成一个封闭的环路,才能形成有效的管理。计划管理也必须是一个封闭的环路,它由编制→执行→检查→总结(PDCA)四个环节组成并形成环路,证明管理工作是循环的动态过程。采取任何管理措施都要考虑可能产生的后果,看

计划 ——→ 执行 ——→ 检查 ——→ 总结分析

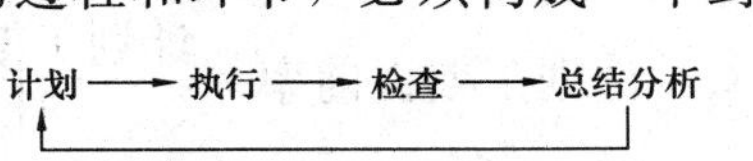

图 3 - 120　网络计划管理中的封闭原理

后果是否符合预期的目的,有无副作用。如果有副作用就要采取对策加以封闭。如何进行封闭? 基本方法就是从后果出发,循踪追迹,对后果采取针对性措施,直至达到预期目的。因此,没有总结,便做不到采取措施的针对性,也不可能进行管理的"封闭"。

第二项是"反馈原理"。所谓"反馈",就是控制系统把信息输送出去,又把其作用结果返送回来,并对信息的再输出施加影响,起到控制作用,以达到预定的目的。任何管理活动,都往往会发生偏差。通过检查和总结,发现偏差,反馈到控制系统,使它对活动过程给予影响,从而使活动沿着预定的计划目标进行,达到预期的效果,这就是反馈原理的应用。没有反馈,也就不能达到有效管理。在网络计划用于项目管理时,正是通过总结这一步骤,把计划执行中

的信息加以分析、归纳，找出经验和问题，从而通过反馈，作用于下一管理循环，即新的计划编制。事实上图 3-120 的闭环管理，正是通过信息反馈实现的。没有反馈，既不能使管理活动循环起来，也不可能使新的管理和控制吸收原来的经验教训而使管理水平提高一步。

现代管理活动十分重视总结分析，把它看作比其他管理环节都更为重要，其原因之一就在于它对实现管理循环和信息反馈的重要作用。

（2）总结分析是对管理效果进行评价的前提。任何活动，都必须取得一定效果，效果如何，要通过总结分析判定，故总结分析又为评价效果提供前提。网络计划应用也不例外地需要总结分析对效果进行评价。网络计划编制后，必须认真执行，执行中必须进行有效控制，以取得预想的效果。而效果究竟如何，只有通过总结分析才能得出结论。如果没有总结，就是盲目的管理，盲目的管理是不看效果的。显然，只有总结没有评价，效果难以作出结论。所以总结→效果→评价，无论从管理的目的性上看，还是从正确的思维上看，都是必要的。

（3）总结分析是使管理水平提高的阶梯。通过总结分析，得出两种结果：一种是这一循环管理活动所取得的经验，该经验可以制定成标准，为以后的管理服务；另一种是在本管理循环没有解决的问题，该问题应当反馈到下一循环，作为编制新的计划继续解决问题的目标，以此促进管理水平的不断提高，走上新"台阶"。

2. 总结与分析的主要内容

总结分析有四项内容，简单说来就是成绩、问题、经验、措施，具体说明如下：

（1）成绩。网络计划执行以后，必须对完成计划目标所取得的成绩进行总结分析。总结成绩要用定量指标，并具体分析取得成绩的原因。

1）时间目标方面的成绩。即工期的执行情况。使用的指标有：合同工期节约值，上级要求工期（指令工期）节约值，定额工期节约值，竞争性工期节约值，计划工期提前率，缩短工期的经济效益等。其计算公式是：

合同工期节约值＝合同工期－实际工期

指令工期节约值＝指令工期－实际工期

定额工期节约值＝定额工期－实际工期

竞争工期节约值＝社会先进水平工期－实际工期

$$计划工期提前率＝\frac{计划工期－实际工期}{计划工期}\times 100\%$$

缩短工期的经济效益＝缩短一天可产生的经济效益×缩短工期天数

缩短工期的原因大致有以下几方面，应进行分析：计划编制得积极可靠，执行有力，协调及时，工作和劳动效率高，其他原因。

2）资源目标方面的成绩。指劳动力、材料、机械使用方面的成绩，使用的指标有：

① 劳动力指标。单位用工、劳动力均衡系数、节约工日数。计算公式如下：

$$单位用工＝\frac{总用工数}{总完成量} \tag{3-82}$$

$$劳动力不均衡系数＝\frac{最高日用工数}{平均日用工数} \tag{3-83}$$

节约工日数＝定额用工工日－实际用工工日

② 材料指标。"主要材料节约量"。计算公式如下：

$$主要材料节约量＝定额材料用量－实际材料用量$$

③ 机械指标。主要机械耗用台班节约量、主要机械费节约率。计算公式如下：

$$主要机械台班节约量＝定额主要机械台班数－实际主要机械台班数$$

$$主要大型机械费节约率＝\frac{各种主要大型机械定额（或计划）费之和－实际费之和}{各种主要大型机械定额（或计划）费之和}×100\%$$

$$(3-84)$$

节约资源的原因大致有以下几方面，应进行分析：计划积极可靠，资源优化效果好，按计划保证供应，制定并认真执行了节约措施，协调及时得力，其他原因。

3）成本目标方面的成绩。使用的主要指标有降低成本额、降低成本率。计算公式如下：

$$降低成本额＝承包（或计划）成本额－实际成本额 \qquad (3-85)$$

$$降低成本率＝\frac{降低成本额}{承包（或计划）成本额}×100\% \qquad (3-86)$$

节约成本的主要原因大致有以下几方面，应进行分析：计划积极可靠，成本优化效果好，认真制订并执行了节约成本措施，工期缩短，资源节约，核算工作有成绩，成本分析及时，其他原因。

（2）问题。这里所指的"问题"，是指某些目标没有实现或在执行计划中存在的缺点。在总结分析时，可以定量地计算，计算指标与"成绩"指标基本相同；也可以定性地分析。对产生问题的原因，也要从计划编制和计划执行中去找。问题要找够，原因要摆透，不能文过饰非。

计划中出现问题的原因主要是：计划本身的原因，资源供应和使用中的原因，协调控制方面的原因，环境方面的原因，其他原因。

（3）经验。"经验"是指经过对"成绩"及取得的原因进行分析以后，归纳出来的可以为以后的计划工作借鉴的积极因素。总结经验应从以下几方面进行：

1）怎样编制计划及编制什么样的计划才能取得更多的效益，包括准备、绘图、计算等。

2）怎样优化计划才更有实际意义，包括优化目标的确定，优化方法的选择，优化计算，优化结果评审，计算机应用等。

3）怎样实施、调整与控制计划，包括组织保证，宣传贯彻，培训，责任制建立，信息反馈，调度，统计，检查，记录，工作时间、工作项目及资源强度的调整，成本的控制，以及节省资源的办法等。

4）网络计划工作的新创造。总结出来的经验应有普遍意义，通过有关企业领导部门审查批准，形成规程或标准，作为以后工作必须遵守或参照执行的文件。

（4）措施。"措施"即办法，是在总结分析计划执行中的问题及其产生的原因的基础上，有针对性地提出解决遗留问题的办法，其中应包括对已总结的经验的推行。措施的内容应包括以下内容：

1）编制更好计划的措施。

2）更好地执行计划的措施，包括组织、协调、检查、信息反馈、责任制、调整等。

3）其他更有针对性和现实性的措施。

3. 总结与分析的方法

网络计划总结分析的方法选择的重点如下：

（1）在计划编制、执行中，大量积累资料，作为总结分析的基础。

（2）在总结之间进行实际调查，取得资料中没有记录的情况或信息。

（3）召开总结分析会议进行总结分析。

（4）将总结分析工作交给多人或一人进行，这些人必须是具备总结分析能力的，熟悉计划业务，能用图文表达问题，从而形成文件。

（5）提倡使用对比计算分析法及其他技术经济活动的总结分析法。

（6）尽量采用计算机储存信息，进行计算和分析，以提高总结分析的效率和准确性。

4. 网络计划资料的整理归档

（1）网络计划资料整理归档的作用。

1）为进行网络计划资料归档所进行的资料整理工作，本身就是网络计划总结分析的内容之一，所以它有着对网络计划总结分析的作用。

2）网络计划资料归档，是项目管理资料归档的组成部分，使项目管理档案资料全面完整。

3）网络计划资料归档后，形成"历史资料"，进行保存，可以备查并使用于以下几个方面：

① 当需要追溯网络计划应用于项目管理的情况时，档案资料是根据，因为档案资料是当时的真实记录。

② 该档案资料是以后进行类似项目管理时及编制网络计划时的依据和参考资料。

③ 该档案资料是编制标准网络计划的重要参考资料。

④ 该档案资料是修订网络计划标准和规程的重要参考资料。

⑤ 该档案资料可以作为一种储备信息，进行交流，满足相关管理工作的需要。

（2）网络计划资料整理归档的内容。网络计划整理归档的资料，应是网络计划生命周期内的真实记录，故它应当包含以下主要内容：

1）网络计划编制准备阶段的资料：包括确定的网络计划目标、调查研究资料和施工方案设计资料等。

2）可行网络计划的网络图和计算资料。

3）可行网络计划的各种优化资料。

4）交付使用的正式网络计划及其说明。

5）网络计划贯彻交底记录资料及执行措施。

6）网络计划执行的记录资料。

7）对网络计划的检查记录信息和偏差分析资料。

8）对网络计划的调整资料。

9）统计资料。

10）与网络计划执行相关的资源（劳动力、材料、机械、资金）、技术、质量、施工管理、环境等方面的资料，主要是意外变化影响到网络计划执行效果的记录。

11）成绩、问题、经验和措施。

（3）网络计划整理归档的方法及注意事项。

1）在项目管理的全过程中，必须进行网络计划各种原始资料的真实记录和全面积累，做到少遗漏、不虚假、分类清楚、跟踪及时、规范化、标准化。

2）资料整理主要在"分析总结"之前进行，以备总结分析时可以使用。资料整理时要做到规范化，标准化，筛选原始资料，装订成册，编写目录以备查找，注明长期保存、保存年限、密级等字样，并进行编号，便于存机或保管。

3）资料整理应动员相关的专业人员，请档案保管人员进行必要的指导。

4）归档的资料应经有关负责人批准、签字，注明资料整理人、验收人和归档时间。

5）处理好与其他项目管理档案资料的关系，既要自成体系，又是项目管理档案资料的有机组成部分。

6）资料整理归档必须形成制度，明确做法与责任等。要把资料整理归档作为网络计划在项目管理中应用效果的考核和评价的重要内容之一。

7）网络计划档案资料的调用，应同其他管理档案规定一样，做出正式规定。

3.6.4 施工网络计划实施与控制实例

【例 3 - 30】 图 3 - 121 箭线之上标注了每项工作的总产值（万元），请根据该计划绘制香蕉形曲线计划图。

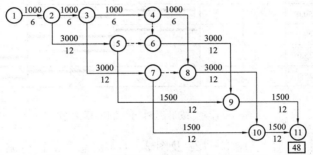

图 3 - 121 某群体工程的双代号网络计划

【解】

第一步，进行时间参数计算，如图 3 - 122 所示。

第二步，根据图 3 - 122 绘制最早时间和最迟时间的横道图，如图 3 - 123 及图 3 - 124 所示。

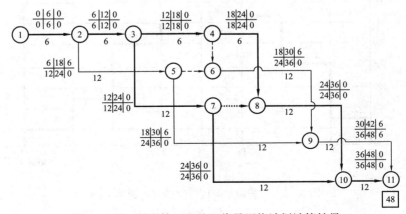

图 3 - 122 某群体工程的双代号网络计划计算结果

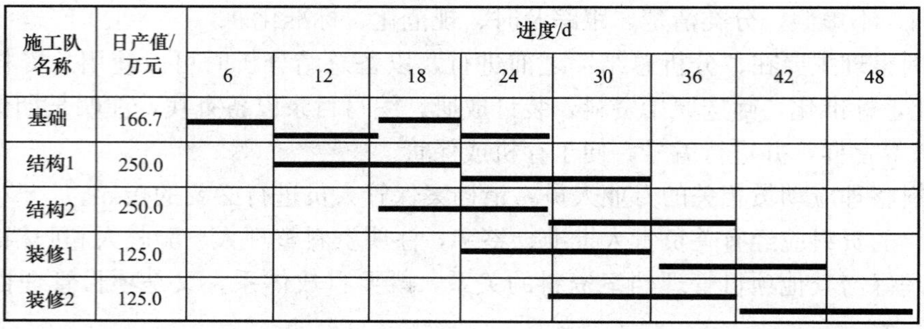

施工队名称
日产值/万元
进度/d
6
12
18
24
30
36
42
48
基础
166.7
结构1
250.0
结构2
250.0
装修1
125.0
装修2
125.0

图 3－123 按最早时间绘制的横道图

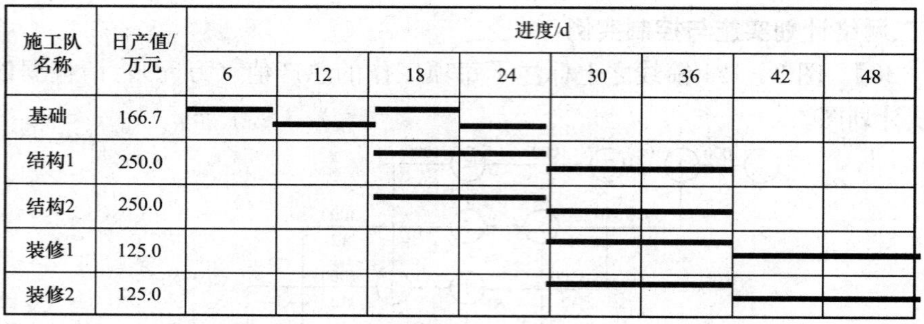

施工队名称
日产值/万元
进度/d
6
12
18
24
30
36
42
48
基础
166.7
结构1
250.0
结构2
250.0
装修1
125.0
装修2
125.0

图 3－124 按最迟时间绘制的横道图

第三步，根据图 3－121、图 3－123 及图 3－124 对总产值进行累加，得出日产值动态图，如图 3－125 及图 3－126 所示。

第四步，根据图 3－125 及图 3－126 绘制香蕉形曲线图，如图 3－127 所示。

日产值/万元
800
700
600
500
400
300
200
100
0
166.7
416.7
666.7
791.7
750.0
500.0
250.0
125.0
6
12
18
24
30
36
42
48
时间/d

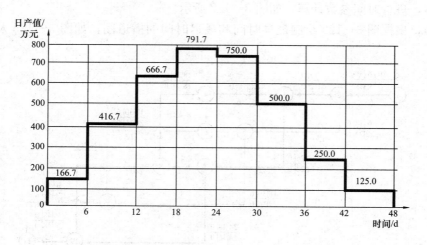

图 3－125 按最早时间绘制的日产值动态图

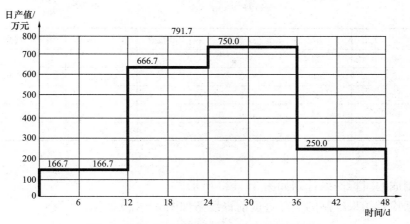

图 3-126　按最迟时间绘制的总产值动态图

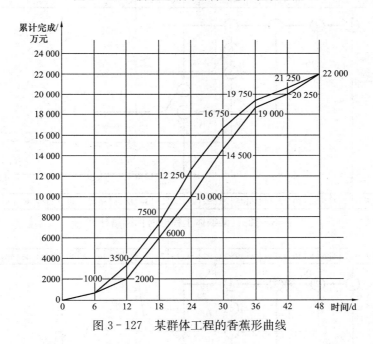

图 3-127　某群体工程的香蕉形曲线

【例 3-31】　将图 3-121 绘制成时标网络计划，根据表 3-31 绘制成实际进度前锋线，用前锋线进行检查并判断进度状况。

表 3-31　　　　　　　　　　　　计 划 检 查 结 果

工作名称	总产值/万元	ES	EF	第 10d 检查	第 20d 检查	第 30d 检查	第 40d 检查
1—2	1000	0	6				
2—3	1000	6	12	830			
3—4	1000	12	18				
4—8	1000	18	24		667		
2—5	3000	6	18	750			
6—9	3000	18	30		500	2750	
3—7	3000	12	24		2500		

续表

工作名称	总产值/万元	ES	EF	第10d检查	第20d检查	第30d检查	第40d检查
8—10	3000	24	36			2000	
5—9	1500	18	30		375	1500	
9—11	1500	30	42				1500
7—10	1500	24	36			1000	
10—11	1500	36	48				750

【解】

（1）绘制成的时标网络计划如图3-128所示。

（2）根据检查结果绘制的实际进度前锋线条如图3-129所示。

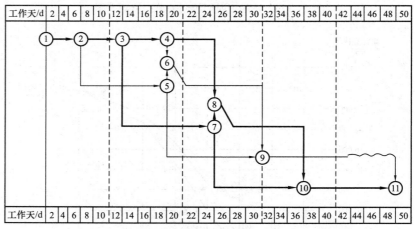

图3-128　某群体工程的时标网络计划

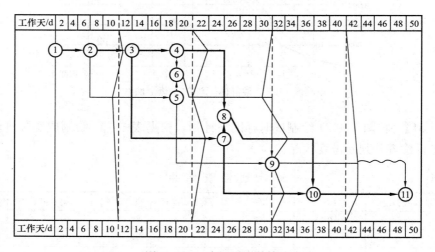

图3-129　实际进度前锋线

（3）判断见表3-32，关键线路的进展情况一直提前，到第40d检查时，关键线路10—11比计划快2d，因此，本计划有可能提前两天全部完成计划。非关键工作2—5在第10d检查时慢了1d，其后续工作6—9在第30d检查时慢了1d，但是在第40d检查时，其后续工作

9—10 已经比计划快了 2d，与关键工作的进度配合良好，所以总的施工进度是好的，应总结进度控制的好经验。

表 3 - 32　　　　　　　　　　　计划检查记录分析表

工作名称	总产值/万元	ES	EF	第10d检查	第20d检查	第30d检查	第40d检查
1—2	1000	0	6				
2—3	1000	6	12	830，快1d			
3—4	1000	12	18				
4—8	1000	18	24		667，快2d		
2—5	3000	6	18	750，慢1d			
6—9	3000	18	30		500，按计划	2750慢1d	
3—7	3000	12	24		2500 快2d		
8—10	3000	24	36			2000 快2d	
5—9	1500	18	30		375 快1d	1500 按计划	
9—11	1500	30	42				1500 快2d
7—10	1500	24	36			1000 快2d	
10—11	1500	36	48				750 快2d

【例 3 - 32】　将表 3 - 31 中第 20d 的检查结果用切割线进行分析。

【解】

（1）图 3 - 130 是某群体工程的第 20d 切割线检查图。用表 3 - 33 进行分析。

（2）分析的结果见表中的第（7）列，其结论与表 3 - 31 的分析结论完全一致。

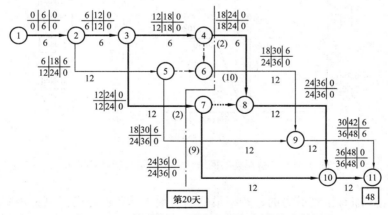

图 3 - 130　某群体工程的第 20d 切割线检查结果

表 3 - 33　　　　　　　　　　　第 20d 检查结的切割线分析表

工作编号	工作名称	检查时尚需时间	到计划最迟完成尚有时间	原有总时差	尚有时差	情况判断（6）与（5）比
（1）	（2）	（3）	（4）	（5）	（6）=（4）-（3）	（7）
4—8	丁栋基础	2	24—20=4	0	4—2=2	快2d
6—9	丙栋结构	10	36—20=16	6	16—10=6	正常
3—7	乙栋结构	2	24—20=4	0	4—2=2	快2d
5—9	甲栋装修	9	36—20=16	6	16—9=7	快1d

【例 3 - 33】 图 3 - 131 是一份正要实施的网络计划，由于急需使用该建筑，领导下令挖掘潜力，尽量缩短工期。请用"工期—成本优化"的方法调整计划，向领导交出最短工期的最少增费方案，绘制调整后的网络计划图，标出关键线路和工期。

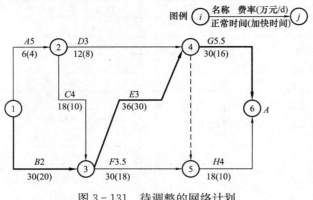

图 3 - 131 待调整的网络计划

【解】 图 3 - 132 是按正常施工时间计算时间参数的网络计划，它是调整计划的依据。根据要求，要将 96d 的工期压缩为最短。

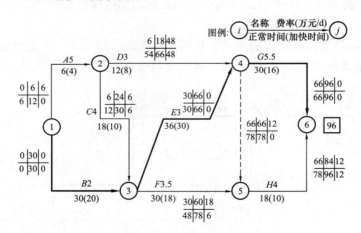

图 3 - 132 待调整的网络计划按正常时间计算结果

按照"优先压缩有压缩潜力的、费率最低的关键工作"的原则，调整步骤如下：

第一步，压缩关键工作 B 6d，增加费用 2×6 万元＝12 万元。工期剩下（96－6）d＝90d。A、C 变成了关键工作。

第二步，压缩关键工作 E 6d，增加费用 3×6 万元＝18 万元，工期剩下（90－6）d＝84d。

第三步，压缩关键工作 G 12d，增加费用 5.5×12 万元＝66 万元，工期剩下（84－12）d＝72d，H 工作变成了关键工作。

第四步，同时压缩关键工作 C、B 各 4d，增加费用（2＋4）×4 万元＝24 万元，工期剩下（72－4）d＝68d。

第五步，同时压缩关键工作 G 和 H 工作各 2d，增加费用（5.5＋4）×2 万元＝19 万元，工期剩下（68－2）d＝66d。

至此，关键工作的压缩潜力已经枯竭，不能再缩短了。

将以上压缩过程列成表格，见表 3-34。

表 3-34　　　　　　　　　　　调 整 计 划 结 果

步　骤	压缩工作	压缩时间	增加费用	剩余时间	增加关键工作
1	B	6	12	96－6＝90	A、C
2	E	6	18	90－6＝84	
3	G	12	66	84－12＝72	H
4	C、B	4	24	72－4＝68	
5	G、H	2	19	68－2＝66	
合　　计		30	139	66	

调整后的网络计划如图 3-133 所示。

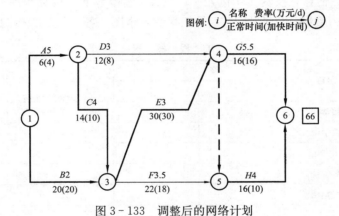

图 3-133　调整后的网络计划

附　录

附录 1　厦门大学翔安校区工程施工组织纲要（摘录）

1. 工程概要

1.1　工程简介

（1）厦门大学翔安校区主楼群工程由 1、2、3、4、5 号楼组成。本次招标范围包括地下室与主体结构、装饰装修和设备安装工程的总承包施工。总建筑面积为 201 439.8m²（其中地下 28 420.5m²）。估算总投资 4.4 亿元。1、2、3 号楼地下一层为车库及人防，预应力管桩基础，框架—剪力墙结构。附图 1-1 是工程效果全图。各单位工程概况见附表 1-1。

附表 1-1　　　　　　　　工　程　概　况

楼号	名称	层　数		檐口高度	建筑面积/m²
		地下	地上		
1	教学楼	1	5	21.9	34 728.5
2	教学楼	1	5	21.9	36 146.5
3	图书馆	1	9	42.5	73 724.0
4	实验楼		5	18.1	27 241.6
5	实验楼		5	21.7	28 420.3
其他面积/m²		1178.9			
合计面积/m²		201 439.8（其中地下 28 420.5）			

（2）建筑设计概况。

1、2、3、4、5 号楼均沿用一主四从、中西结合、仿古建筑风格，拟建成校区图书馆、报告厅、公共教室和公共实验室，将成为未来翔安地区的标志性建筑。

1）地面工程：包括地砖、水泥、混凝土等地面。

2）楼面工程：包括玻化砖、自流平环氧胶泥、防静电双层地毯、耐磨漆、强化复合板地板、水泥、混凝土等楼面。

3）内墙面工程：有乳胶漆、面砖、铝网板面层吸音、挂贴大理石、树脂板等墙面。

4）天棚工程：有乳胶漆平顶、轻钢龙骨硅钙板吸音天棚、轻钢龙骨纸面石膏板天棚、铝合金装饰吊顶等。

5）外墙面工程：包括浅色干挂石材幕墙、面砖、高级专用涂料墙面。

6）屋面工程：防水等级为二级，天沟排水坡度为 2%，上人屋面铺防滑地砖面层，不上人屋面铺 25mm 厚水泥砂浆保护层。

1.2　施工组织纲要的编制依据与原则

（1）编制依据：工程招标文件，该工程施工图纸，国家和行业现行施工及验收规范、

主楼群正面效果图

1、2号教学楼

3号图书馆楼

4、5号试验楼

主楼群俯瞰效果图

附图1-1 厦门大学翔安校区工程效果图

规程、标准，厦门市关于建筑施工管理等方面的有关规定，"质量管理条例"，强制性条文"房屋建筑"部分，我公司工程技术管理制度及机械设备，我集团企业的技术与管理标准等。

（2）采用的技术规范（规程）和标准（略）。

（3）编制原则

1）项目施工组织设计立足高标准、严要求，科学合理安排施工顺序，在确保工程质量和安全的前提下，加快施工进度。

2）优化施工机械组合，选派具有丰富施工经验的管理人员及操作工人投入本工程的管理和施工作业，确保创优目标实现。

3）采取合理的施工组织方法和有效的管理措施，使工程项目的施工保持连续、均衡、有节奏。

4）采用先进的施工技术和工艺，以保证工程质量和施工安全，加快工程进度，降低工程造价。

2. 工程施工规划

2.1　总体施工规划

（1）总体施工设想。精心组织，精细管理，采取科学合理的施工工艺、方法，制订有效的技术措施，确保本工程的各项目标实现。

1）以管桩工程、土方工程、基础及地下室工程、主体结构、外墙抹灰及装饰、室外零星工程作为施工主线，其他工程穿插进行流水施工。

2）结构施工阶段：5个栋号的管桩、地下结构、主体结构框架和砌体工程进行流水施工。

3）装饰施工阶段：原则是先上后下，先湿后干，室内、外同时施工；装饰施工同时穿插进行水电安装及其他配套设施施工；在主体结构完成并验收后自上而下进行装饰工程施工；装饰工程施工完成后进行室外零星工程施工；为有利于成品保护，室内装饰工程的施工程序是：顶棚→墙面→地面→公用部位装饰（楼梯间地面要最后施工）。

（2）主要施工方案的选择。

1）基础施工方案（略）。

2）主体结构施工方案。

① 模板体系：模板全部采用木质胶合板和方木，翻样、定型加工，现场拼装，标准层结构施工时需配置3套模板及配套的钢管支撑（配备模板27万 m^2、钢管15 000t）；墙体、柱及楼板均采用Φ48钢管支撑体系，既可控制模板的平整度和标高，又能提高工效并加快施工进度。

② 钢筋工程：钢筋在加工厂加工制作，不小于Φ14的水平钢筋采用闪光对接焊连接，剪力墙暗柱竖向钢筋在现场采用电渣压力焊连接。

③ 混凝土工程：主体混凝土主要采用固定泵输送商品混凝土，局部零星采用非泵送商品混凝土，保证混凝土浇筑的连续性，墙体混凝土不得出现施工冷缝。

④ 垂直运输：现场布置13台塔吊，可满足主体结构施工阶段的模板、钢筋和周转材料的垂直运输。砌体和装饰阶段则安装16台施工电梯，以供模板、钢筋、架料、砌体材料和装饰材料的运输。

⑤ 脚手架工程：全部采用落地式钢管扣件脚手架。

2.2　施工准备

（1）技术准备。

1）工程开工前由项目经理组织全体项目管理人员认真阅读施工图纸和建设工程承包合同，领会设计意图和合同精神，明确工程的承包内容，掌握工程的特点，学习有关标准和规范，对设计图纸进行预审与会审。

2）工程开工前编制并报送监理单位、建设单位审核的专项方案如下：由下属专业公司负责编制塔吊、施工电梯安装及拆卸方案，由项目技术负责人组织编制模板及支撑架专项设计方案，地下室及屋面防水专项方案，脚手架搭设及拆除施工方案，现场临时用电专项方案。

3）结构施工前，项目技术负责人组织有关管理人员针对本工程的结构特点、难点、重点部位等，编制施工预控点、质量计划、施工组织设计和施工预算。

（2）施工现场准备。

进场前主动与建设单位取得联系，做好现场交接工作，做好施工现场总平面布置，做到施工道路畅通、短运输、少搬运、二次运输量最少。

根据施工总平面布置图修建现场临时设施，布置好用水、用电管线，搞好总平面布置，修好现场排水沟、沉淀池；做好现场测量放线及引测高程工作，及时请规划部门验线；现场设置永久水准点三个，为标高控制和沉降观测做好准备；与现场各方人员配合好，兼顾各方利益；强化治安防卫、现场卫生及宣传工作，保证施工有条不紊地进行；保护现场固定管线，严禁损坏。

（3）材料准备。

1）熟悉图纸，核对本工程特殊材料要求、品种、规格和数量。

2）根据施工图纸提出材料用量计划，由材料组按计划组织进场。

3）材料进场后立即进行检验与复试，按材料的贮存与保管要求做好堆场和仓库准备。

4）主要周转材料需用计划见附表1-2。

附表1-2　　　　　　　　　　主要周转材料需用计划

序号	名称	单位	数量	用途
1	48×3.5 钢管	t	15 000	支模架与脚手架
2	木质胶合板	m²	270 000	墙、楼板支模

（4）机械设备准备。

1）在施工准备阶段考虑塔吊的基础定位设置和设备检修检查。

2）进场前在场外设置好钢筋、模板加工场及所用设备。

3）施工准备阶段使降水设备及潜水泵等进场。

4）施工准备阶段木工机械、焊接设备全部进场到位。

5）其他机械根据施工机械需用计划组织进场。

（5）劳动力的准备。

1）由各分项工程的专业施工管理人员组成施工操作管理层；由专业技术性较强、操作技能娴熟的技工组成各分项工程操作的独立大班组，建立班组管理体系。

2）根据施工组织设计的施工进度安排和劳动力总体需要计划，编制阶段性的劳动力需用计划，确定进出场时间。

3）根据劳动力需用计划组织劳动力进场，安排好工人进场后的生活，进行规章制度、安全施工、操作技术和精神文明的教育。

4）进场施工人员都必须持证上岗。

（6）施工准备工作的责任人和完成时间见附表1-3。

附表1-3　　　　　　　　　施工准备工作的责任人和完成时间

序号	准备工作名称	主办部门	完成时间	责任人
1	施工组织机构	项目经理部	开工前	项目经理
2	技术准备	工程技术组	图纸会审前	项目工程师
3	人员准备	后勤组	按劳动力需用计划分阶段进场	项目经理，劳资员
4	材料准备	材料组	按进度和材料需用计划要求进场	项目经理材料组长
5	生产、生活设施	施工组	基础挖土前	施工主管专业工长
6	施工机具准备	机械组	按机械设备需用计划要求进场	项目经理机械员

3. 施工用水用电计划

3.1　施工用水布置

（1）用水量的计算：施工用水量既要考虑施工的实际需要，又要满足现场的消防用水要求，而消防的用水量较大，故按消防用水来计算。

（2）管线布置：建设单位提供的供水接点为$\Phi100$管，可以满足要求。根据接口，沿临时道路及建筑物呈环行布置，所有管道均采用镀锌钢管，严禁使用塑料管，以防损坏。

3.2　施工用电布置

（1）用电量计算：基础阶段动力用电量$Q_1=250kW$，焊机用电量$Q_2=60kVA$。

（2）线路布置：整个现场的施工用电总配电箱在靠围墙边的配电室处。场地为多边形，因此本工程施工用电线路布置相对复杂，不可全部采用电缆沿道路敷设。主线采用橡胶护套铜芯线，分别绕现场围墙引至各用电点的控制配电箱。电缆敷设原则是埋地，跨越道路处加钢套管埋地敷设。

3.3　现场排水

（1）现场沿施工道路边设置排水明沟，经三级沉淀池沉淀后与市政公共雨水管网连通。

（2）临时厕所设置临时化粪池，化粪池每月底定期清理运走。

（3）施工期间保证整个现场排水畅通，维护好所有的临时卫生设施，在竣工退场时拆除并清理干净。

4. 进度控制计划

根据该工程招标文件的工期要求、本工程的施工条件和我公司的综合实力，制定总工期目标、各阶段工期控制节点及保证工期目标实现的措施。

4.1　工期目标

本工程的总工期目标为560日历天。

4.2　各节点的施工工期计划

（1）施工准备阶段：因为本工程地下室、桩基础及土方开挖均在本次招标范围内，故进场后首先进行测量定位放线和水准点的引测。

（2）主体结构施工：测量定位放线及水准点的引测完成后，立即依次进行管桩施工、土方开挖、垫层施工、承台及地下室结构施工、上部主体结构施工及装修工程施工，穿插进行设备预留、预埋及安装工程施工。

（3）装饰施工阶段：主体结构施工全部完成后，以外墙石材、幕墙及屋面装饰施工为主线，同时进行内装饰、门窗、屋面施工。

（4）主体结构施工开始后即进入水电、通风、消防预埋工程施工。

5. 投入的主要施工机械设备及其进场计划

5.1 机械设备的配置

（1）配置原则：机械设备的配置是保证施工进度的关键，必须体现经济合理的配置原则，做到既满足施工的要求，又能降低工程成本。

（2）垂直运输设备的选择及技术性能。

1）塔吊：由于本工程平面面积大，垂直和水平运输选用塔吊运输成型钢筋、架管及模板。

2）施工电梯：主楼结构施工至三层时开始设置施工电梯，用作砌筑、装饰及部分周转材料的垂直运输。

3）混凝土输送泵：本工程采用商品混凝土，故用混凝土输送泵将地下室及主体结构施工用的混凝土输送到浇筑面上。

（3）其他机械设备：根据本工程特点及现场实际情况，在结构施工阶段建筑物周围设置若干个钢筋加工区，配置钢筋对焊机、弯曲机、调直机、切断机、电渣压力焊机等机械进行钢筋制作。

5.2 施工机械设备需用计划表

施工机械设备需用计划表见附表1-4。

附表1-4　　　　　　　　　　施工机械设备需用计划表（摘要）

序号	机械或设备名称	型号规格	单位	数量	进场计划	备 注
1	吊车	—	台	8	开工后200d	垂直运输
2	塔吊	QTZ120	台	13	开工后60d	垂直运输
3	施工电梯	SJT-ⅡA	台	16	开工后150d	垂直运输
4	混凝土搅拌机	JZC350	台	4	开工后60d	搅拌混凝土
5	砂浆机	ZMB-10	台	40	开工后60d	搅拌砂浆
6	混凝土输送泵	HBT60	台	5	开工后50d	混凝土输送
7	加压泵	25-160A	台	50	开工后150d	水管增压
8	插入式振动器	HZ-50	台	40	开工后50d	混凝土施工
9	平板式振动器	BL11	台	20	开工后50d	混凝土施工
10	管桩机械	—	台	6	开工后6d	管柱桩施工
11	反铲挖掘机	—	台	15	开工后40d	土方施工
12	自卸汽车	—	台	45	开工后2d	垃圾清运

6. 工程投入的主要物资计划

科学的管理、先进的技术、充足的周转材料与工具，是工程施工的关键保证。针对本工程的工期安排及施工分区布置，结合我公司的实力，计划在此工程中投入的周转材料及工具见附表1-5。

附表1-5 主要物资供应计划（摘要）

序号	名　　称	单位	数量	投入时间
1	白水泥	t	38	开工后320d
2	扁钢	kg	2506	开工后330d
3	杉木	m³	280	开工后80d
4	水泥	t	10 240	开工后60d
5	锯材	m³	3045	开工后80d
6	竹脚手板	m²	19 800	开工后160d
7	玻璃	m²	19 500	开工后380d
8	管桩桩尖	个	1676	开工后15d
9	PHC管桩	m	90 028	开工后10d
10	泵送商品碎石混凝土	m³	3800	开工后40d
11	非泵送防水抗渗商品碎石混凝土	m³	9960	开工后40d
12	非泵送商品碎石混凝土	m³	20 970	开工后40d
13	泵送防水抗渗商品碎石混凝土	m³	5479	开工后40d
14	钢筋	t	16 228	开工后40d
15	砂子	m³	19 400	开工后50d
16	加气混凝土砌块	块	30 000	开工后50d
17	红砖	块	290 000	开工后50d
18	模板	m²	270 000	开工后50d

7. 劳动力计划

7.1 劳动力计划说明

劳动力计划说明见本节2.2（5）。

7.2 施工高峰期计划投入总人数

施工高峰期计划投入总人数见附表1-6。

附表1-6 施工高峰期计划投入总人数

工种名称	按工程施工阶段投入劳动力（开工后日历天前）								
	60	120	180	240	300	360	420	480	560
土方工	120	120							
模板工		300	500	600	500	200			
钢筋工		180	300	400	300	160			
混凝土工		160	230	260	180	80			
砌砖工				160	300	180			
泥水工						130	580	650	380
普工		120	120	220	280	300	420	500	340
水电安装工	40	40	40	40	40	40	60	90	260
防水工		30	30				20	60	30

续表

工种名称	按工程施工阶段投入劳动力（开工后日历天前）								
	60	120	180	240	300	360	420	480	560
门窗工							180	120	60
油漆涂料工							80	280	180
管桩工	80								
外架工		50	50	120	120	20	20	30	140
管理人员	35	35	35	35	35	35	35	35	35
合计	235	1035	1305	1755	1755	1245	1395	1765	1425

8. 主要施工工艺

采用科学合理的施工流程、先进的施工方法、切实可行的施工技术措施和施工工艺，消除常见的施工质量通病，创市优质工程。

8.1 施工工艺流程

（1）总体工艺流程（附图1-2）。

（2）主体结构施工总体工艺流程（附图1-3）。

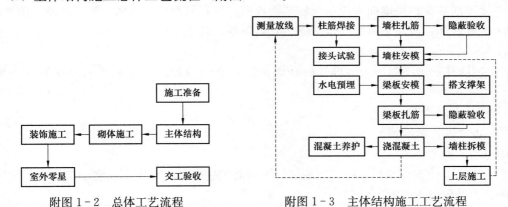

附图1-2 总体工艺流程　　　　附图1-3 主体结构施工工艺流程

（3）装饰工程施工总体工艺流程（附图1-4）。

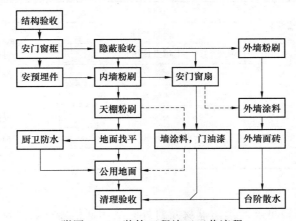

附图1-4 装饰工程施工工艺流程

8.2　主体结构施工工艺流程

（1）施工流水段的划分：每层柱墙和梁板一次浇筑，以楼层为界分段流水施工。

（2）主体结构混凝土工程施工工艺流程（附图1-5）。

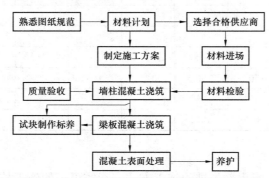

附图1-5　主体结构混凝土工程施工工艺流程

8.3　装饰工程施工工艺流程

（1）装饰工程施工总则。

1）内墙面装饰：内墙面施工依次进行刮腻子、水泥砂浆、面砖、涂料、水性水泥漆等。

2）楼地面装饰：楼地面采用水泥砂浆楼地面、细石混凝土楼地面、防滑地砖、地坪漆。

3）天棚装饰：天棚采用水性水泥漆、外墙涂料、高级天棚涂料。

4）外墙装饰：甲方另行发包。

（2）内墙抹灰施工顺序：清理基层→做灰饼冲筋→做护角→抹底子灰→刮糙灰→抹面层灰。

9. 安装工程施工（略）

10. 防台风、暴雨预案

10.1　职责

鉴于本工程处在台风与暴雨多发地区，为预防灾害发生，制定本应急响应预案。预案中的职责分工见附表1-7。

附表1-7　　　　　　　　　　　**防台风与暴雨职责分工**

组别职能	责任人	职责任务
指挥	项目经理	指挥协调
值班联络组	工程管理组长	对内、外联络与巡逻
抢救组	××××××	抢救
疏散组	××××××	人员疏散、逃生
救护组	××××××	负伤人员救治和送治
损管组	××××××	损失控制、物质抢救
环保组	××××××	环境污染控制

10.2　资源配置及应急准备

（1）资源配置：配备足够的消防器材及对外联络用通信器材，经培训的消防队员和其他职能人员，相应的医疗救护设备，备用照明设备，准备足够的经费。

（2）应急准备。

1）将消防器材布置点与安全通道的区域平面图张贴在显著位置。

2）项目经理部建立相应的防台风与防暴雨领导班子、防台风与防暴雨职能班组，进行相应的培训。

3）项目经理部每月检查一次，确保防汛与消防器材的完好性，并进行合理的维护保养。

4）在台风易发季节，联络组注意收听天气预报，如有台风或暴雨来临，及时发布紧急通知；六级以上台风停止施工；八级以上台风进入紧急防台风或防暴雨准备。

5）台风或暴雨来临之前，防台风、防暴雨领导班子和防台风、防暴雨职能班组要做好防台风、防暴雨准备：现场容易扬尘的物资要遮盖，易被风吹走的物资要收拢固定；加固脚手架，脚手架上禁止放物件；检查水体排放管道的畅通情况，清除易堵塞物；清除周边环境的杂物；加固活动房、机械设备防护棚、塔吊、施工电梯；放下塔吊头部，如不能放下塔吊头部要顺风放置，放开旋转的刹车；切断施工现场的电源；准备好备用照明设备。

6）项目经理部所在区域要保持防火通道和安全通道的畅通。办公室门窗要关闭好。各级防台风、防暴雨领导班子和防台风、防暴雨职能班组通信要畅通。

7）项目经理部每年举行一次防台风、防暴雨演习，通过演习检验并改进防台风、防暴雨预案。

（3）应急响应。

1）台风、暴雨发生后，防台风、防暴雨领导小组启动防台风、防暴雨应急预案。

2）值班人员进入紧急状态，巡视现场周边情况，发现异常及时向领导小组报告。

3）如因台风引发火灾，防台风、防暴雨抢救组立即组织扑救并报告领导小组启动防火紧急预案。

4）因台风引发倒塌事故，如有人员被困，疏散组根据现场情况确定疏散、逃生通道，组织逃生疏散，并负责维持秩序和清点人数。如有人员伤害，救护小组立即组织抢救，并报告领导小组后启动意外伤害急救预案。如果暴雨造成水体排放管道堵塞或环境污染，环保组立即组织疏通和控制。如有物质需抢救，损管组立即组织物质抢救，控制损失。

5）环保组采取措施管控环境污染。

11. 质量控制计划

11.1　质量控制目标

本工程的质量控制目标是厦门市优质工程。

11.2　确保工程质量的组织措施

（1）为了保证工程质量受控，建立以企业总经理为首、总工程师为技术业务领导的质量管理体系，对工程质量进行监督与控制。

（2）组织成立质量检查小组，对该工程质量行使管理与监控权，对工程质量进行动态跟踪控制，秉公执法，严格对每道工序的质量检验，绝不让不合格的产品转入下一道工序。为确保质量监督管理工作公正，质量检查小组在行政上保持相对独立，经济分配上与项目脱钩。

11.3　建立质量管理保证体系

(1) 把质量责任落实到每一个管理者，奖惩分明。与质量有关的纵横协作单位以合同的形式明确责、权、利。在施工的全过程中严格按质量体系有效运行。

(2) 在主体施工阶段，重点控制轴线、标高以及卫生间、屋面防水工程的施工质量，按工序控制质量，实行"三检制"：班组自检，由施工人员组织班组之间和上下工序之间互检，专职质检人员对产品质量专检。

(3) 在装饰装修阶段，坚持以样板引路，有针对性地进行专项质量控制，精心施工创优，确保用户满意。

11.4　施工质量检验体系

施工质量检验体系如附图1-6所示。

11.5　工程质量保证体系

(1) 工程质量保证体系如附图1-7所示。

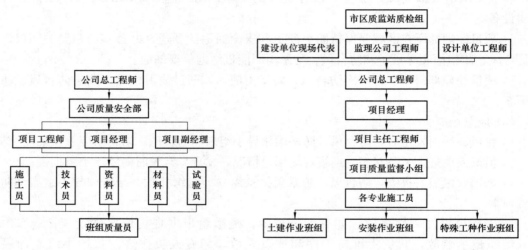

附图1-6　施工质量检验体系　　　　　附图1-7　工程质量保证体系

(2) 项目经理部质量保证机构及运行如附图1-8所示。

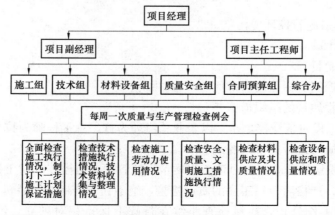

附图1-8　项目经理部质量管理与保证机构及其运行系统图

12. 确保安全生产的技术组织措施

12.1　安全目标

杜绝重大伤亡事故，达到标准化施工管理标准，通过厦门市级施工现场安全生产管理保证体系认证，创市级文明工地，轻伤事故频率控制在 0.1%以下。

12.2　安全生产组织措施

（1）施工现场设专职安全员负责施工现场安全工作的监督检查，并进行目标管理。

（2）建立项目安全管理与保证体系，贯彻实施国家和厦门市有关安全生产的方针、法规、标准、规范、规程，认真执行"安全第一、预防为主"的方针，以"安全生产重于泰山"的要求，结合本工程具体情况，制定严密的安全管理制度，以保证安全生产。

12.3　建立严密的安全施工制度

（1）层层落实安全责任制，要求各级管理干部和各职能部门做好本职范围内的安全工作，各负其责，做到生产安全事事有人管。

（2）安全技术措施制度。施工中采取的任何安全措施，都应编制具有可靠性、可操作性及针对性的安全交底或方案文件，按程序获得批准后再组织实施。采用新技术、新工艺、新材料、新设备时，必须制订相应的安全技术措施并付诸实施。

（3）定期检查与跟踪相结合的检查制度。公司定期或不定期地组织安全生产大检查，重点检查安全生产的安全意识，组织措施、技术措施、安全防护措施的落实情况，以及工人的安全行为。公司每月组织一次项目安全检查，具体落实有关安全生产的制度、措施，解决安全生产中出现的问题，对安全事故隐患采取有效的预防措施。设立项目安全管理小组，每天跟班巡回检查，边查边改，消灭事故隐患，制止违章作业和违纪行为。检查重点是高空作业、电气线路、机械动力，防止发生高空坠落、触电、机械伤人等事故。检查中发现的问题和隐患，要做好书面记录和签字，消灭事故隐患。

（4）执行安全技术交底措施。分部工程施工前应由项目安全责任人对全体施工人员进行施工安全技术交底，分项工程或每个工种施工前由专职安全员对班组作业人员进行书面的施工安全交底，班组履行签字手续后方可进行作业。

（5）坚持安全教育制度。对入场的工人进行严格的三级安全教育，使其熟知安全技术操作规程，了解工程施工及施工安全的特点。经常组织班组学习安全技术操作规程，教育工人不违章作业和不得有违纪行为。项目经理部每周开一次安全例会，班组每天开班前安全会，并做好安全教育记录。

（6）坚持上岗证制度。新入场的工人进行严格的公司、项目经理部、班组长三级安全教育，对应熟知的安全技术操作规程进行考核，不合格者不能上岗。所有施工人员持证上岗，特种作业人员应持特殊作业证进行现场作业。

（7）坚持准用证制度。施工现场的架子、塔吊、施工电梯、机械设备、临时电气线路，均应进行检查验收，合格签字后方准挂牌投入使用。

（8）坚持"安全三宝"使用制度。坚持使用"安全三宝"，进入施工现场必须戴好安全帽，禁止穿半高跟鞋、高跟鞋或拖鞋进入现场。现场的指挥、质量、安全检查等人员须佩戴明显的袖章或标志，危险施工区域挂警示灯。施工现场必须悬挂醒目的安全标语和安全色标，实行全封闭管理，设立门卫，严禁非施工人员进入现场。

12.4　雨期施工应急措施

（1）做好现场排水沟，确定排水方向，设集水井，准备好抽水设备。现场道路派专人维修，确保在雨季期间道路畅通。

（2）准备好雨衣、雨鞋等个人防护用品，确保在雨天能继续进行必需的施工。

（3）准备好塑料布与篷布等防雨用品，对新浇筑的混凝土及怕潮的材料及时进行覆盖。

（4）水泥房、库房、宿舍、办公室、食堂等生产、生活临时设施应检查和维修，做到不漏雨、不倒塌。台风季节应有可靠的防台风措施。

（5）所有的电器设备和机械设备均应有防雨、防潮措施，所有机器应搭棚遮挡，不准发生现场设备日晒雨淋情况。

（6）雨季期间保持与气象台的联系，及时掌握天气变化情况，在台风、大风、暴雨到来之前，预先做好预防准备工作。

（7）现场的上下人行斜道、马道和人行横道等，均应有防滑措施。

13. 安全施工技术方案（略）

14. 保证工程进度的技术组织与管理措施

14.1 保证进度的组织与管理措施

（1）加强沟通。项目经理部与建设、设计、监理等单位紧密配合，严格按照施工组织设计进行施工，保证总进度计划如期完成。

（2）实行目标分解，责任到人。项目经理全面负责进度计划实施；项目主任工程师和各专业工长具体领导执行；操作人员服从安排，积极投入具体工作，按时、保质地完成各自任务；内业人员每旬按实填写工程进度表，上报项目经理；公司生产部门督促实施进度计划，每月定时核实工程进度。实现奖罚分明的奖惩制度，使责任与利益挂钩。

（3）进行目标管理。建立全方位、全过程、多层次的目标管理体系，向管理要效益、要质量、要工期。

（4）建立每周一次的现场例会制度，项目全体干管人员、各分包单位负责人参加，总结前一周计划，安排落实下一步计划。

（5）定期检查计划的完成情况，包括形象进度、材料供应、进度管理等情况的检查，及时发现、处理影响进度的因素。对滞后的进度及时采取措施，组织力量限期赶上，避免因进度滞后累积无法保证工期的现象发生。

（6）总进度计划要由总承包单位根据材料（设备）的进场、进货时间一起编制；月、旬、周计划要顾及各专业分包单位；所有的施工进度计划要报建设单位和监理单位审核。

14.2 保证进度的计划安排

（1）以计划为龙头，以总进度计划为基础，编制好每月的进度计划，长计划短安排。主管生产的项目副经理、主任工程师及各工长、内业人员都切实履行各自职责，控制工程进度，保证进度计划实施。加强调度，充分发挥我公司的综合管理能力。

（2）各分包单位应根据总进度计划要求，编制各时期的作业计划，按计划实施。

14.3 保证进度的技术措施

（1）现场技术人员主动与设计单位取得联系，从施工角度给设计单位出谋划策，将以前施工过类似工程的经验运用到本工程中，减少因设计失误而造成的返工现象。

（2）加强技术管理力度，适应施工进度的需要。将已经确定的技术变更及时通知施工工长和施工班组；临时性的修改要立即制订相应的技术处理措施；对可能影响施工进度的问题，及早主动向监理、业主提出，尽量避免事后处理。

（3）编制详细的各种资源供应计划，材料部门及时按计划准确地提供各种材料，以满足施工进度需要。

（4）在确保建筑结构质量和使用功能且不增加建设单位投资的原则下，根据工期目标和实际施工情况，会同设计、业主、监理等单位，采取灵活、可行的技术措施，及时解决施工中的各种问题。

（5）加强施工的预见性，所有施工技术准备工作均应比现场进度提前一个月，所有材料及半成品供应较实际进度提前 3～7d 运到现场，随附所需的合格证、复检证明等，保证材料能及时使用到工程上。

（6）应用新技术、新工艺缩短技术间歇时间，提高工效。

（7）针对各阶段施工情况实行动态管理，投入足够的劳动力，通过招标择优使用作业队伍。中标的作业队与项目经理部签订经济承包合同，实行平米包干，激励职工的劳动热情。

14.4　保证进度的经济措施

（1）垂直运输机械是保证本工程按期竣工的关键设备，经现场实地考察、设计的实际情况、该工程的特征和工期要求，在主体结构施工阶段采用塔吊、施工电梯作为垂直运输机械，可以保证垂直运输材料及时准确到位，有利于缩短工期。

（2）在现场建钢筋加工生产线，配备加工钢筋的各种设备，在现场安装。中、小型机械设备按照施工的总体部署及各阶段进度需要配足、配全，及时组织进场以保证进度。

（3）加强机械设备管理和维护保养，确保正常运转，机械设备完好率保证达到 98％以上，利用率保证达到 80％以上。设置一个机械维修班以加强设备管理，保证施工的连续性。

15. 履行施工总承包管理职责

幕墙工程、二次装修工程等由业主直接发包，我公司与平行专业分包单位协作施工，签订安全文明施工协议，收缴安全管理押金。

15.1　总承包对分包的综合管理措施

我公司将严格按照施工合同规定的范围、权利、职责和义务，施行总承包管理和组织施工，保证安全、质量和进度目标实现。公司将以诚实守信、友好合作的经营作风，以"一流管理、一流质量、一流速度、一流服务"满足用户要求。对业主直接发包的分包管理，我们将努力做到以下几点：

1）根据合同规定的总工期，按计划进行综合平衡协调，把各类分包单位和施工内容全部纳入总包的管理中。利用例会、联系单、备忘录、函件等各种方式进行协调。

2）管理人员按各自的职责熟悉业主的要求，熟悉有关制度、规范和分包合同中的各项条款和附件，按国家和市政府所颁发的质量要求和规定，详细准确地向分包单位交底。

3）建立协调例会、分析例会与交底会制度，检查考核制度，资料档案管理制度。

4）按周编写工程施工简报，将工程情况及时通报各方，并及时对管理情况进行总结。

5）技术部门在图纸审核时着重注意各专业之间的交叉配合，如果发现问题立即通知相关专业修改图纸，确保现场施工时各工序环环相扣，配合默契。

6）把总包与各分包单位之间的关系、分包与分包单位之间的关系作为相互依存的关系，相互促进、相互制约。总包单位作为各分包单位之间的桥梁和纽带，综合协调工程施工中各方权益和义务。

15.2　总承包单位对分承包单位的质量控制与安全控制

（1）正式施工前的质量控制：做好质量控制工作的准备；审查分承包方的资质；审查分承包方在特殊施工过程中所用的设备和人员；审查分承包方的施工方案；对工程所需设备、原材料进行检查；协助分承包方完善质量保证体系。

（2）施工过程中的质量控制：对定位放线、高层水准点、埋件等进行交接；配合分承包方对构件、管道、设备的安装。

（3）施工完成后的质量控制：分承包方完成施工过程形成产品后，总承包方组织有关人员按施工及验收规范和质量评定标准逐一进行初验，并请质量监督部门进行评定；责成分承包方提供质量检验报告、竣工图及有关技术文件以备审查；要求分承包方将分项、分部工程交工技术文件编辑成册，按合同规定的份数提交给总承包方。

（4）督促分包单位建立健全安全消防管理与保证体系，设立安全人员，执行总承包项目安全消防管理规章制度。

（5）检查分包单位施工过程的安全消防情况，协助督促分包单位进行工人入场和定期的安全消防教育考核。

15.3　与各单位的协调配合

包括与建设单位、设计单位、监理单位、水电安装单位、装饰工程施工单位、电梯安装施工单位的协调配合等。（略）

附录 2　厦门大学翔安校区工程施工组织总设计（摘录）

1. 工程概况

1.1　工程简介

厦门大学翔安校区主要建筑由 1、2、3、4、5 号楼组成，总建筑面积 201 439.80m²，承包工程总造价 4.4 亿元，建筑总平面图如附图 2-1 所示。各单体工程基本情况见附表 2-1。

附表 2-1　　　　　　　　　　　　各单位工程的基本情况

栋号	建筑面积/m²		楼层	楼层高度/m	檐口高度/m	建筑功能
1 号楼	地上建筑	34 728.5	5	1 层：4.5 2~5 层：4.2	21.9	公共教学楼
	地下室	8608.5	1			
2 号楼	地上建筑	36 146.5	5	1 层：4.5 2~5 层：4.2	21.9	公共教学楼
	地下室	8608.5	1			
3 号楼	地上建筑	59 204.0	9	1 层：4.2 2~9 层：4.8	47.7	图书馆
	地下室	11 990.0	1			
4 号楼	地上建筑	27 241.6	5	1 层：4.5 2~5 层：4.2	21.7	公共实验楼
5 号楼	地上建筑	28 420.3	5	1 层：4.5 2~5 层：4.2	21.7	公共实验楼

1.2　结构工程概况

（1）建筑抗震设防为丙类，建筑结构安全等级为 3 级，所在地区的抗震设防烈度为 7 度，框架抗震等级为 3 级，剪力墙抗震等级为 2 级。本工程结构体系及基础形式见附表 2-2。

附表 2-2　　　　　　　　　　　　工程结构体系及基础型式

栋号	结构体系		基础形式	备注
1 号楼	地上建筑	框架	预应力管桩	抗拔桩单桩抗拔承载力特征值不小于 350kN，单桩竖向承载力特征值不小于 1000kN，静压终止压力不小于 2200kN，桩端持力层残积黏性土进入持力层 3m，抗拔桩的桩身接头及桩身材料应满足抗拔承载力的要求。承压桩单桩竖向承载力特征值为 2200kN，静压终止压力不小于 4800kN，桩端持力层为全风化花岗岩，进入持力层 3m
	地下室	剪力墙		
2 号楼	地上建筑	框架	预应力管桩	
	地下室	剪力墙		
3 号楼	地上建筑	框架	预应力管桩	
	地下室	剪力墙		
4 号楼	地上建筑	框架—剪力墙	独立基础＋抗浮锚杆	
5 号楼	地上建筑	框架	预应力管桩	

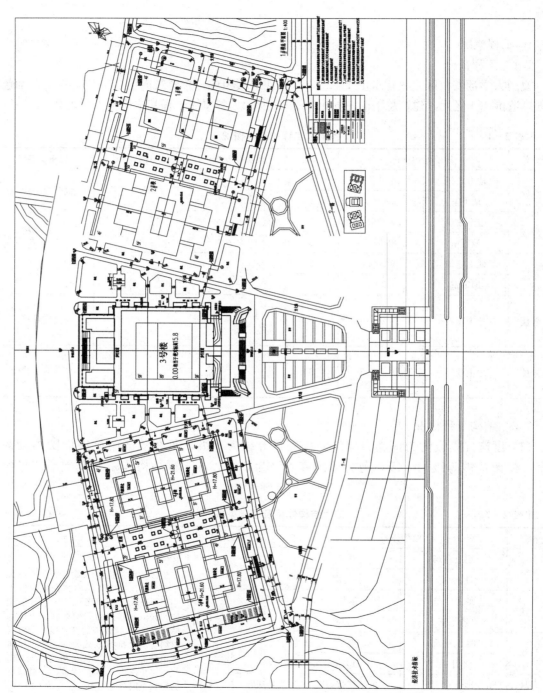

附图 2 - 1　厦门大学翔安校区工程建筑总平面图

（2）墙体。

1）外墙均采用 200mm 厚加气混凝土砌块，强度等级 A5.0。

2）内墙除特殊注明外，均采用 200mm 厚加气混凝土砌块，强度等级 A5.0；立管竖井处墙体采用 100mm 厚加气混凝土砌块，待立管安装后再砌筑。

3）外墙防水：墙身水平防潮层设于室内－60mm 处，周圈封闭（如为钢筋混凝土构造时此标高处可不做防潮层），做法为 20mm 厚 1：2 水泥砂浆内掺 5％防水剂；室内地坪标高变化处防潮层应重叠搭接 300mm，并在有高低差埋土一侧的墙身做 20mm 厚 1：2 水泥砂浆防潮层；外墙±0.00m 以下采用 200mm 厚实心混凝土小砌块。

4）墙体抗震措施。

① 构造柱：填充墙的构造柱位置详见各层建筑平面图，除特别注明外，构造柱截面均为 200mm×200mm，纵筋 4Φ12，箍筋 6@150。

② 拉结筋：填充墙应沿框架柱（构造柱）全高每隔 500mm 设 2Φ6 拉筋，拉筋伸入墙内的长度不应小于墙长的 1/5，且不小于 1000mm。

（3）混凝土强度等级见附表 2－3。

附表 2－3　　　　　　　　　　　混 凝 土 强 度 等 级

栋号	主要部位	混凝土强度等级	混凝土的特殊要求
地下室	垫层	C15	混凝土抗渗等级 P8，外加 SY－K 膨胀纤维抗裂防水剂
	承台	C30	
	基础梁	C30	
	基地下室底板、电梯坑	C30	
	地下室外墙	C30～C35	
零星构件	构造柱、过梁、压顶等	C20～C25	
1 号楼	梁、板、楼梯	C30	屋面板及挑檐用 P6 抗渗混凝土
	框架柱	C30	
2 号楼	梁、板、楼梯	C30	屋面板及挑檐用 P6 抗渗混凝土
	框架柱	C30	
3 号楼	梁、板、楼梯	C30	屋面板及挑檐用 P6 抗渗混凝土
	框架柱	C30	
4 号楼	梁、板、楼梯	C30	屋面板及挑檐用 P6 抗渗混凝土
	框架柱	C30	
5 号楼	梁、板、楼梯	C30	屋面板及挑檐用 P6 抗渗混凝土
	框架柱	C30	

1.3　建筑工程概况

五栋号楼均沿用一主四从、中西结合、仿古建筑风格，拟建成校区图书馆、报告厅、公共教室和公共实验室，将成为未来厦门大学的标志性建筑。

（1）地面工程：包括地砖地面、水泥地面、混凝土地面等多种。

（2）楼面工程：包括玻化砖、自流平环氧胶泥、防静电双层地毯、耐磨漆、强化复合板地板、水泥、混凝土等楼面。

（3）内墙工程：有乳胶漆、面砖、铝网板面层吸音、挂贴大理石、树脂板等墙面。

（4）天棚工程：有乳胶漆平顶、轻钢龙骨硅钙板吸音天棚、轻钢龙骨纸面石膏板天棚、铝合金装饰吊顶等。

（5）外墙工程：包括浅色干挂石材幕墙、面砖和高级专用涂料墙面。

（6）屋面工程：防水等级为 2 级，天沟排水坡度为 2%；上人屋面铺防滑地砖面层；不上人屋面铺 25mm 厚水泥砂浆保护层。

2. 施工部署

2.1 总体分析

工程占地面积大，水平运输量大，基础及屋面工程量大，所需的劳动力多，因此施工过程中工程机械、劳动力及材料的投入量都很多，工期控制、各工种的协调和安全管理将是本工程施工管理的重中之重。

2.2 总体思路

工程实施过程中将根据现有的机械装备、劳动力、科技优势以及工程的主要特征组织施工，确定总体施工流程，实施平面分区分段、立体交叉、流水作业、循序推进的组织方法，充分利用有限的时间和空间，组织各工种与各工序立体交叉作业，确保安全、优质、高效地完成招标文件规定的全部任务。

本工程首先以 1、2、4、5 号楼结构施工为主线，同时又插入了 3 号楼作业，投入的机械设备有：13 台 QTZ - 120 型塔吊及 16 台施工电梯，以保证人员及材料的垂直运输；5 台混凝土输送泵，以保证混凝土的泵送，配备精干的管理人员及施工队伍，在保证主线主体结构的同时及时插入 3 号主楼作业，确保 1、2、4、5 号楼在 2012 年 7 月 10 日前交付使用，继而实现 560 天的总工期目标。

3. 施工准备

3.1 施工进场准备

（1）组织精干的管理班子，劳动力按需分批进场搭建施工及生活用房及清理场地。

（2）做好施工现场水通、电通、路通、通信和场地平整工作；按照消防要求，设置足够数量的消防设施。

（3）施工用各种机具设备分批调度进场，根据平面布置就位并接通其用水用电。

（4）办妥各项有关施工证件手续，执行国家和当地有关规定、条例、办法，做到有准备开工，按规范施工。

（5）规划主材来源，各种材料、半成品在征得业主方同意后，订货、签约、办理手续，按施工进度计划提前进料，按指定地点堆放或入库。

3.2 施工技术准备

（1）图纸会审。认真熟悉图纸，组织技术交底，项目总工程师及有关技术管理人员参加施工图纸和施工方案的会审，根据施工经验对其中的问题提出建议。

（2）编制专项施工方案。本工程拟编制的专项施工方案共 30 种，见附表 2 - 4。

附表 2 - 4　　　　　　　　　　　本工程拟编制的专项施工方案

	序号	施工方案名称	计划编制时间
施工技术类方案	1	施工现场临时用电专项施工方案	2011 年 7 月 1 日
	2	4、5 号楼模板专项施工方案	2011 年 7 月 20 日
	3	1、2 号楼模板专项施工方案	2011 年 7 月 20 日
	4	3 号楼模板专项施工方案	2011 年 7 月 30 日
	5	桩基施工方案	2011 年 6 月 5 日
	6	4 号楼土方开挖专项施工方案	2011 年 7 月 10 日
	7	5 号楼土方开挖专项施工方案	2011 年 7 月 10 日
	8	1、2 号楼土方开挖专项施工方案	2011 年 7 月 20 日
	9	3 号楼土方开挖专项施工方案	2011 年 7 月 30 日
	10	高大模板支撑专项施工方案	2011 年 9 月 15 日
	11	大体积混凝土专项施工方案	2011 年 7 月 15 日
	12	节能专项施工方案	2011 年 8 月 15 日
	13	地下室防水专项施工方案	2011 年 8 月 15 日
	14	4、5 号楼外脚手架专项施工方案	2011 年 8 月 15 日
	15	1、2 号楼外脚手架专项施工方案	2011 年 9 月 15 日
	16	3 号楼外脚手架专项施工方案	2011 年 10 月 15 日
	17	塔吊卸料平台施工方案	2011 年 9 月 1 日
	18	施工电梯卸料平台施工方案	2011 年 10 月 15 日
安全文明类方案	19	施工企业事故应急预案	2011 年 8 月 5 日
	20	项目部事故应急预案	2011 年 8 月 5 日
	21	施工塔吊安拆施工方案	2011 年 8 月 5 日
	22	施工塔吊事故应急预案	2011 年 8 月 5 日
	23	施工电梯安拆施工方案	2011 年 10 月 15 日
	24	施工电梯事故应急预案	2011 年 10 月 15 日
	25	安全设计专项方案	2011 年 8 月 5 日
	26	文明施工专项方案	2011 年 8 月 5 日
	27	消防防卫方案	2011 年 8 月 5 日
	28	环境保护方案	2011 年 8 月 5 日
	29	防台风应急预案	2011 年 8 月 5 日
	30	绿色施工方案	2011 年 8 月 5 日

（3）制订有关材料试验、检验计划。

（4）施工图翻样并编制材料加工计划。

（5）测量定位准备：根据建设单位提供的基准点和水准点，建立适合本工程的测量定位和标高控制网络。

3.3　施工材料准备

（1）材料、构（配）件、预制品是保证施工顺利进行的物资基础，这些物资的准备工作必须在开工之前完成，根据各种物资的需要计划，分别落实货源，提前订货，安排运输和储备，确保满足连续施工的需求。

（2）主材供应商在开工之前确定。供应商应是与本公司长期合作的合格厂家。

3.4　劳动力的组织准备

建立工程现场项目经理部，在公司内择优选取、调集精干施工队伍进场。组织技术和安全交底，落实技术责任制，建立、健全各项管理制度，办理有关证件。

3.5　施工机械设备准备

（1）施工机械设备的准备工作必须在开工之前完成，根据施工总平面布置图进行布置和定位。

（2）根据需用计划，分别落实货源，提前订货、安排运输和储备，使之能够满足连续施工的需要。

3.6　工程重点、难点分析与对策

（1）3号楼门厅局部超过8m，属于高大模板范畴，应编制其专项施工方案，组织专家论证；在施工过程中严格按照已通过的施工方案操作；质检员应加强检查，特别应对模板垂直度等进行跟踪检查，联合各专业工长做到边检查、边整改；对施工全过程进行监督；施工前各专业人员应仔细核对图纸，避免因各专业图纸不对口而造成返工；对高大模板的支架，企业的相关部门应参加验收，验收内容包括使用的材料及支模架体搭设各项技术参数，是否按专项施工方案进行安装，扣件力矩检验（安装后的扣件螺栓拧紧，扭力矩应采用扭力扳手检查，抽样应遵循随机分布原则）。

（2）对各栋楼的坡屋顶，施工过程中要控制好模板的质量，把握好屋檐与屋脊的尺寸和标高，做好屋面瓦的选择和铺贴工作。

4.　项目组织机构与职责

本工程由北京城建集团厦门大学翔安校区项目经理部承担施工，对所有各专业施工自始至终负全部组织与管理责任。为保证工程按期竣工、质量达到验收规范或标准、满足使用功能，努力做到标准化与规范化管理。

4.1　项目经理经理部组织机构

项目经理部组织机构如附图2-2所示。

4.2　岗位职责

（1）项目经理的职责。

项目经理的主要职责是组织并协调各方实现工程项目的总目标，节约投资，保证工期，质量达到预定工程质量目标，公平维护各方利益。

1）负责制订施工组织设计和前期工作实施计划。

2）主持施工中的重要会议，组织并主持每周初各工种工作例会和周末总结评定会，做出周报表和月报表上报公司和业主备案。

3）对项目进度、工期、成本、费用和质量等进行有效控制，做好计划与实际的对比分析，发现问题及时处理。

4）对设计方及业主方提出的设计变更、工程项目增减和合同变动按时上报，及时对工作范围做相应调整，对各方面工作做出相应安排。

5）制订文件管理制度以保存完整的工程档案、会议纪要、洽商函、通知单及各类重

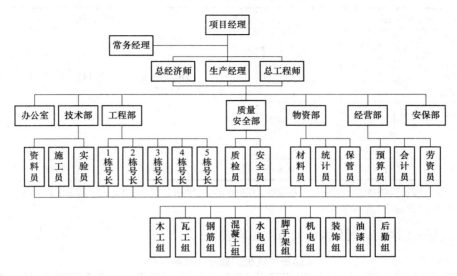

附图 2-2　项目经理部组织机构

要文件。

6）审查批准与工程有关的采购和现场行政支出。

7）向业主发出阶段检查验收及完工通知，取得对方认可的正式接受文件。

8）严格按设计图纸、施工规范及施工程序组织施工，按质量检验评定标准主持检查，不合格者决不交付使用。

（2）项目技术负责人的职责。

负责本项目的生产管理、安全管理、技术管理的全面工作，严格贯彻执行各项专业技术标准、验收规范和评定标准，主持图纸会审和重要部位的技术交底，处理施工中的质量和安全技术问题。及时提出工程的施工技术总结，处理和审批工程有关技术文件。对质量和安全具有"一票否决权"和奖惩权。

1）严格遵守和贯彻各项技术及安全规章制度。

2）组织职工学习安全技术规范、标准和安全操作规程，对安全技术及操作规程进行交底，认真落实施工组织设计中的安全技术措施，随时检查实施情况。

3）组织对工程施工工期、工程质量及施工方案中技术措施的落实。负责对职工进行技术及规程的交底及培训，做好各工序的技术复核、检查与交接。对工程存在的质量问题进行核实与整改，抓好工程技术内业资料及建档工作。

（3）项目副经理、技术部、质量安全部、经营部、物质采购部及工程部的职责（略）。

5. 项目质量管理（见"附录5"）

6. 施工总进度计划

6.1　区域划分及节点时间

（1）±0.0 以下结构施工区域划分及时间节点见附表 2-5。

附表 2-5   ±0.0 以下结构施工区域划分及时间节点

施工区域	开始时间	结束时间	工期/d	主要分项、分部工作内容
1号楼基础（含地下室）	2011.6.20	2011.9.30	80	PHC管桩施工、土方开挖、垫层、防水、地下室混凝土结构
2号楼基础（含地下室）	2011.6.25	2011.10.10	85	
3号楼基础（含地下室）	2011.7.5	2011.10.30	120	
4号楼基础	2011.6.25	2011.8.10	45	抗浮锚杆施工、土方开挖、垫层、独立基础施工
5号楼基础	2011.6.7	2011.9.8	94	PHC管桩施工、土方开挖、垫层、承台地梁施工

注：以上地下室的建筑物根据设计图纸、各单体工程所在的位置划分为五个施工区域，施工区域之间平行流水施工，各个分项工程根据工作面穿插施工。

（2）主楼施工区段的划分及时间节点见附表 2-6。

附表 2-6   主楼施工区段的划分及时间节点

施工区域	工程	开始时间	结束时间	工期/d	主要分部分项工程内容
1号楼	主体结构	2011.9.20	2012.1.20	125	框架及墙体
	装饰装修	2012.2.10	2012.6.30	130	屋面、外装饰、内装饰
	水电安装	2012.2.10	2012.6.30	130	安装、调试
2号楼	主体结构	2011.9.30	2012.3.1	150	框架及墙体
	装饰装修	2012.2.10	2012.6.30	130	屋面、外装饰、内装饰
	水电安装	2012.2.10	2012.6.30	150	安装、调试
3号楼	主体结构	2011.10.15	2012.4.30	200	框架及墙体
	装饰装修	2012.5.1	2012.11.30	210	屋面、外装饰、内装饰、精装饰
	水电安装	2012.5.1	2011.11.30	210	安装、调试
4号楼	主体结构	2011.8.10	2011.12.30	140	框架及墙体
	装饰装修	2011.12.30	2012.6.30	180	屋面、外装饰、内装饰
	水电安装	2012.2.25	2012.7.10	147	预埋、安装、调试
5号楼	主体结构	2011.9.10	2011.12.30	140	框架及墙体
	装饰装修	2012.2.10	2012.6.20	130	屋面、外装饰、内装饰
	水电安装	2012.2.10	2012.6.30	130	预埋、安装、调试

注：以上建筑物根据设计图纸各单项工程所在的位置划分为五个施工区域，施工区域之间平行流水施工，各个分项工程根据工作面穿插施工。

6.2 总体施工节点的划分及衔接

本工程施工时将综合考虑各专业分项工程的穿插施工，合理安排施工顺序，使人员、材料、机械合理配置，做到利用效率最大化，达到加快工程施工进度、提高工程施工质量的目的。工程节点总体衔接如附图 2-3 所示。

6.3 施工阶段划分

根据本工程特点进行如下施工阶段划分，并根据施工阶段划分确定施工重点，将施工重点作为各个施工阶段施工控制的关键点。施工阶段划分见附表 2-7。

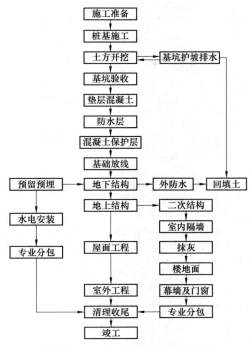

附图 2-3　工程节点总体衔接图

附表 2-7　　　　　　　　　　　　　施 工 阶 段 划 分

序号	施工阶段	子施工阶段	施工内容	施工方法及措施
1	施工准备	现场移交	场地情况记录、交接	资料移交
		临建搭设	按照施工总平面布置图，搭建施工现场的生活和生产临建	各种生产设施完善
		测量定位	确定测量水准点及红线位置，对场地进行放线定位	塔吊基础施工，现场红线复核，建立控制网
2	基础结构	基础施工	地下室底板、承台、基础梁土方开挖，基础、底板结构施工，底板大体积混凝土施工	大体积混凝土内部温度控制、大面积混凝土施工无裂缝控制
		地下室结构	地下室钢筋混凝土结构施工，地下室顶板施工、坡道施工、外墙砖模及防水施工、土方回填	地下室部分结构的施工
		机电安装预留预埋	±0.00 以下（含）的所有预埋工程，含所有线管、套管、埋件的预埋	配合土建施工，同时做好成品保护
3	主体结构	主体结构	钢筋混凝土结构施工	钢筋、模板体系施工、泵送混凝土施工
		屋面结构	屋面工程施工	防水控制
		砌体施工	墙体、构造柱	平整度、垂直度控制

续表

序号	施工阶段	子施工阶段	施工内容	施工方法及措施
4	总承包管理	3号楼室内精装修工程	业主另行招标，项目部对其进行总包管理与配合服务	总包管理、配合服务
		综合布线工程	业主另行招标，项目部对其进行总包管理与配合服务	总包管理、配合服务
		外墙花岗岩干挂	业主另行招标，项目部对其进行总包管理与配合服务	总包管理、配合服务
		消防工程	业主另行招标，项目部对其进行总包管理与配合服务	总包管理、配合服务
		空调工程	业主另行招标，项目部对其进行总包管理与配合服务	总包管理、配合服务
		电梯工程	业主另行招标，项目部对其进行总包管理与配合服务	总包管理、配合服务

6.4　施工总进度计划如附图 2-4 所示。

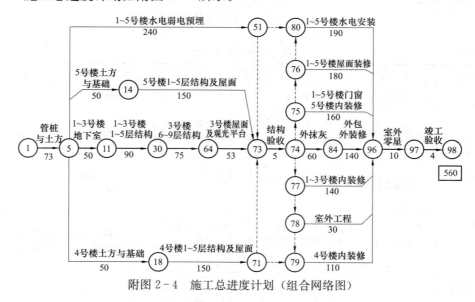

附图 2-4　施工总进度计划（组合网络图）

7. 施工总平面布置

7.1　施工现场临时用水设计

（1）总用水量确定。

根据工程结构形式、建筑物体量及现场消防设施的需求，本工程施工现场用水主要有混凝土养护用水、砂浆搅拌和砖块湿润的用水、消防用水和少量的生活用水。

1）施工用水量 q_1。

$$q_1 = k_1 \frac{\sum Q_1 N_1}{T_1 t} \frac{k_2}{8 \times 3600}$$

式中　k_1——未预计的施工用水系数，取 1.15；

　　　k_2——用水不均衡系数，取 1.5；

　　　Q_1——以商品混凝土浇筑 100m³/台班计；

　　　N_1——施工用水定额，取 1.8m³/m³，

　　　　　　　$T_1=1$（年度有效工作日）；

　　　　　　　$t=1$（每天工作班次）；

$$q_1=1.15\times100\times1.8\times1.5/(1\times1\times8\times3600)\text{L/s}$$

$$=10.8\text{L/s}$$

2）施工机械用水量 q_2。

因无特殊用水机械，故取 $q_2=0$。

3）生活用水量 q_3。

生活用水的现场高峰期按每天 1080 人计算，每人每天用水 40L，

$$q_3=1080\times40\times1.0/(1.0\times8\times3600)\text{L/s}=2\text{L/s}$$

4）消防用水量 q_4。

施工现场用水取消防用水量 $q_4=10\text{L/s}$。

5）总用水量 $q_{总}$。

$$q_{总}=(q_1+q_2+q_3+q_4)\times1.1\text{L/s}=25\text{L/s}$$

（2）给水主管管径的确定。

1）消防用水要求管径。

由于消防用水取量为 $q_4=10\text{L/s}$，流速取 $v=2\text{m/s}$，故管径 $D_{消}$ 计算如下：

$$D_{消}=[4Q/(\pi\times v\times1000)]^{1/2}\text{m}=0.08\text{m}$$

即消防管径 80mm 可满足要求。

2）施工用水要求管径。

由于本工程施工用水流量为 $q_1=10.8\text{L/s}$，流速取 $v=2\text{m/s}$，故管径计算如下：

$$D_{施}=[4Q/(\pi\times v\times1000)]^{1/2}\text{m}=0.0829\text{m}$$

所以本工程供水管径取 100mm，可以满足施工现场用水要求。

3）生活区用水要求管径 $D_{生}$。

本工程生活用水流量 $q_3=1.5\text{L/s}$，取 $v=2\text{m/S}$，根据公式：

$$D_{生}=[4Q/(\pi\times v\times1000)]^{1/2}\text{m}=0.036\text{m}$$

管径取 40mm，可满足生活区用水要求。

（3）水泵选择。

室内水泵扬程。根据消防加压泵流量 10L/s，建筑物高度 50m，扬程计算如下：

$H_1=50\text{m}$；$H_2=H_1\times10\%=5\text{m}$；$H_3=5\text{m}$，故：

$$H = H_1 + H_2 + H_3 = 60\text{m}$$

式中 H——水泵总扬程；

      H_1——建筑物要求扬程；

      H_2——地损扬程（水头损失）；

      H_3——地形扬程（水泵最高供水点至抽水点位的高差）。

（4）水泵选型。

根据以上计算得知，室内消防施工用水加压泵的流量为 10L/s，扬程为 60m，故设计选用 DL 型立式多级分段式离心泵：80DL×2，该立式泵转速 1450r/min，电机功率为 11kW，扬程 40m。

施工用水加压泵的流量为 10.8L/s，扬程为 28.35m，设计选用 DL 型立式多级分段式离心泵：80DL×2，该立式泵转速 1450r/min，电机功率为 11kW，扬程为 40m。

（5）现场砌筑蓄水池，并按规范要求配置消防栓，以备停水和消防之用。

（6）消火栓应沿道路设置，距道路应不大于 2m，距建筑物外墙不应小于 5m，也不应大于 25m，消火栓的间距不应超过 120m，消火栓应设有明显的标志，且周围 3m 以内不准堆放建筑材料。

（7）临时用水管路布置图（略）。

7.2 施工现场临时用电设计

（1）现场勘探及初期设计。

1）本工程所在施工现场范围内无上下水管道，无各种埋地管线。现场临时用电电源由业主的总箱式变压器提供，现场设临时总配电柜（A 柜）3 套、分配电箱（B 箱）24 套以及开关箱（C 箱）136 只。

2）本设计方案只考虑总箱以下的线路及电器开关的选择。

3）因生活区不在施工现场，本设计未予考虑。

4）根据 JGJ 46—2005《施工现场临时用电安全技术规范》规定，本供电系统采用 TN-S 系统（三相五线制）供电。

（2）施工用电负荷计算。

1）A_1（1 号、2 号）回路。

施工现场所需的电动机设备 466kVA，电焊机设备 592kVA，室外照明 22kW。

A_1 回路用电分配在 10 个分回路上，并根据所分配的用电设备量计算用电量和载流，各分回路选用铜芯橡皮线。

需要系数 $K_1 = 0.5$，$K_2 = 0.6$，$K_4 = 1.0$。安全系数取 1.05，电动机平均功率系数 $\cos\phi$ 取 0.78。

A_1 总用电量计算如下：

$$S_j = 1.05 \times (K_1 P_1 / \cos\phi + K_2 P_2 + K_4 P_4) = 710\text{kVA}$$

2）A_2（3 号）回路。

施工现场所需的电动机设备 320kVA，电焊机设备 148kVA，室外照明 16kW。

A_2 回路用电分配设备分配在 6 个分回路上，并根据所分配的用电设备量计算用电量和载流量，各分回路选用铜芯橡皮线。

需要系数 $K_1=0.5$，$K_2=0.6$，$K_4=1.0$。安全系数取 1.05，电动机平均功率系数 $\cos\phi$ 取 0.78。

A_2 总用电量计算如下：

$$S_j=1.05\times(K_1P_1/\cos\varphi+K_2P_2+K_4P_4)=325kVA$$

3）A_3（4 号、5 号）回路：

施工现场所需的电动机设备 448kVA，电焊机设备 444kVA，室外照明 16.5kW。

A_3 回路用电分配设备分配在 8 个分回路上，并根据所分配的用电设备量计算用电量和载流量，各分回路选用铜芯橡皮线。

需要系数 $K_1=0.5$，$K_2=0.6$，$K_4=1.0$。安全系数取 1.05，电动机平均功率系数 $\cos\varphi$ 取 0.78。

A_3 总用电量计算如下：

$$S_j=1.05\times(K_1P_1/\cos\varphi+K_2P_2+K_4P_4)=598kVA$$

（3）安全技术档案。现场要设专职电气管理负责人，对现场用电安全及安全技术档案进行管理。现场施工用电安全技术档案主要内容包括：临时用电施工组织设计的全部资料；临时用电检查验收记录；电气设备的合格证，试验、检验凭证和调试记录；临时用电接地电阻测试记录；临时用电定期检查复查表；临时用电电工维修记录；绝缘电阻测试记录、检查复查记录；安全用电管理制度。以上资料要及时积累，专人负责收集、整理、归档。

（4）防雷与接地。

1）施工现场的塔起重机设置防雷接地用 $\Phi40\times3.5mm$ 的镀锌钢管打入土中不小于 2.5m，每台塔吊二根相距 6m 用 $\Phi40\times4$ 镀锌扁钢与塔身进行电器连接。

2）在线路的末端应设置重复接地。塔吊处、钢筋加工场、搅拌站等处做重复接地。塔吊、脚手架应做防雷接地。

3）在主体基础接地完毕后，塔吊、施工电梯及与靠近楼基坑的二级箱，分别用 $\Phi40\times4$ 的镀锌扁钢进行可靠连接。

7.3　施工总平面布置

（1）围墙。现场沿建筑物周围用 2.5m 高围墙封闭。工地大门设置在南侧。

（2）施工场地硬化。因本工程施工场地一般化，须分阶段进行道路及地面硬化。在桩基工程施工阶段，根据桩机运行路线及工程桩的运输，道路采用 200mm 道渣铺设；主体结构施工第一阶段，采用 150mm 厚 C20 混凝土硬化；主体结构施工第二阶段，地下车库及人防工程的开挖，采用 150mm 厚 C20 混凝土硬化，施工道路需保证畅通并兼作消防通道。

施工便道路面向两侧做成 1% 坡度，在便道一侧开设排水沟并设置集水井，确保施工区域及临近道路无积水。

为保护地下管线的安全，在工地大门口浇筑 200mm 厚素混凝土。

（3）生活设施。

生活区分别设办公和生活两个区域，由北往南一字排开布置。

办公区内分别设置各职能办公室、会议室、监理办公室、卫生间；生活区内分别设置职工宿舍、食堂、卫生间、浴室、盥洗池、晒衣区。

职工宿舍与项目经理部办公室用2层活动房搭设，卫生间、食堂、浴室用1层砖砌房屋。

（4）生产设施见附表2-8。

附表2-8　　　　　　　　　　　　　　生　产　设　施

栋号	塔吊/台	施工电梯/部	钢筋场/个	模板场/个	堆场/个
1	12号、13号	1号、2号、3号	2	1	2
2	9号、10号、11号	4号、5号、6号	2	1	2
3	5号、6号、7号、8号	7号、8号、9号、10号	2	1	2
4	3号、4号	11号、12号、13号	2	1	2
5	1号、2号	14号、15号、16号	2	1	2
合计	13	16	10	5	10

（5）施工用电：工程前期业主提供2个变压器，分别为800kW和1200kW。根据本工程特点，生活区用电与施工区用电分开布置。从建设单位提供的电源接入场内，其中1、2、3号使用1200kW变压器，4、5号使用800kW变压器。

（6）施工用水：甲供2路总管，分别在西北角和西南角。现场分2路，根据业主提供出水头位置并沿施工道路布置。

（7）施工排水。

1）雨水排放：雨水通过排水沟汇入二级沉淀池，达到排放要求后，可直接排入市政管网。

2）污水排放：在场内沿生活区的布置设置化粪池，污水经沉淀后，排入甲方指定的市政污水排放点。

（8）文明施工规划。

1）施工现场大门内设置项目的"五牌二图"，标明本工程施工总平面布置、机构组织及本工程质量、安全、工期、文明等施工方针目标。

2）大门处设置挡水沟、冲洗池和1台冲洗设备，车辆离开工地时在大门前清洗车身、车轮，检查装物是否符合要求，以防污染市政道路。

3）施工现场设置临时厕所，供现场施工人员使用，派专人负责清理。

4）设专人清扫施工现场道路，进出施工区的路口上方标识安全通道，施工现场均按文明施工标准进行围护。

5）规范现场各项管理，按照标准化进行施工现场管理，确保文明安全施工。

（9）主体施工阶段平面布置图（附图2-5）。

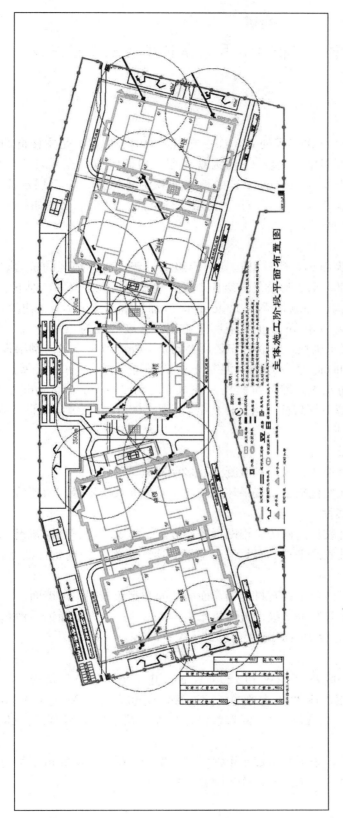

附图 2 - 5　厦门大学翔安校区工程主体施工总平面布置图

附录 3　厦门大学翔安校区 3 号楼单位工程施工组织设计（摘录）

1. 3 号楼简介

1.1　设计概述

厦门大学翔安校区 3 号楼工程处于 5 栋主要建筑的中心位置，是主楼群的灵魂，是全校体量最大、高度最大的建筑，10－11 层为观光层，可俯瞰校区全貌，用作学校的图书馆；地上 9 层，地下 1 层，71 194m²，其中地下面积为 11 990m²；1 层层高为 4.2m，2 层以上层高为 4.8m；檐口高度为 47.7m。二层（标准层）建筑平面图如附图 3－1 所示，正南立面图如附图 3－2 所示。

1.2　结构工程概况

建筑抗震设防类别为丙类，建筑结构安全等级为 2 级，所在地区的抗震设防烈度为 7 度。框架抗震等级为 3 级，剪力墙抗震等级为 2 级。基础为预应力管桩，地下室为剪力墙结构，地上建筑为框架结构。外墙均采用 200mm 厚砂加气混凝土砌块，强度等级为 A5.0；内墙除特殊注明外均采用 200mm 厚加气混凝土砌块，强度等级为 A5.0；立管竖井处墙体采用 100mm 厚加气混凝土砌块，待立管安装后再砌筑。外墙墙身水平防潮层设于室内地坪下 600mm 处，周圈封闭（此标高为钢筋混凝土构造时可不做）。防潮层做法为 20mm 厚 1∶2 水泥砂浆内掺 5％防水剂。墙体抗震构造柱截面均为 200mm×200mm，纵筋 4 Φ 12，箍筋为 Φ 6@150；填充墙沿框架柱（构造柱）全高每隔 500mm 设 2 Φ 6 拉筋。结构混凝土强度为 C30。

1.3　建筑工程概况

（1）地面工程：包括地砖、水泥和混凝土等多种地面。

（2）楼面工程：包括玻化砖、自流平环氧胶泥、防静电双层地毯、耐磨漆、强化复合板地板、水泥和混凝土等楼面。

（3）内墙工程：有乳胶漆、面砖、铝网板面层吸音、挂贴大理石和树脂板等墙面。

（4）顶棚工程：有乳胶漆平顶、轻钢龙骨硅钙板吸声天棚、轻钢龙骨纸面石膏板天棚、铝合金装饰吊顶等。

（5）外墙工程：包括浅色干挂石材幕墙、面砖墙面和高级专用涂料墙面。

（6）屋面工程：防水等级为 2 级，天沟排水坡度为 2％；上人屋面铺防滑地砖面层；不上人屋面铺 25mm 厚水泥砂浆保护层。

1.4　电气工程概况

（1）由城市电网提供两路 800kW 和 1200kW 高压电。消防用电负荷为二级，其他负荷按三级供电。引入线采用 YJV22 电力电缆，穿钢管敷设至总配电箱；总配电箱至各层配电箱采用 YJV 型电力电缆，沿桥架或穿钢管敷设；分配电箱出线采用 BYJ、ZR－BYJ 型导线，穿 KBG 管敷设。

（2）按三类防雷设计，采用避雷带作接闪器，避雷带采用直径 12mm 的镀锌圆钢，避雷网沿屋面设不大于 20m×20m 或 24m×16m 的网格。

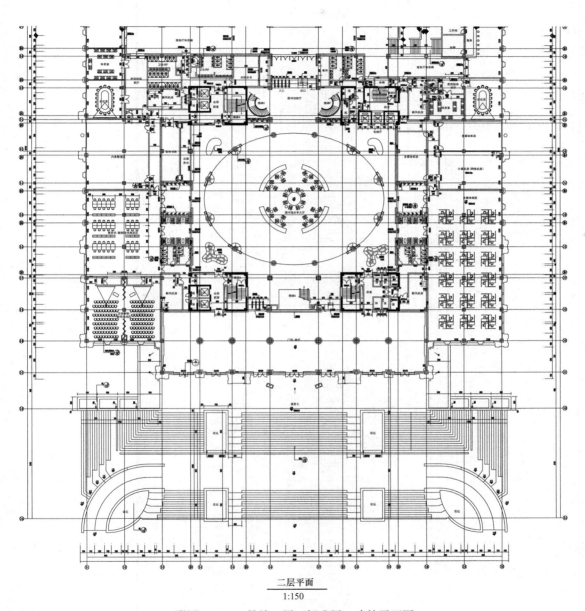

二层平面
1:150

附图 3-1　3 号楼二层（标准层）建筑平面图

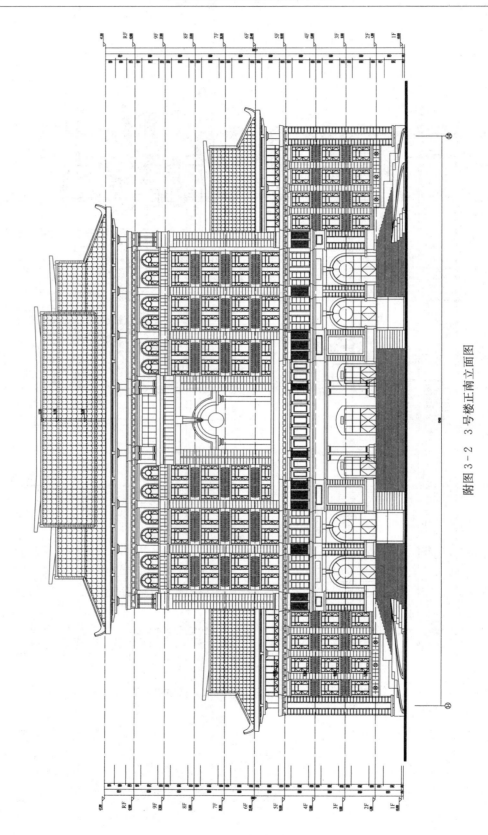

附图 3 - 2　3 号楼正南立面图

1.5   给水排水工程概况

（1）水源由市政给水管网引入 2 条 DN200 的给水管在室外组成环状管网，作为本工程的生活给水及消防给水水源。生活给水采用下行上给方式，由市政管网直接供水。

（2）给水主管采用 PSP 钢塑复合管及管件，户内支管采用 PP-R 管及管件，热熔连接。

（3）排水采用雨、污分流制。生活废水和污水排入室外污水管网，经化粪池初步处理后排入市政污水管网；雨水经汇集后排入雨水管网。雨水管、污水管采用 UPVC 管及其管件，胶粘粘结，空调冷凝水排水管采用 UPVC 给水管。

（4）本工程的消防系统包括室内消火栓系统、自动喷淋灭火系统。消火栓箱暗装，箱内配有 SN65 消火栓、QZ19 水枪、25m 长衬胶水带、消防按钮、手提式干粉灭火器。消火栓系统和自动喷淋系统的管材采用内外壁热镀锌钢管及配件，直径小于等于 80mm 采用螺纹连接，直径大于 80mm 采用沟槽式或法兰连接。

2. 结构钢筋混凝土工程施工方法

本工程执行施工组织总设计的施工部署。结构钢筋混凝土施工方法选录如下。

2.1   模板工程施工

（1）柱模板安装。

柱模板全部采用定型胶合板模板四周组拼，在模板外面采用 50mm×100mm 方木做立档，间距为 300mm，柱箍用 $\Phi48×3.5$mm 钢管十字扣件锁紧，逐段拼接。第一段安装时，校正好对角线，要求模板竖直，位置正确，接缝严密，并用柱箍固定，然后以第一段模板为基准，用同样方法组拼第二段模板，直到柱全高。在梁口处加钉封口顶木，在安装到一定高度时，加斜支撑或剪力撑，斜撑下端钉牢，形成整体以保持稳定。柱模安装时应注意以下事项：

第一，浇筑楼板混凝土时在柱位四周预埋小木块作为柱模底部压骨固定。

第二，支设的柱模标高、方位要准确，柱身不得扭曲，支设应牢固，均采用四面支撑。

第三，柱模底部四周用 1：3 水泥砂浆堵严，防止漏浆。

第四，每根柱模底部应设置清扫口，以便浇筑混凝土之前清理模内杂物。柱模板上口标高应在梁底模板下，使柱混凝土达到拆模强度时，能够比梁模板先拆卸。安装模板时应做好插筋孔，准确预埋好其他设计要求的预埋件。

（2）梁、楼板模板安装。

梁、板支撑均采用 $\Phi48×3.5$mm 钢管作支承系统，顶撑和支承按最大跨度及最大梁截面设计验算，其中立杆钢管支撑纵横水平间距为 1.4m。楼板均用九夹胶合板做面板，板底格栅为 50mm×100mm，间距为 300mm，格栅设在 $\Phi48×3.5$mm 钢管上。梁底板采用 35mm 厚松木板，侧板用胶合板，梁高大于 500mm 时，设 M12 对拉螺栓，间距为 450mm。梁的侧面横向龙骨用 80mm×100mm 松方木，间距为 450mm，纵向龙骨用 100mm×150mm 松方木，梁板方木格栅为 80mm×100mm，间距为 250mm，支承在水平钢管上，并用双十字扣锁在立管上。

施工顺序是：在楼地面上按设计尺寸的主梁及次梁位置分别弹中心线→铺设垫板→搭设钢管→安装交叉拉杆→安装水平钢管及立管上部顶托→调平找正、调好高度，按设计要求起拱→安装梁底托木及梁侧板→安装横档→安装龙骨→安装胶合板面板→检查验收。

2.2　钢筋工程施工

（1）柱钢筋施工。

1）柱钢筋施工流程。套柱箍筋→直螺纹连接竖向受力筋→画箍筋间距线→绑扎箍筋→斜撑柱的插筋插入底板（长度满足锚固长度要求）。

2）柱箍筋要套箍一层绑扎一层，由内向外，确保箍筋间距及位置准确。柱钢筋接头按照 50% 错开；第一道接头高于板面 500mm 以上，第二道接头与第一道接头间距要大于 500mm 且同时要大于 35d。

（2）墙体钢筋施工。

1）墙钢筋施工方法。墙身的竖向钢筋在内，水平钢筋在外。为保证墙体多层钢筋横平竖直且间距均匀正确，采用限位筋。为保证墙体的厚度，对拉螺杆处增加短钢筋内撑，短钢筋要两端平整。在墙筋绑扎完毕后，校正门窗洞口节点的主筋位置，以保证保护层的厚度。墙竖筋连接方式为直螺纹连接。

2）核心筒剪力墙部位钢筋的连接。为满足施工要求，对于与塔楼核心筒墙体连接的后施工梁、板，当钢筋直径小于 20 时，采用搭接连接。在合模前，按照梁板配筋在墙内预埋弯锚钢筋，钢筋伸入墙内锚固长度按规范及图纸要求，间隔布置。墙体拆模后，剔出弯锚钢筋并调直，清理干净，与梁板钢筋搭接，接头相互错开 50%。当钢筋直径不小于 20 时，采用直螺纹连接技术，在连接位置剪力墙外侧留置套筒，套筒外边缘紧贴模板，套筒安装专用保护帽，以便隔开混凝土，待拆模后取出保护帽并清孔，即可开始钢筋连接。

（3）梁、板钢筋施工。

1）梁钢筋施工工艺流程。梁筋定位→主梁主筋→主梁箍筋→次梁主筋→次梁箍筋→混凝土垫块固定。

2）板钢筋施工工艺流程。弹板钢筋位置线→下层横向钢筋摆放→下层纵向钢筋摆放→下层钢筋绑扎成网→洞口附加钢筋→保护层混凝土垫块固定→马凳→上层纵向钢筋摆放→上层横向钢筋摆放→上层钢筋绑扎成网。

3）为了保证楼板钢筋保护层厚度，采用混凝土垫块，横纵间隔 1000mm 梅花型，设置在楼板最下部钢筋下方。

2.3　混凝土施工

（1）浇筑方向及分片浇筑。各部位混凝土浇筑均按先低后高，先远后近的原则进行。各部位施工工艺流程是：管沟→基础梁底板→地下室→地面上部结构。

（2）普通混凝土浇筑。

1）混凝土浇筑前的准备。

① 混凝土浇筑部位层的模板、钢筋、预埋件及管线等全部安装完毕，经检查符合设计要求，办完隐检、预检手续。

② 模板内的杂物和钢筋上的油污等清理干净，模板的缝隙和孔洞堵严。

③ 混凝土泵调试可正常运转。

④ 浇筑混凝土用的架子及马道支搭完毕并检验合格。

⑤ 已进行全面施工技术交底，混凝土浇筑申请书已被批准，各专业已在混凝土浇筑会签单上签字。

⑥ 夜间施工配备好足够的夜间照明设备。

⑦ 现场道路畅通，满足浇筑施工的运输要求。

2）内墙及柱之竖向结构混凝土浇筑。

① 当混凝土内墙与柱混凝土强度等级一致时，可以一同浇筑。

② 墙、柱混凝土一次性浇筑到梁底（或板底），且高出 2～3cm，拆模后，剔除浮浆 2～3cm，直至露出石子为止。

③ 墙体混凝土浇筑前，先在底部均匀浇筑 50mm 厚与墙体混凝土成分相同的水泥砂浆。

④ 柱混凝土浇筑前，先在底部均匀浇筑 100 厚与柱混凝土成分相同的水泥砂浆，混凝土应分层浇筑，分层厚度为 500mm 左右，上下层间隔时间不能大于 2h。

⑤ 振动棒振点要均匀，防止漏振。

⑥ 洞口处混凝土浇筑时，应使洞口两侧混凝土高度大体一致，应从两侧同时下料，同时振捣。

3）梁、板水平结构及地下室外墙混凝土浇筑。

① 地下室外墙与梁、板混凝土同时浇筑，外墙水平施工缝留设在距板面 400mm 处。

② 梁、板混凝土应同时浇筑，由一端开始用"赶浆法"，即先浇筑梁，根据梁高分层浇筑成阶梯形，当达到板底位置时再与板的混凝土一起浇筑，随着阶梯形不断延伸，梁、板混凝土浇筑连续向前进行。

③ 浇筑与振捣必须紧密配合，第一层下料慢些，梁底充分振实后再下第二层料，保持水泥浆沿梁底包裹石子向前推进，每层均应在振实后再下料，梁底及梁帮部位要注意振实，振捣时不得触动钢筋及预埋件。

④ 梁柱节点钢筋较密时，用与小粒径石子同强度等级的混凝土，用塔吊吊斗浇筑，并用 $\Phi30$ 振捣棒振捣。

⑤ 浇筑板混凝土的虚铺厚度应略大于板厚，用平板振捣器按垂直浇筑方向来回拖动振捣，并用铁插尺检查混凝土厚度，振捣完毕后用木刮杠刮平，浇水后再用木抹子压平、压实。

⑥ 施工缝处如有预埋件及插筋处用木抹子抹平。

⑦ 浇筑板混凝土时不允许用振捣棒铺摊混凝土。

（3）后浇带混凝土浇筑。

1）后浇带在两侧沉降基本稳定后才用高一级强度等级的混凝土浇筑。

2）后浇带均采用微膨胀细石混凝土密实浇捣，浇筑前应将表面清理干净。

3）由于后浇带搁置时间较长，为了控制钢筋锈蚀以免影响受力性能，在钢筋上刷水泥浆保护；在后浇带两侧砌筑两皮砖，并覆盖竹胶板和塑料薄膜，防止垃圾、雨水和施工用水进入后浇带。

4）后浇带两侧梁、板要加设支撑，并同时布设水平安全网。

5）在浇筑后浇带混凝土之前，应清除垃圾及水泥薄膜，剔除表面上松动砂石、软弱混凝土层及浮浆，同时还应凿毛，用水冲洗干净，并充分湿润不少于 24 小时。残留在混凝土表面的积水应予清除，并在施工缝处铺 30mm 厚与混凝土成分相同的水泥砂浆，然后再浇筑混凝土。

6）在后浇带混凝土达到设计强度之前的所有施工期间，后浇带跨的梁、板的底模及支撑均不得拆除。

（4）混凝土养护。

1）常温下采用洒水或喷水养护，柱、墙采用养护剂涂刷。

2）普通混凝土养护时间为 7d，抗渗混凝土养护时间为 14d。

3. 3号楼单位工程施工进度计划

3.1　3号楼单位工程施工进度计划说明

3号楼单位工程施工进度计划按照施工总进度计划执行。本例在施工总进度计划的基础上绘制了结构与装饰装修两个阶段的施工进度计划，对施工总进度计划的主要施工过程进行了细化处理，以便使逻辑关系更加清晰。

关键线路上各项工作的持续时间及其编号与施工总进度计划一致，以便实现总控工期。

3.2　3号楼结构流程图

3号楼结构工程施工进度计划如附图 3-3 所示。

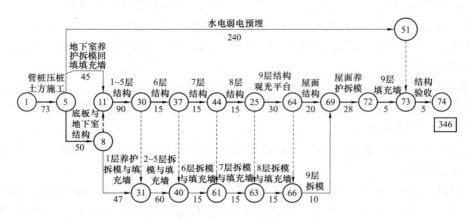

附图 3-3　3号楼结构施工进度计划

3.3　3号楼装饰装修工程施工进度计划

3号装饰装修施工进度计划如附图 3-4 所示。

4. 3号楼工程施工安全管理组织措施

4.1　安全管理组织机构

项目经理部建立以项目经理为首、分级负责的安全管理体系，明确各岗位人员的安全管理职责，项目经理为安全第一责任人，对上接受公司安全部的监督指导，对内全权负责项目经理部的安全管理工作，对各部门发现的安全隐患分别落实到有关专业分包安全员及其班组解决。生产负责人负责整个项目的安全监督。项目安全管理体系构成如附图 3-5 所示。

4.2　钢筋工程安全防护措施

（1）作业前必须检查机械设备、作业环境、照明设施等，并试运行符合安全要求。作业人员必须经安全培训考试合格后才能上岗作业。

（2）脚手架上不得集中码放钢筋，应随使用、随运送。

（3）在高处、深基坑绑扎钢筋和安装钢筋骨架时，必须搭设脚手架或操作平台，临边应

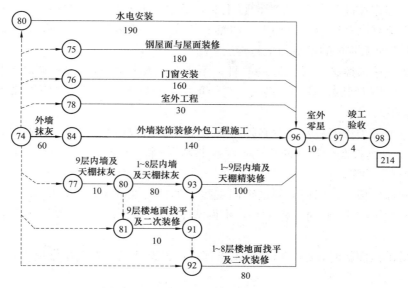

附图 3-4　3 号楼装饰装修施工进度计划

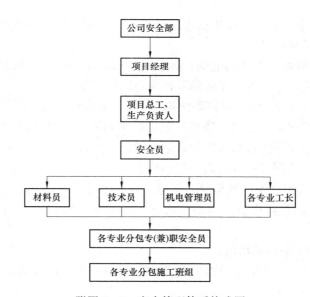

附图 3-5　安全管理体系构成图

搭设防护栏杆。

（4）绑扎钢筋和安装钢筋骨架时，必须搭设脚手架和马道。

（5）绑扎圈梁、挑梁、挑檐、外墙和边柱等钢筋时，应搭设操作平台架和张挂安全网。

（6）层高较高处梁钢筋的绑扎，必须在满铺脚手板的支架或操作平台上进行操作。

（7）绑扎立柱和墙体钢筋时，不得站在钢筋骨架上或攀登骨架上下。3m 以内的柱钢筋，可在地面或楼面上绑扎。整体竖向绑扎 3m 以上的柱钢筋，必须搭设操作平台。

4.3　模板施工安全防护措施

（1）模板安装。

1）模板工程作业高度在 2m 和 2m 以上时，必须设置安全防护措施。

2）操作人员登高必须走人行梯道，严禁利用模板支撑攀登上下，不得在墙顶、独立梁及其他高处狭窄而无防护的模板面上行走。

3）模板的立柱顶撑必须设牢固的拉杆，不得与门窗等不牢靠的和临时的物件相连接。模板安装过程中不得间歇，柱头、搭头、立柱顶撑、拉杆等必须安装牢固构成整体后，作业人员才允许离开。

4）基础及地下工程模板安装，必须检查基坑支护结构体系的稳定状况，基坑上口边沿 1m 以内不得堆放模板及材料。向槽内运送模板构件时，严禁抛掷。使用起重机械运送时，下方操作人员必须离开危险区域。

5）组装立柱模板时，四周必须设牢固支撑，如柱模在 6m 以上，应将几个柱模连成整体。支设独立梁模应搭设临时操作平台，不得站在柱模上操作，不得在梁底模上行走及立侧模操作。

6）用塔吊吊运模板时，必须由起重工指挥，严格遵守相关安全操作规程。

（2）模板拆除。

1）模板拆除必须满足拆模时所需混凝土强度，且应经项目总工程师同意；不得因拆模而影响工程质量。

2）拆除模板的顺序与支模顺序相反，应自上而下拆除；后支的先拆，先支的后拆；先拆非承重部分，后拆承重部分。

3）拆模时不得使用大锤或硬撬乱捣；拆除困难时，可用撬杠从底部轻微撬动；保持起吊时模板与墙体的距离；保证混凝土表面及棱角不因拆模受损坏。

4）在拆除柱、墙模板前不准拆除脚手架；用塔吊拆模时应有起重工配合；拆除顶板模板前必须划定安全区域和安全通道，将非安全通道用钢管及安全网封闲，并挂"禁止通行"安全标志，操作人员必须在铺好跳板的操作架上操作；已拆模板起吊前认真检查螺栓是否拆完、是否有钩挂处，并清理模板上杂物，仔细检查吊钩是否有开焊、脱扣现象。

5）拆除电梯井及大型孔洞的模板时，下层必须支搭安全网等以防坠落。

6）拆除模板支撑，必须边拆、边清、边运、边码放；楼层高处拆下的物料严禁向下抛掷。

4.4　混凝土施工安全防护措施

（1）夜间施工时，施工现场及道路上必须有足够的照明；现场必须配置专职电工 24 小时值班。

（2）混凝土振捣工必须穿雨鞋，戴绝缘手套。

（3）布料杆操作者应经过培训，熟悉操作方法；混凝土作业时布料杆下严禁有人通行或停留。

4.5　脚手架的搭设、使用和拆除的安全防护措施

（1）脚手架的搭设作业应遵守的规定。

1）搭设场地应平整，立杆下面需铺木垫板。

2）在搭设之前，必须对进场的脚手架杆配件进行严格检查，禁止使用规格和质量不合格的架杆配件。

3）周边脚手架应从一个角部开始并向两边延伸交圈搭设；"一"字形脚手架应从一端开

始并向另一端延伸搭设。

4）应按定位依次竖起立杆，将立杆与纵、横向扫地杆连接固定，然后装设第 1 步架的纵向和横向水平杆，随校正立杆垂直之后予以固定，并按此要求继续向上搭设。

5）在设置第一排连墙件前，"一"字形脚手架应设置必要数量的抛撑，以确保构架稳定和架上作业人员的安全。边长不小于 20m 的周边脚手架，也应适量设置抛撑。

6）剪刀撑、斜杆等整体拉结杆件和连墙件应随搭升的架子一起及时设置。

7）脚手架处于顶层连墙点之上的自由高度不得大于 6m。当作业层高出其下连墙件 3 步或 4m 以上，且其上尚无连墙件时，应采取适当的临时撑拉措施。

8）脚手板或其他作业层板铺板应铺平、铺稳，必要时应予绑扎固定。

（2）脚手架的使用规定。

1）作业层每一平方米架面上实用的施工荷载（人员、材料和机具重量）不得超过以下的规定值或施工设计值：结构脚手架取 $3kN/m^2$；装修脚手架取 $2kN/m^2$。

2）在架板上堆放的标准砖不得多于单排立码 3 层；砂浆和容器总重不得大于 1.5kN；施工设备单重不得大于 1kN，使用人力在架上搬运和安装的构件的自重不得大于 2.5kN。

3）在架面上设置的材料应码放整齐、稳固，不影响施工操作和人员通行。按通行手推车要求搭设的脚手架应确保车道畅通。严禁上架人员在架面上奔跑、退行或倒退拉车。

4）作业人员在架上的最大作业高度应以可进行正常操作为度，禁止在架板上加垫器物或单块脚手板用以增加操作高度。

5）在作业中，禁止随意拆除脚手架的基本构架杆件、整体性杆件、连接紧固件和连墙件。确因操作要求需要临时拆除时，必须经主管人员同意，采取相应弥补措施，并在作业完毕后及时予以恢复。

6）工人在架上作业时，应注意自我安全保护和他人的安全，避免发生碰撞、闪失和落物。严禁在架上戏闹和坐在栏杆上等不安全处休息。

7）人员上下脚手架必须走安全防护的出入通（梯）道，严禁攀援脚手架上下。

（3）脚手架的拆除。

1）拆除前，生产调度人员要向拆除施工人员进行书面安全技术交底，班组要学习安全技术操作规程。

2）拆除脚手架时，地面设围栏和警戒标志，并派专人看守，严禁一切非操作人员入内。

3）全面检查脚手架的扣件连接及连墙杆支撑是否牢固、安全。

4）清除脚手架上杂物及地面障碍物。

5）拆除时，先搭的后拆，后搭的先拆。

6）所有连墙杆随脚手架逐层拆除，严禁先将连墙杆整层或数层拆除后再拆脚手架。分段拆除高低差不大于 2 步，如高差大于 2 步时，增设连墙杆加固。

7）当脚手架拆至下部最后一根长钢管的高度时，应先在适当位置搭临时抛撑加固，后拆连墙杆。

8）拆除架子时，地面要有专人指挥、清料，随拆随运，禁止往下乱扔脚手架料具。

9）六级及六级以上大风和雾、雨天应停止脚手架作业，雨后上架操作应注意防滑。

4.6　防水施工安全防护措施

（1）施工现场和配料场地应通风良好，操作人员应穿软底鞋、工作服、扎紧袖口，并应配戴手套及鞋盖。涂刷处理剂和胶粘剂时必须戴防毒口罩和防护眼镜。外露皮肤应涂擦防护膏。操作时严禁用手直接揉擦皮肤。

（2）使用喷枪或喷灯点火时，火嘴不准对人，不准汽油喷灯加油过满，打气不能过足。

（3）高处作业屋面周围边沿和预留洞口处，必须按"洞口、临边"防护规定进行安全防护。

（4）防水卷材采用热融法施工明火操作时，应申请办理用火证，并设专人看火，配备灭火器材，周围 30m 内不准有易燃物。

5. 3 号楼回路（A_2回路）用电计算

5.1　设备及容量

（1）施工现场所需的电动机设备 320kVA（见附表 3-1）。

附表 3-1　　　　　　　　　　施工现场所需的电动机设备

编号	设备名称	型号及功率/ （kW 或 kVA）	数量	设备容量/ （kW 或 kVA）	小计/ （kW 或 kVA）
1	塔式起重机	QTZ120	4 台	50	200
2	施工电梯	SJT-ⅡA	4 台	9.5	38
3	混凝土搅拌机	JZC350	4 台	2	8
4	蛙式打夯机	HW60	4 台	2	8
5	钢筋弯曲机	GW6-40B	3 台	3	9
6	钢筋切断机	QJ40-1	3 台	2.5	7.5
7	钢筋调直机	2.5	3 台	2.5	7.5
8	圆盘锯	M3Y-200	3 台	3	9
9	木工压刨床	MB103	3 台	3	9
10	砂轮锯	1.5	3 台	1.5	4.5
11	套丝机	1.5	4 台	1.5	6
12	混凝土振动器	1.5	4 台	1.5	6
13	消防水泵	$P=7.5W$　$H=45m$	1 台	7.5	7.5
合　　计					320

（2）施工现场所需的电焊机设备 148kVA（见附表 3-2）。

附表 3-2　　　　　　　　　　施工现场所需的电焊机设备

序号	设备名称	规格（型号）	数量	容量/kVA	小计/kVA
1	电焊机	24	2 台	24	48
2	钢筋对焊机	UN1-100	1 台	100	100
合　　计					148

（3）施工现场室外照明所需的照明 16kW（见附表 3-3）。

附表 3-3　　　　　　　　　　施工现场室外照明所需的照明

序号	灯具名称	规格（型号）	数量	容量/kW	小计/kW
1	镝灯	3.5	4	3.5	14
2	碘钨灯	1	2	1	2
合　　计					16

5.2　用电分配

设立 6 个分回路。

（1）W_1 分回路（见附表 3-4）。

附表 3-4　　　　　　　　　　　　　**W₁　分　回　路**

编号	用设备名称	型号及功率/kVA 或 kW	数量	设备容量/kVA 或 kW
1	塔式起重机	QTZ120	1 台	50
2	施工电梯	SJT-ⅡA	1 台	9.5
3	混凝土搅拌机	JZC350	1 台	2
4	套丝机	1.5	1 台	1.5
5	蛙式打夯机	HW60	1 台	2
6	消防水泵	7.5	1 台	7.5
7	电焊机	24	1 台	24
8	镝灯	3.5	1 只	3.5
9	碘钨灯	1	2 只	2
合　　计				102

电动机合计功率：$\sum P_1 = 72.5\text{kW}$

电焊机合计容量：$\sum P_2 = 24\text{kVA}$

施工现场室外照明需求的照明合计容量：$\sum P_4 = 5.5\text{kW}$

需要系数 $K_1 = 0.5$，$K_2 = 0.6$，$K_4 = 1.0$。安全系数取 1.05，电动机平均功率系数 $\cos\varphi$ 取 0.78。

$$S_j(W_2) = 1.05 \times (K_1 P_1/\cos\varphi + K_2 P_2 + K_4 P_4) = 69.7\text{kVA}$$

$$I = KP/(\sqrt{3} \times U \times \cos\varphi)$$

$$I = 0.7 \times 69.7 \times 1000/(\sqrt{3} \times 380 \times 0.75) = 98.3\text{A}$$

BX 型铜芯橡皮线 25mm^2，其允许载流为 100A＞98.3A

需要 BX 型铜芯橡皮线：BX-4×25＋1×16

（2）W_2 分回路：与 W_1 分回路相同。

（3）W_3 分回路：与 W_1 分回路相同。

（4）W_4 分回路：与 W_1 分回路相同。

（5）W_5 分回路（见附表 3-5）。

附表 3-5　　　　　　　　　　　　　**W₅　分　回　路**

编号	用设备名称	型号及功率/(kVA 或 kW)	数量	设备容量/(kVA 或 kW)
1	钢筋弯曲机	GW6-40B	1 台	3
2	钢筋切断机	QJ40-1	1 台	3
3	钢筋调直机	2.5	1 台	2.5
4	圆盘锯	M3Y-200	1 台	3
5	木工压刨床	MB103	1 台	3

编号	用设备名称	型号及功率/(kVA 或 kW)	数量	设备容量/(kVA 或 kW)
6	砂轮锯	1.5	1 台	1.5
7	钢筋对焊机	UN1－100	1 台	100
合　计				116

电动机合计功率：$\sum P_1 = 16\text{kVA}$

电焊机合计容量：$\sum P_2 = 100\text{kVA}$

需要系数 $K_1 = 0.5$，$K_2 = 0.6$。安全系数取 1.05，电动机平均功率系数 $\cos\varphi$，取 0.78

$$S_j(W_5) = 1.05 \times (K_1 P_1/\cos\varphi + K_2 P_2) = 73.8\text{kVA}$$

$$I = KP/(\sqrt{3} \times U \times \cos\varphi)$$

$$I = 0.7 \times 90 \times 1000/(\sqrt{3} \times 380 \times 0.75) = 105\text{A}$$

BX 型铜芯橡皮线 35mm²，其允许载流为 150A＞105A

需要 BX 型铜芯橡皮线：BX－4×35＋1×25

（6）W_6 回路：与 W_5 分回路相同。

5.3　A_2 回路总用电量计算

电动机合计功率：$\sum P_1 = 320\text{kVA}$

电焊机合计容量：$\sum P_2 = 148\text{kVA}$

施工现场室外照明需求的照明合计容量：$\sum P_4 = 16\text{kW}$

需要系数 $K_1 = 0.5$，$K_2 = 0.6$，$K_4 = 1.0$。安全系数取 1.05，电动机平均功率系数 $\cos\varphi$ 取 0.78。

A_2 总用电量为：

$$S_j = 1.05 \times (K_1 P_1/\cos\varphi + K_2 P_2 + K_4 P_4) = 325\text{kVA}$$

6. 3 号楼单位工程施工平面布置

3 号楼施工平面布置图严格按施工组织总设计的施工总平面图执行，如附图 2－5 所示。

附录 4　厦门大学翔安校区 3 号楼高大模板工程安全专项施工方案（摘录）

1. 工程概况

1.1　结构要求

（1）厦门大学翔安校区 3 号楼工程的屋盖全部为坡屋面，外檐口悬挑最大有 8m，室内共享大厅、报告厅、阶梯教室等是大空间、大跨度、多跨层。斜屋面纵剖面图如附图 4-1 所示。

（2）3-C 轴外侧/3-3～3-11 轴区域斜屋面挑檐：面积是 $68.8m \times 5.3m = 364.64m^2$，二层板（自行车库顶板）厚度为 250mm，主梁截面尺寸为 300mm×750mm，次梁为 250mm×700mm，结构标高为 4.080m；斜屋面挑檐结构标高为 48.800～47.300m，层高为 44.72～43.22m。斜屋面板厚度为 150mm，外挑主梁截面尺寸为 400mm×1000/700mm，共 8 根；次梁为 250mm×550mm，共 8 根；连梁为 300mm×700mm；最大跨度为 5.3m。

（3）3-P 轴外侧/3-3～3-11 轴区域斜屋面挑檐：面积是 $68.8m \times 5.3m = 364.64m^2$，北侧会议中心大厅顶板（主楼六层板）厚度为 120mm，主梁截面尺寸为 300mm×750mm，次梁为 250mm×550mm，结构标高为 23.400m；斜屋面挑檐结构标高为 48.800～47.300m，层高为 25.4～23.9m。斜屋面板厚度为 150mm，外挑主梁截面尺寸为 400mm×1000/700mm，共 8 根；次梁为 250mm×550mm，共 8 根；连梁为 300mm×700mm；最大跨度为 5.3m。

（4）3-1～3-3/3-D～3-G 轴；3-11～3-13/3-D～3-G 内侧区域斜屋面挑檐：面积是 $201.6m^2$，由一层结构底板开始搭设，结构标高为 -0.300m；斜屋面挑檐结构标高为 23.700～23.400m，层高为 23.7～23.4m。斜屋面板厚度为 150mm，外挑主梁截面尺寸为 350mm×750/700mm，共 16 根；次梁为 350mm×750mm，共 14 根；连梁为 200mm×700mm；最大跨度为 3m。

（5）3-3/3-D～3-F 轴；3-3/3-L～3-N 轴；3-11/3-D～3-F 轴；3-11/3-L～3-N 轴内侧区域斜屋面挑檐：面积是 $423m^2$，梁截面尺寸为 300mm×750mm，次梁为 250mm×550mm，结构标高为 23.400m；斜屋面挑檐结构标高为 48.800～47.300m，层高为 25.4～23.9m。斜屋面板厚度为 150mm，外挑主梁截面尺寸为 400mm×900/700mm，共 12 根；次梁为 250mm×550mm，共 12 根；连梁为 300mm×700mm；最大跨度为 5.3m。

该工程模板支撑体系设计搭设高度大于 8m，属于超过一定规模的危险性较大的分部分项工程，因此编制高大模板工程安全专项施工方案。

1.2　施工要求

（1）本工程高大模板支撑施工时主要应确保模板支撑架的稳定。

（2）施工单位在施工前，应编制高大模板工程安全专项施工方案，并组织专家论证审查。专家论证后应根据论证报告修改完善安全专项施工方案，经施工企业技术负责人、项目监理总工程师、建设单位项目负责人签字后，方可实施。

（3）施工单位在安全专项施工方案经监理总工程师批准后两个工作日内，填写《高大模板工程开工备案表》，到质量安全监督站办理开工备案手续。

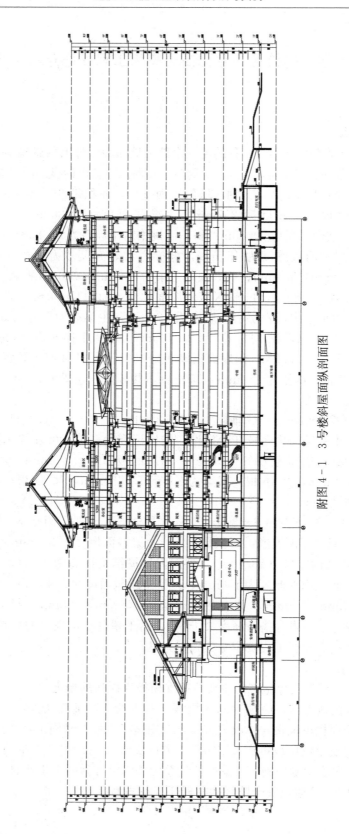

附图 4 - 1　3 号楼斜屋面纵剖面图

（4）高大模板工程施工完毕后，由建设单位组织施工、监理、设计单位，同时邀请论证专家进行验收，填写《高大模板工程验收监督通知书》，提前两个工作日书面通知质量安全监督站，质量安全监督站将进行验收监督。

（5）高大模板工程验收合格后，应填写《高大模板工程专项验收记录表》，建设单位将《高大模板工程专项验收记录表》报送质量安全监督站后，施工单位方可进入下一道工序施工。

（6）高大模板工程专项施工方案中应包括混凝土浇筑方案。

1.3　技术保证条件

（1）严格按照《危险性较大的分部分项工程安全管理办法》（建质〔2009〕87号）文件规定，编制高大模板工程安全专项施工方案及组织召开专家论证会。

（2）严格按照《关于强化建设工程施工安全和实体质量监督的若干措施》（厦建质监〔2007〕14号）、《关于加强模板工程安全生产管理的通知》（厦建质监〔2009〕38号）文件规定，对模板支撑体系采用100mm×100mm方木和U型顶托，向钢管支撑有效传递竖向施工荷载。

（3）根据JGJ 162—2008《建筑施工模板安全技术规范》规定，对高大模板支撑体系搭设的基本构造要求严格按照规范第5.1.6条、6.1.9条、6.2.4条强制性条文要求进行设置。

（4）严格执行其他有关标准、规范、规程及管理文件规定。

2.　编制依据

2.1　相关法律、法规

《中华人民共和国建筑法》、《中华人民共和国安全生产法》、《建设工程安全生产管理条例》、《生产安全事故报告和调查处理条例》等。

2.2　相关标准、规范、规程

（1）GB/T 50502—2009《建筑施工组织设计规范》，JGJ 162—2008《建筑施工模板安全技术规范》，JGJ 130—2011《建筑施工扣件式钢管脚手架安全技术规范》，GB 50009—2001《建筑结构荷载规范》，GB 50300—2001《建筑工程施工质量验收统一标准》，GB 50204—2002《混凝土结构工程施工质量验收规范》，JGJ/T 10—1995《混凝土泵送施工技术规程》，DBJ 13—20—1999《现浇钢筋混凝土（屋面）板及砌筑墙体的设计与施工技术规程》。

（2）JGJ 59—1999《建筑施工安全检查标准》，JGJ 80—1991《建筑施工高处作业安全技术规范》，JGJ 46—2005《施工现场临时用电安全技术规范》，《工程建设标准强制性条文（房屋建筑部分）》（2009年版）、DBJ 13—91—2007《建设工程施工重大危险源辨识与监控技术规程》。

2.3　相关规范性文件

（1）建质〔2009〕87号《危险性较大的分部分项工程安全管理办法》，建质〔2009〕254号《建设工程高大模板支撑系统施工安全监督管理导则》，建质〔2011〕111号《关于印发〈建筑施工企业负责人及项目负责人施工现场带班暂行办法〉的通知》。

（2）闽建建〔2003〕47号《关于加强模板工程安全生产管理的通知》，闽建建〔2007〕32号《高大模板扣件式钢管支撑体系施工安全管理规定》，闽建建〔2009〕12号《关于建立建设工程施工现场重大危险源报告制度的通知》，闽建质安监总〔2009〕029号《关于进一步加强模板工程监督管理的通知》。

（3）厦建工〔2008〕124 号《关于加强防范建筑工地火灾事故的紧急通知》，厦建工〔2009〕5 号《关于调整建设工程重大事故灾难应急预案的通知》，厦建工〔2009〕30 号《厦门市建设工程施工现场防火安全管理暂行规定的通知》，厦建工〔2010〕84 号《关于加强建设工程安全生产应急管理工作的通知》，厦建工〔2011〕79 号《关于开展建筑施工模板工程专项整治工作的通知》。

（4）厦建质监〔2007〕14 号《关于强化建设工程施工安全和实体质量监督的若干措施》，厦建质监〔2009〕13 号《建设工程现场施工重大危险源督查暂行办法》，厦建质监〔2009〕38 号《关于加强模板工程安全生产管理的通知》。

2.4　图纸、施工组织设计

建筑设计与结构设计施工图纸，本工程各项《施工组织设计》。

2.5　其他参考资料

《新编实用材料手册》、《建筑工程施工手册》、中国建筑科学研究院 PKPM 软件。

3. 施工计划

3.1　施工进度计划

模板的施工进度按照施工组织设计中的总进度计划要求，各区域高大模板安装施工进度配合其他一般模板安装施工进度。施工计划如附图 4-2 及附图 4-3 所示。

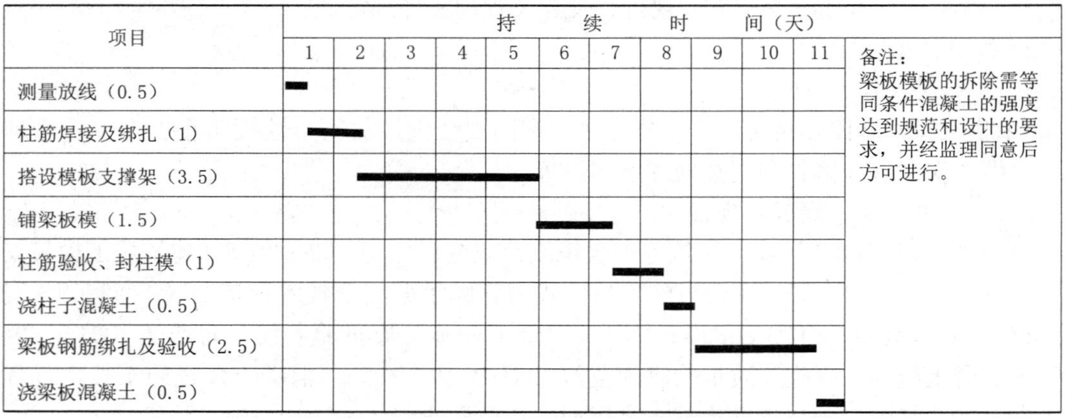

项目	持续时间（天） 1	2	3	4	5	6	7	8	9	10	11	备注
测量放线（0.5）	▬											梁板模板的拆除需等同条件混凝土的强度达到规范和设计的要求，并经监理同意后方可进行。
柱筋焊接及绑扎（1）		▬										
搭设模板支撑架（3.5）			▬	▬	▬							
铺梁板模（1.5）						▬	▬					
柱筋验收、封柱模（1）								▬				
浇柱子混凝土（0.5）								▬				
梁板钢筋绑扎及验收（2.5）									▬	▬		
浇梁板混凝土（0.5）											▬	

附图 4-2　3—C 轴外侧/3—3～3—11 轴区域斜屋面挑檐高大模板安装施工进度计划

项目	持续时间（天） 1	2	3	4	5	6	7	8	9	备注
测量放线（0.5）	▬									梁板模板的拆除需等同条件混凝土的强度达到规范和设计的要求，并经监理同意后方可进行。
柱筋焊接及绑扎（1）		▬								
搭设模板支撑架（1.5）		▬	▬							
铺梁板模（1.5）				▬	▬					
柱筋验收、封柱模（1）					▬	▬				
浇柱子混凝土（0.5）										
梁板钢筋绑扎（2.5）						▬	▬	▬		
浇梁板混凝土（0.5）									▬	

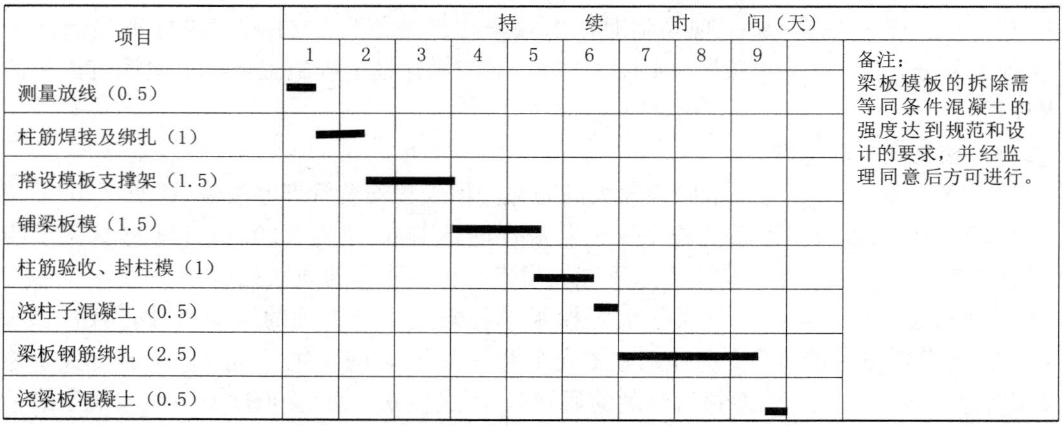

附图 4-3　3—P 轴外侧/3—3～3—11 轴区域斜屋面挑檐高大模板安装施工进度计划

3.2　材料与设备计划

（1）模板支撑系统主要材料。

1）模板均采用 1830mm×915mm×18mm 九合板。

2）楞木：次楞采用 50mm×100mm 方木，主楞采用 100mm×100mm 方木。

3）支撑系统：选用 Φ48.3×3.6mm 钢管，设计计算时按 Φ48×3.0mm 考虑；Φ36U 型可调顶托。

4）对拉螺栓：M12 普通对拉螺栓。

5）立杆下设置通长木垫板，长度不少于 2 跨、宽度 200mm、厚度 50mm。

（2）钢管、扣件、顶托等材料进场前后安排专人检查、验收，并作相应的记录，验收合格方可使用。进场的材料应符合以下要求：

1）钢管：钢管采用现行国家标准 GB/T 13793—2008《直缝电焊钢管》规定的 3 号普通钢管，其材质应符合 GB/T 700—2006《碳素结构钢》中 Q235 - A 级钢的规定。

新钢管应有产品质量合格证、质量检验报告，钢管材质检验方法应符合现行国家标准 GB/T 228《金属拉伸试验方法》的有关规定。钢管表面应平直光滑、不应有裂缝、结疤、分层、错位、硬弯、毛刺、压痕和深的划道。

旧钢管严禁使用有明显变形、裂纹、压扁和严重锈蚀的钢管。

2）扣件：扣件的规格应与钢管的外径相匹配，应采用可锻铸铁制作，其材质应符合现行国家标准 GB 15831—2006《钢管脚手架扣件》的规定。在螺栓拧紧扭力矩达 65N·m 时，不得发生破坏。

新扣件应有厂家生产许可证、法定检测单位产品质量合格证、质量检验报告。当对扣件质量有怀疑时，应按现行国家标准 GB 15831—2006《钢管脚手架扣件》的规定抽样检测。

旧扣件使用前应进行质量检查，有裂缝、变形的严禁使用，出现滑丝的螺栓必须更换，扣件表面应涂刷防锈漆。

3）顶托：应采用标准可调顶托，U 型托盘（钢板厚度 5mm，宽度 120mm，长度 100mm，高度 60mm），顶托与楞梁两侧间如有间隙，采用木楔楔紧，其螺杆长度 600mm，螺杆外径与立柱钢管内径的间隙不得大于 3mm（直径为 36mm），螺盘应为玛钢并带碗扣。

4）方木：方木截面尺寸满足 50mm×100mm、100mm×100mm 的要求，不使用非标、异型的尺寸（如圆木、带树皮等）。

（3）高大模板需用的模板、钢管材料见附表 4 - 1。

附表 4 - 1　　　　　　　　高大模板需用的模板、钢管材料数量

序号	材料名称	单位	数量	进场计划	备　注
1	模板（胶合板）	m²	4000	分批进场	18 厚
2	钢管	t	250	分批进场	模板支撑
3	扣件	个	16 000	分批进场	模板支撑
4	顶托	个	3000	分批进场	模板支撑
5	方木	m	4000	分批进场	各种规格

（4）主要施工设备计划见附表 4 - 2。

附表 4－2　　　　　　　　　主 要 施 工 设 备 计 划

序号	名　　　称	单　　位	数　　量
1	单面压刨	台	5
2	台式平刨	台	5
3	台式电锯	台	5
4	手提式电钻	把	12

3.3　人力资源计划

分包队伍选用具备建筑业劳务企业资质的模板工程劳务作业分包队伍，具体负责全部模板分项工程的制作安装，并配备相应的技术、质量、安全管理人员。

操作人员必须按照国家有关规定经专门的安全技术培训，取得架子工操作资格证书，持证上岗。该部位模板施工需要配置的劳动力资源见附表 4－3。

附表 4－3　　　　　　　　　人力资源需用计划表

职务或工种	高大模板部位模板施工	整个工程模板施工
专职安全员	1 人，持证上岗	3 人，持证上岗
施工员	1 人	3 人
质检员	1 人	3 人
电工	1 人，持证上岗	1 人，持证上岗
模板工	20 人	80 人
建筑架子工	15 人，持证上岗	30 人，持证上岗
普工	10 人	20 人

3.4　技术准备

（1）项目经理部做好图纸的自审和会审工作，并按设计回复意见对相关施工管理人员做好交底。施工过程中发现疑问及时与设计沟通，及时处理相关技术问题。

（2）召开项目现场技术交底会议，就模板施工技术措施进行交底，并明确相应管理职责范围，使其施工前做好充分准备。

（3）对劳务作业队伍进行施工前质量、安全技术交底和文明施工宣传教育。

3.5　相关目标

（1）工程施工质量目标：合格工程。

（2）安全达标管理目标。

1）伤亡控制目标：杜绝在模板制作、安装、拆除及支撑系统搭设、拆除时发生坍塌、高处坠落、物体打击、机械伤害、触电、火灾的死亡与重伤安全生产责任事故。

2）文明施工目标：达到合格以上。

3）安全达标目标：按照《建筑施工安全检查标准》要求，模板工程安全检查保证项目和一般项目达标率为 100%。

4. 模板工程施工工艺

4.1　模板安装要求

（1）模板安装的一般要求。

1）模板支撑严格按照方案中的立杆间距施工，施工中应根据最左边和上边的轴线作为控制线，分别自左向右、自上向下量取搭设尺寸。

2）模板安装后应具有足够的强度、刚度和稳定性，能可靠地承受浇捣的混凝土重量、侧压力及施工中所产生的荷载。

3）模板表面清理干净，涂水性脱模剂，不得有流坠。质量不合格模板或模板变形未修复的，严禁使用。模板接缝应严密，以防漏浆。在模板吊帮上不得蹬踩，应保护模板的牢固和严密。

4）模板构造应简单、装拆方便，并满足钢筋的绑扎、安装及混凝土的浇筑、养护等工艺要求。

（2）模板安装质量控制措施。

1）及时组织模板安装安全技术交底。

2）在模板支设标高处通拉小白线以控制模板的支设标高。

3）模板的立杆横纵向间距应按模板支撑设计计算进行布置，严禁随意增大立杆间距。

4）扣件式钢管支架的扣件应拧紧，并用扭力扳手抽查扣件螺栓的扭力矩。

5）浇筑混凝土前必须检查支撑是否可靠，扣件是否松动。浇筑混凝土时必须由模板支撑搭设班组专人看模，每工作班护模木工不得少于 2 人，随时检查支撑是否变形、松动，及时修复。

6）对跨度大于 4m 的现浇钢筋混凝土梁、板，其模板应按设计要求起拱；当设计无具体要求时，起拱高度按全跨长度的 1/1000～3/1000 控制。考虑施工过程中的可操作性，最大跨度 5.3m 的起拱高度按 1/1000 控制，应取 6mm。

4.2　支模工艺流程

（1）支撑系统安装顺序。垫板、底座布置→放纵横水平扫地杆→自角部起依次向两边竖立杆，底端与水平扫地杆扣接固定，固定底层杆前应校核立杆的垂直度，每个方向装设立杆后，随即装设第一步水平拉杆与立杆扣接固定，校核立杆和水平拉杆符合要求后，拧紧扣件螺栓→按上述要求依次延伸搭设直至第一步架完成，再全面检查一遍支架质量，确保支架质量要求后再进行第二步水平拉杆安装……随后按搭设进程及时装设剪刀撑。

（2）模板安装工艺流程。按施工方案要求确定立杆间距→放出轴线及梁位置线，定好水平控制标高→梁、板立杆与顶托设置→设置顶托内主楞方木→将梁底次楞方木架设在顶托内方木上→安装梁底模及侧模→设置板底顶托内主楞方木→架设板底次楞方木在顶托内方木上→安装板模板→高大模板工程专项验收→柱混凝土浇筑→绑扎梁、板钢筋→梁、板混凝土浇筑（变形监测）→混凝土保养至达到 100％混凝土设计强度→向监理方提出拆模申请，同意拆模→拆除梁、板模板并清理模板→拆除剪力撑、水平拉杆及立杆。

4.3　模板安装施工方法

（1）模板支撑系统的选型。模板支撑系统采用扣件式钢管支撑架，板、梁模板支撑体系采用 100mm×100mm 木方和 $\Phi36$mmU 型顶托传递竖向施工荷载支撑方式。

梁板模板钢管立柱顶部不得单独利用横杆和扣件传力，普通梁下宜设两根顶托。梁两侧楼板立杆应对称设置，立杆距梁侧的距离不大于 300mm。梁板支撑应以梁为中心对称布置立杆，梁宽度范围内顶托应与梁两侧板立杆同时施工，不得采用后补的方法。

（2）立杆基础。立杆基础均为钢筋混凝土板，立杆下设置长度不少于 2 跨、宽度 200mm、厚度 50mm 的通长木垫板。

（3）楼板模板安装构造要求。层高 44.72～43.22m、厚度 150mm 斜屋面板：支撑体系搭设高度取 44.57～43.07m，立杆横向间距取 1.0m，纵向间距取 1.2m。层高为 25.4～23.9m、3－P 轴外侧/3－3～3－11 轴区域斜屋面挑檐模板支撑架参照执行，纵向间距根据轴线在现场调整，不大于 1.2m。

3－C 轴外侧/3－3～3－11 轴区域模板支撑架荷载较大，由于一层自行车库顶板模板支撑架已拆除，3－C 轴外侧/3－3～3－11 轴区域模板支撑架搭设前，一层自行车库顶板全部采用模板支撑架支撑，模板支撑 U 型顶托立杆与屋面挑檐模板支撑架立杆上下对齐。

梁侧边板的第一根横向支撑立杆距离梁侧间距取 300mm，整个支撑架内立杆距离建筑结构间距取 600mm，考虑超高模板支撑架，施工过程中在模板支撑架中部及内立杆距离建筑结构间每隔两个结构楼层设置一道水平安全网防护。

立杆下设置通长木垫板和底座，在立杆底部距地面 200mm 高处，沿纵横水平方向应按纵下横上的程序设扫地杆；水平拉杆步距 1.5m，扫地杆、水平拉杆每跨每步纵横设置。

板底模板采用 1830mm×915mm×18mm 九合板，板底次楞采用 50mm×100mm 方木，间距 300mm；主楞采用 100mm×100mm 方木，间距根据立杆间距设置。

（4）梁模板安装构造要求。

1）外挑主梁截面尺寸为 400mm×1000/700mm，设计计算时按 400mm×1000mm 截面考虑。

2）最大层高为 44.72m、截面尺寸为 400mm×1000mm 外挑屋面主梁（两侧板厚为 150mm）：支撑体系搭设高度取 44.57m，梁底共设置 2 根承重立杆，立杆横距为 0.5m，纵距（沿外挑跨度方向）为 1.0m。外挑主梁模板支撑系统板底次楞方木、主楞方木之间采用相应的"三角木楔"楔紧。

3）最大层高为 44.72m、截面尺寸 250mm×550mm 外挑屋面次梁（两侧板厚为 150mm）：支撑体系搭设高度取 44.57m，梁两侧设置 2 根支撑立杆，梁底中间设置 1 根承重立杆，梁底中间立杆与两侧横距均为 0.5m，纵距（沿外挑跨度方向）为 1.0m。

4）最大层高为 43.22m、截面尺寸 300mm×700mm 外挑屋面连梁（两侧板厚为 150mm）：支撑体系搭设高度取 43.07m，梁底共设置 2 根承重立杆，立杆横距为 1.0m，纵距（沿外挑跨度方向）为 1.2m。

5）立杆下设置通长木垫板和底座，在立杆底部距地面 200mm 高处，沿纵横水平方向应按纵下横上的程序设扫地杆；水平拉杆步距为 1.5m，扫地杆、水平拉杆每跨每步纵横设置。

6）为及时拆除侧模，各模板之间的关系为：顶板模板压梁侧模，梁侧模夹梁底模。梁底、梁侧模板采用 1830mm×915mm×18mm 九合板。梁底次楞采用 50mm×100mm 方木，梁底次楞间距 300mm；主楞采用 100mm×100mm 方木，间距根据立杆横距设置。

7）梁侧次楞采用 50mm×100mm 方木，主楞采用 Φ48.3×3.6mm 双钢管，对拉螺栓沿梁长方向水平间距、断面方向竖向间距参照梁侧模板计算书的"模板组装示意图"。

8）截面尺寸 400mm×1000mm 对拉螺栓布置 1 道，在断面竖向间距为 400mm，梁侧次楞间距为 350mm，断面跨度方向水平间距为 700mm，直径为 12mm。

（5）U 型顶托螺杆伸出钢管顶部不得大于 200mm，螺杆外径与钢管内径的间隙不得大于 3mm，安装时应保证上下同心。

（6）水平拉杆设置。

1）板、梁模板支撑架纵横向水平拉杆按 1.5m 平均分配步距，顶托底部的立杆顶端应沿纵横向设置一道水平拉杆。

2）屋面挑檐模板支撑架在最顶两步距水平拉杆中间应分别增设一道纵横向水平拉杆，架体内侧应与相应 3 个楼层每根框架柱采用钢管抱柱方式加固，同时模板支撑架水平拉杆与相应楼层模板支撑架的 2 根立杆扣接。

（7）剪刀撑等杆件设置要求。

1）满堂模板支架立杆，在外侧周圈应设由下至上的竖向连续式剪刀撑；中间在纵向应每隔 10m 左右设由下至上的"格构柱式"竖向连续剪刀撑，其宽度设置为 4～6m，现场每道剪刀撑按 4 跨立杆间距设置。

2）屋面挑檐板、梁模板支撑架在剪刀撑部位的顶部和中间每隔两步架、在扫地杆处各设置 1 道水平剪刀撑。还应在纵横向相邻的两竖向连续式剪刀撑之间增加 2 组竖向连续式剪刀撑。

3）剪刀撑杆件的底端应与地面顶紧，剪刀撑与水平方向的夹角宜在 45°～60°，现场控制在 50°。

4）应采用搭接的剪刀撑，搭接长度不得小于 500mm，用两个旋转扣件分别在离杆端部小于 100mm 处进行固定，固定在与之相交的水平拉杆或立杆上。剪刀撑斜杆与立杆或水平杆的每个相交处应采用旋转扣件固定。

（8）其他杆件设置要求。

1）立杆接长严禁搭接，严禁将上段的钢管立柱与下段的钢管立柱错开固定在水平拉杆上。必须采用对接扣件连接，相邻两立杆的对接接头不得在同步内，且对接接头沿竖向错开的距离不宜小于 500mm，各接头中心距最近主节点不宜大于步距的 1/3。

2）立杆垂直度偏差应不大于 $1/500H$（H 为架体总高度），且最大偏差应不大于 ±50mm。层高为 44.72～43.22m，实际施工时立杆垂直度偏差按不大于 ±50mm 控制。层高为 25.4～23.9m，实际施工时立杆垂直度偏差按不大于 ±40mm 控制。搭设过程中由施工员跟踪监测垂直度，必要时用仪器监测以保证垂直度。

3）扫地杆、水平拉杆应采用对接，对接扣件应交错布置，两根相邻杆件的接头不应设置在同跨内，不同跨的两个相邻接头在水平方向错开的距离不宜小于 500mm，各接头中心距最近主节点不宜大于跨距的 1/3。

4）立杆与水平拉杆要用直角扣件扣紧，不能隔步设置或遗漏。扣件的拧紧扭力矩应控制在 45～60N·m。

5）模板支架中间有结构柱的部位，按竖向间距 3m（2 步架高）与建筑结构柱设置一个钢管抱柱固结点（附图 4-4）。

（9）模板支撑架顶部外侧设置外挑斜支撑防护架作为屋面挑檐作业面临边的安全防护。

4.4　模板安装检查验收

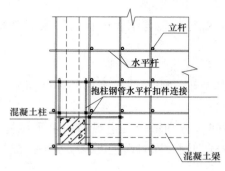

附图 4-4　模板支撑体系与柱固结点示意图

（1）对承重杆件（主要是支撑立杆的钢管）的外观抽检数量不得低于搭设用量的 30%，发现质量不符合标准情况严重的，要进行 100% 的检验，并随机抽取外观检验不合格的材料（由监理见证取样）送法定专业检测机构进行检测。

（2）施工过程中检查项目应符合下列要求：立柱底部基础应符合要求；垫板应满足设计要求；底座位置应正确，顶托螺杆伸出长度应符合规定；立杆的规格尺寸和垂直度应符合要求，不得出现偏心荷载；扫地杆、水平拉杆、剪刀撑等设置应符合规定，固定可靠；各种安全防护设施符合要求。

（3）高大模板支撑系统搭设过程完毕后，施工单位应采用扭力扳手对扣件螺栓拧紧扭力矩进行检查并形成书面记录，请监理单位实施旁站监理。抽样方法应按随机分布原则进行，适当加大受力较大部位的抽检数量。抽检的数量为扣件数量的 10%，不合格率超过抽检数量 10% 的应全面检查，直至合格为止。对梁底支撑的扣件应进行 100% 检查。

（4）扣件式钢管支架的扣件应拧紧，且应抽查扣件螺栓的扭力矩是否符合规定。扣件螺栓的扭力矩应达到 45～60N·m。

（5）支撑系统安全搭设完毕后，按厦建质监〔2007〕14 号文规定，报请建设单位组织施工单位、监理单位、设计单位相关人员并邀请专家组参与专项验收，验收合格并办理专项验收监督通知手续后，方能进行钢筋安装。验收中提出的整改意见，应认真组织整改。在浇筑混凝土前还要对支撑系统复验，确保支撑系统处在安全状态。

对模板工程支撑架的立杆间距、纵横向水平拉杆步距、剪刀撑设置等，应组织过程验收及分段验收。

（6）模板支撑系统必须符合规范和本方案设计的要求，检查验收内容如下：立杆底座及立杆纵横向间距，扫地杆及水平拉杆设置，水平拉杆步距，剪刀撑设置，顶托螺杆伸出长度，扣件螺栓拧紧扭力矩，固结点等。

（7）模板安装质量控制要求见附表 4-4。

附表 4-4　　　　　　　　　　　　　模板安装质量控制要求

施工质量验收规范的规定		
轴线位置		5mm
底模上表面标高		±5mm
截面内部尺寸	基础	±10mm
	柱、墙、梁	+4，−5mm
层高/垂直度	小于 5m	6mm
相邻两板表面高低差		2mm
表面平整度		5mm

4.5　混凝土浇筑施工方案（略）

4.6　模板拆除

（1）一般要求。

1）模板拆除应在结构同条件养护的试块达到规范要求的设计强度后，方准拆模。

2）拆模时必须保护混凝土构件的完好，梁侧模拆除最早时间为 24～36h。

3）拆模应按顺序拆除，先拆侧模，后拆底模；按先支后拆，后支先拆进行，及时清理材料，材料码放整齐。

4）模板拆除必须经项目技术负责人同意，填写拆模申请，并报监理批准，经批准后方可实施。

（2）模板拆除质量控制措施。

1）严禁用重物撞击模板，拆模时不得硬撬，注意钢管或撬棍不要划伤混凝土表面及棱角，不要使用锤子或其他工具剧烈敲打模板面。吊装模板时，要缓慢移动位置，避免剧烈撞击。

2）已拆除模板及其支架的结构，应在混凝土达到设计强度后，才允许承受全部计算荷载。施工中不得超载使用，严禁堆放过量建筑材料。当承受施工荷载大于计算荷载时，必须经过核算，并加设临时支撑。

3）模板底模及支撑系统立杆拆除时，其混凝土强度必须达到 100%。当设计无具体要求时，混凝土强度应符合附表 4-5 中的规定。

附表 4-5　　　　　　　　　　底模拆除时的混凝土强度要求

构件	构件跨度/m	达到设计混凝土立方体抗压强度标准的百分率（%）
板	≤2	≥50
	>2，≤8	≥75
	>8	≥100
梁	≤8	≥75
	>8	≥100
悬臂构件	—	≥100

4）已拆除的模板、拉杆、支撑等应及时运走或妥善堆放，严防操作人员因扶空或踏空而坠落。

5）拆下来的模板应及时清理、整理、堆放整齐，尽量避免"朝天钉"。

5. 施工安全保证措施

5.1　模板工程施工安全组织保障

（1）项目经理部成立现场安全生产管理领导小组，项目经理担任组长，项目副经理或技术负责人担任副组长，各有关施工管理的专业施工员、质检员、安全员、机管员及劳务作业队长或施工班组长为成员。

（2）现场专职安全员具体负责施工现场的安全生产监督检查工作，对有关违反工程建设标准强制性条文等的重大安全隐患，有权责令相应分部分项工程停工整改。

（3）公司与项目经理部签订安全生产目标责任书，每月对管理责任进行评审与考核。

（4）严格执行公司、项目经理部制定的安全生产责任制，各负其责。项目的安全生产管理目标责任应分解到各岗位施工管理人员和劳务作业队。模板工程的安全管理目标管理责任由分管模板的施工员负责，劳务作业队应具体落实模板工程施工的安全操作规程和作业工人的遵章守纪。

（5）项目经理部应做好模板、支撑系统安装后的安全检查和定期（旬）检查。公司安全、技术部门也应每月组织一次安全检查。项目经理部应对存在问题和安全隐患进行"三定一落实"的整改。

（6）坚持召开每周安全工作例会，总结上周工作，布置本周的工作。

（7）公司技术负责人及安全和技术部门，必须做好现场模板工程施工安全技术措施的落实和跟踪监管工作，在模板工程支撑系统施工完毕后，及时组织对模板工程支撑系统的自检和验收。

5.2　模板工程施工技术管理措施

（1）安全技术措施。

1）严格按照有关规定和计算方法进行模板支撑系统的设计计算，按有关要求组织专家论证审查后方能施工。

2）施工过程中模板支架应充分利用框架柱作为支撑系统的附着体，增强支撑架整体稳定性。

3）模板支撑搭设过程严格按照施工方案进行，不得随意改变支撑间距。

4）模板安装、拆除前，洞口须用盖板防护，作业面临边必须用防护栏杆防护。

5）模板拆除时须按照"先防护，后拆除"的原则，先进行相关部位的封闭、防护，然后进行拆除工作。

6）模板拆除时须对拆除区域设置警戒线与警戒标志，并有专门的监护人进行监护。

7）现场施工临时用电须严格按照 TN-S 系统、三相五线制设置，机电设备配备单独开关箱，实行"一机一闸一箱一漏"制，现场用电操作与管理由专职电工负责。

8）垂直运输机械使用由专业人员持证上岗，避免吊运过程出现安全问题。

9）严格控制明火，动火须严格执行有关审批手续。及时收集木工加工产生的锯末并运到安全地点。禁止工人在现场吸烟。木工作业区与模板堆放区按规定配置足够的灭火器材。

10）夜间施工使用两盏镝灯整体照明，必要时用碘钨灯局部照明，保证操作区域与施工通道的光线充足，避免照明不足而引发事故。

（2）模板安装安全注意事项。

1）各专业施工员在各工序施工前须及时对施工班组进行安全技术交底。

2）支模应按施工顺序进行，模板支撑系统须及时设置附着设施以防止支架倒塌，必须保证已搭设的支架稳定和搭设过程安全。

3）立杆之间必须每步设纵横双向水平横杆，确保双向足够的设计刚度。支架采用逐排搭设方法；在逐排搭设时，应随搭随设置纵横双向水平横杆和剪刀撑。

4）确保立杆的垂直偏差和水平横杆的水平偏差符合扣件式钢管脚手架安全技术规范的要求。

5）扣件螺栓拧紧扭力矩应不小于 45N·m，且不大于 60N·m，支架搭设过程中要随时用扭力扳手检查扣件螺栓等配件的连接、拧紧情况，发现有松动应及时拧紧，发现损坏应及时撤换。

6）在安装高度 2m 及其以上模板时，临边高处作业应遵守高处作业安全技术规范的有关规定。作业面孔洞及临边须做好防护措施，高处作业操作人员必须系安全带。

7）安装高度超过 4m 及其以上的模板时，应随同搭设外脚手架，满铺脚手板，设置防护栏杆，张挂安全网。若外脚手架未与施工同步，必须及时设置临边防护措施。施工作业人员上下须走专用施工通道或斜道，禁止利用支架水平横杆攀爬，以防止高处坠落。

8）在支架上进行操作时，应在水平横杆上铺设脚手板，以便于在支架上作业的人员安全地进行扣件拧紧及杆件搭设工作，防止作业人员和物品从架上坠落。

9）安装独立梁、柱模板时应搭设操作平台或脚手架，严禁操作人员在独立梁、柱模支架上操作或上下攀爬。

10）避免在同一垂直作业面进行交叉作业，以防伤人。在模板装拆过程中，除操作人员外，下面不得站人或作业，无法避免时，应设置隔离防护措施。高处作业时，扣件、工具、小配件等必须放在箱盒或工具袋中，严禁随手乱丢或放在模板或脚手板上，扳手等各类小工具必须系在身上或放在工具袋内，防止掉落。

11）不得将模板支架等固定在脚手架上。脚手架或作业平台上临时堆放的模板及施工操作人员的总荷载不得超过脚手架或作业平台的规定承载值；在支撑上面不要集中堆载，以免超过支撑设计荷载而引起支撑变形及失稳。

12）防止破坏模板成品。施工中应避免让重物冲击已经支好的模板及支撑；钢筋等材料不能在模板支架上方堆放过高，不准在模板上任意拖拉钢筋；在模板上方进行钢筋焊接时要在模板上加垫铁皮或其他阻燃材料。

13）遇有恶劣天气，如降雨、大雾及六级以上大风时，应停止露天的高处作业；雨停后应及时清除模架及地面上的积水。

14）进入施工现场的作业人员必须戴好安全帽，搭设支架的人员必须系安全带、穿防滑鞋。作业人员必须站在安全的工作面上操作，精力要集中，不得酒后上岗。

15）架子工等特殊工种必须持证上岗，且不得让非本工种人员从事特种作业。

16）模板材料堆放分布应均匀，存放高度不要超过 1.6m；模板堆放区与其他材料堆放区域隔离开；设材料标牌、防火警示牌。

17）不能利用建筑物楼层作过道的模板支架应搭设上下斜道供作业人员上下。

（3）模板拆除安全注意事项。

1）模板拆除应按有关规定、按程序进行。拆模前对施工班组进行安全技术交底，严格遵守拆模作业要点的规定。

2）拆模时应按顺序逐块拆除，先支的后拆，后支的先拆，先拆除非承重部分，后拆除承重部分；拆除顶板时应设临时支撑，确保安全施工。

3）拆除模板一般应使用长撬杠；严禁操作人员站在正拆除的模板上或站在已拆除的模板上进行操作。

4）支架的拆除顺序是从上到下，逐层拆除。自一端开始延伸向另一端，随支架的拆除逐步拆除加固杆，先逆时针拧松上托的螺栓，让模板与混凝土脱离，再拆除支架。不得对拆除的杆件乱丢乱砸。

5）支拆 3m 以上模板时，应搭脚手架或操作平台；高度不足 3m 的可用移动式高凳，并设防护栏杆。

6）拆除时应逐块拆卸，不得成片松动、撬落或拉倒。在门窗洞口边拆卸，更应防止模板突然全部掉落伤人。

7）拆间隙模板时，应将已松动的模板、拉杆、支撑等固定牢固，严防突然掉落或倒塌伤人。

8）楼板上有预留洞时，应在模板拆除后及时将洞口盖严或做好防护栏杆。

9）每人应有足够的拆模工作面。数人同时进行拆模操作时应合理分工，统一信号和行动，严禁在同一垂直面上进行操作。

10）高处、复杂结构模板的拆除，应有专人指挥和切实的安全措施，并在下面标出工作区，严禁非操作人员进入作业区。

11）拆除模板及支架时，应在地面上设围栏或警戒线等明显的警戒标志，派专人监护，严禁非操作人员入内，避免发生安全事故。

12）工作前应事先检查所使用的工具是否牢固，扳手等工具必须用绳链系挂在身上；工作时精力要集中，防止钉子扎脚或从高处坠落。

13）已拆除的模板、钢管、扣件等应及时运走或妥善堆放。

14）遇有恶劣天气，如降雨、大雾及六级以上大风时，应停止室外的高处作业。雨停止后，应及时清除模架及地面上的积水，防止滑倒。

（4）文明施工管理措施：

1）按照施工总平面布置图堆放各类材料，不得侵占场内道路及安全防护设施。实行计划进料，随用随到。

2）对现场材料堆场进行统一规划，不同的进场材料设备进行分类合理堆放和储存，挂牌标示；重要设备材料利用专门的围栏和库房储存，并设专人管理。

3）在施工过程中，严格按照材料管理办法进行限额领料。

4）模板、支架等在安装、拆除和搬运时，必须轻拿轻放，上下、左右有人传递。

5）支模和拆模等各项施工任务完成后，应及时清理现场，做到工完场清，每日清理回收废料与旧料。

6）使用电锯切割时，应及时在锯片上刷油，锯片送速不能过快。

7）加强对环保意识的宣传，采用有力措施控制人为的施工噪声，最大限度地减少噪声扰民。在夜间进行模板作业时，应按规定合理安排作业时间，避免扰民。

5.3　模板支撑系统监测监控措施（略）

6. 专项应急预案

为了保证高大模板工程的施工安全落到实处，认真贯彻落实《中华人民共和国安全生产法》、《建设工程安全生产管理条例》等法律法规。根据公司制定的《安全生产事故应急救援预案》及项目的实际情况，制定此应急预案。

6.1　"六大伤害"的危险源辨识

（1）"六大伤害"的危险源见附表 4-6。

附表 4-6　　　　　　　　　　　"六大伤害"的危险源

危　险　源	可能发生的事故
模板支撑系统搭设不符合规范及相关要求；模板局部位置堆料过高、过重	坍塌
高处作业人员未系安全带；作业面等临边无防护	高处坠落
作业人员未佩带安全帽；随意抛、扔工具或材料；垂直运输材料的吊具材质和安全设施不符合要求	物体打击
木工机械设备动力部位无防护罩或机械零部件破损；木工操作人员不按操作规程作业	机械伤害
现场的电缆、电线破损或老化；木工机械无保护接零、漏电保护器不起作用；施工用电拉设随意、混乱	触电
电焊等作业无防火措施；模板存放区域未按规定配备消防器材或设施	火灾

（2）危险源辨识评价（附表 4-7）。

附表 4-7　　　　　　　　　　危　险　源　辨　识　评　价

序号	施工阶段	作业活动	潜在的危险因素	可能导致的事故	作业条件危险性评价				危害等级
					L	E	C	D	
1	主体施工	模板支设	无模板施工方案或未经审批	模板坍塌、坠落	3	2	6	36	4
2			施工方案不能指导施工	模板坍塌、坠落	3	2	6	36	4
3			不按施工方案施工	模板坍塌、坠落	3	2	15	90	3
4			模板上施工荷载超过规定	模板坍塌、坠落	3	2	40	240	2
5			高大模板脚手架立杆支撑、水平支撑、剪刀撑间距不符合要求	模板坍塌、坠落	3	2	40	240	2
6			木工棚、机械缺陷，误操作，防护不到位	机械伤害	3	2	7	42	4
7			施工人员未正确使用个人防护用品，未穿绝缘鞋，未戴绝缘手套	触电	1	2	15	45	4
8			噪声、粉尘	影响人体健康	3	2	1	6	5
9		模板存放	大模板存放无防倾倒措施	倾倒	3	1	15	45	4

续表

序号	施工阶段	作业活动	潜在的危险因素	可能导致的事故	作业条件危险性评价				危害等级
					L	E	C	D	
10	主体施工	模板吊运	未按照塔吊指挥程序吊装	物体打击人身伤害	3	2	15	90	3
11		模板拆除	2m 以上高处作业无可靠立足点	坠落	3	2	15	90	3
12			拆除区域未设置警戒线且无监护人	物体打击	3	2	7	42	4
13			无操作平台探头板	坠落	3	2	3	18	5
14			无临时支撑，支撑不当	坍塌	3	2	3	18	5
15			拆板工人未戴安全帽	物体打击	3	3	7	63	4
16			留有未拆除的悬空模板	物体打击	1	2	7	14	5
17			未做到工完场清	钉子伤人、棒伤人	1	3	3	9	5
18			噪声	影响人体健康	3	6	1	18	5

（3）危险源部位。未按施工方案设置的模板支撑系统失稳；作业面等洞口、临边标志缺陷，拆模时支架周边未设置警戒标志，无专人监护；使用的临时用电、圆盘锯等机电设备、设施信号缺陷，吊运、安装模板联络信号不明确；明火作业、木工作业区无灭火器材；夜间作业照明不足，作业环境不良。

（4）一般危险源识别及应对措施。

1）一般危险源识别。模板变形、断裂；扣件爆裂、滑脱；钢管强度或刚度不足造成弯曲变形过大或局部失稳；个别顶托伸出钢管顶部超长；个别钢管立杆采用搭接或立杆支撑底部悬空；水平拉杆步距过大，不设或少设水平剪刀撑或竖向剪刀撑等。

2）预防措施：根据专项方案采用新模板、楞木、钢管等材料，立杆间距按设计要求布设；钢管扣件先检查验收，不符合要求的不得使用；水平、竖向剪刀撑、扫地杆按设计要求设置，不得不设、少设或加大间距尺寸设置；立杆对接、错开布设，不得采用搭接；上下端顶紧。

（5）重大危险源识别及应对措施。

1）重大危险源识别。局部失稳、整体失稳、浇筑方法不对称引起整体失稳，一般情况是因为钢管严重变形，扣件多数爆裂，模板坍塌等；高处坠落、物体打击、机械伤害、触电、火灾事故等。

2）预防措施。模板支撑体系按方案要求搭设，材质符合要求；加强工人的安全教育，加强项目经理部的日常检查力度；加强工人安全用电教育和班前安全交底；用电设备专人专用，电线电缆架空设置；机械设备专人专用，严格按操作规程操作，机械不带病运转等；防火重点部位灭火器材按规定配备。

6.2 应急组织机构

（1）此预案组织机构包括总指挥组、现场抢救组、医疗救护组、保安组、后勤组。

（2）组织机构成员及职责。

1）总指挥组。总指挥长由项目经理担任，副指挥长由项目技术负责人担任，成员有施工员、安全员和材料员。职责如下：现场发生安全事故时，负责指挥工地抢救工作，向各抢救小组传达抢救指令任务，协调各组之间的抢救工作，随时掌握各组最新动态并做最新决策，第一时间向 110、119、公司救援指挥部、政府有关部门求援或报告灾情。

2）现场抢救组。项目经理为组长，项目技术负责人为副组长，各作业班组长为成员。职责如下：采取紧急措施，尽一切可能抢救伤员及被困人员，防止事故进一步扩大。

3）医疗救治组。施工员为组长，义务医疗服务人员为成员。职责如下：对抢救的伤员视情况采取急救处置措施并尽快送医院抢救。抢救医院为厦门市××医院××分院。

4）后勤服务组。材料员为组长，后勤部全体人员为成员。职责如下：负责交通车辆调配，紧急救援物质征集及人员的餐饮供应。

5）保安组。安全员为组长，全体保安为组员。职责如下：负责工地的安全、保卫，支持其他应急组织的工作，保护现场。

6.3   应急救援资源配备（略）

6.4   应急培训

（1）应急小组成员在接受项目安全教育时必须接受紧急救援培训。

（2）培训内容。伤员急救常识、灭火器材使用常识、各种重大事故抢救常识等。务必使应急小组成员在发生重大事故时能较熟练地履行抢救职责。

6.5   应急预案响应程序

发生紧急事故时，发现人应当立即向项目经理部应急组织机构的成员报告，也可根据紧急事态情况直接报告地方相关救援机构。项目经理部各应急组相关成员接到报告后必须立即赶到现场，同时向项目经理部应急组组长、副组长报告，报告后不得离开现场，应当立即组织人员进行救援。项目经理部应急组组长、副组长根据现场紧急事态情况迅速启动应急预案，并立即报告地方救援机构，同时向公司应急救援组织机构报告。公司应急救援组织机构负责人应当根据事态情况立即部署救援工作，必要时组织公司救援组有关成员赶赴现场指挥协调。

6.6   应急预案的终止

事故现场经过应急预案实施后，所有现场人员得到清点，事故得到有效控制，应急总指挥可决定终止应急预案。

7. 模板工程设计计算书（略）

附录5 厦门大学翔安校区工程施工质量管理计划（摘录）

1. 工程质量管理目标

本工程的质量管理目标是创厦门市优质工程（鼓浪屿杯）金奖，争创省优质工程（闽江杯）。

2. 质量管理体系

2.1 建立质量管理体系

以项目经理为领导；项目总工程师、各生产负责人、质量总监、专业工程师及质量负责人进行过程控制与监督；专职质量员检查。形成从项目经理到各施工班组、各专业分包单位组成的质量管理网络。制定科学的质量管理与保证体系，并明确各岗位职责。

施工现场质量管理组织机构（附图5-1）以项目经理部为主体，对施工创优直接负责，项目经理部主要管理成员及部门围绕创优目标履行职责，为实现创优目标做好一切基础工作。

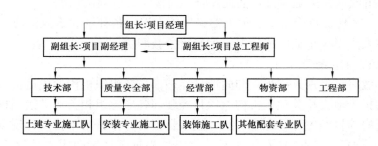

附图5-1 施工现场质量管理组织机构

2.2 质量管理职责

（1）项目经理的质量管理职责。项目经理是质量管理工作的领导者与管理者，是工程质量的第一责任者，对工程质量负终身责任，负责组织有关人员编制并落实项目质量策划。

（2）项目总工程师的职责。项目总工程师对工程质量负有第一技术责任，负责组织编制项目质量策划，贯彻执行技术法规、规程、规范和涉及质量方面的有关规定、法令，具体领导质量管理工作，领导开展QC小组活动。

（3）生产负责人的职责。生产负责人对工程质量负直接责任，依据施工组织设计、质量计划和专项施工方案组织施工，严格执行工艺标准和施工程序，对专业工长的日常工作予以具体指导与帮助，协助他们解决施工中出现的疑难问题。

（4）质量安全部的职责。负责编制质量计划，对产品的交验质量负责，负责向监理单位报验分部分项工程资料，协同工长做好现场的检查工作，随时指出工程上的质量问题，协同现场技术协调部编制质量问题处理措施和不合格品纠正措施，定时向公司上报质量月报，组织开展QC小组活动。

（5）技术部的职责。监督、检查施工组织设计与施工技术方案的实施情况；负责对分承包方技术交底，并检查是否按交底要求施工；推广新技术、新材料、新工艺；收集、保存好相关的技术资料；检查施工技术资料是否与施工进度同步；对分供方采购材料质量进行控制；参加图纸会审。

（6）工程部的职责。组织施工过程中的质量自检并提出自检报告，对工程质量负责；处理施工过程中的矛盾与问题；参与质量事故的处理；参加隐蔽验收，中间结构验收和交工验收；参与样板的审议、修改、检验、实施与验收。

（7）物资部的职责。负责项目的物资供应；组织进场材料、设备的检验与验收；负责进场材料质量证明文件的收集。

2.3 项目质量保证体系

项目质量保证体系如附图5-2所示。

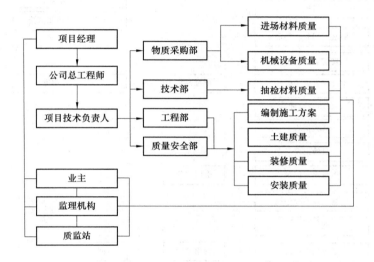

附图5-2 项目质量保证体系

3. 项目质量控制程序与流程

3.1 项目质量控制程序

项目质量控制程序如附图5-3所示。

3.2 检验批质量验收流程

检验批质量验收流程如附图5-4所示。

3.3 分项工程质量验收流程

分项工程质量验收流程如附图5-5所示。

3.4 子分部工程质量验收流程

子分部工程质量验收流程如附图5-6所示。

3.5 分部工程质量验收流程

分部工程质量验收流程如附图5-7所示。

3.6 施工技术资料管理流程

施工技术资料管理流程如附图5-8所示。

3.7 工程竣工资料管理流程

工程竣工资料管理流程如附图5-9所示。

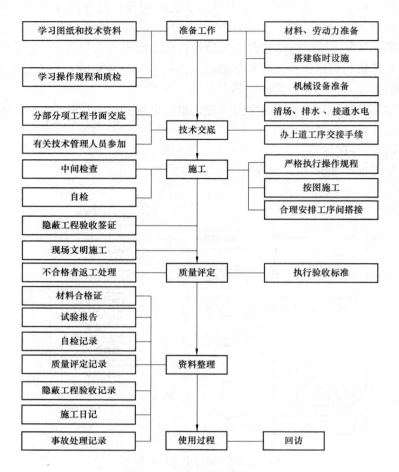

附图 5-3　项目质量控制程序

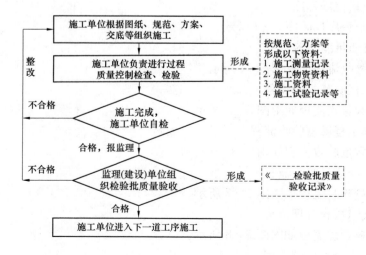

附图 5-4　检验批质量验收流程

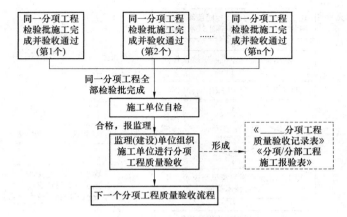

附图 5-5　分项工程质量验收流程

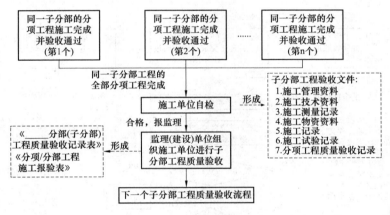

附图 5-6　子分部工程质量验收流程

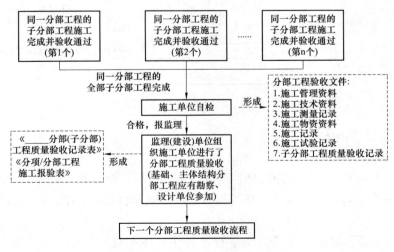

附图 5-7　分部工程质量验收流程

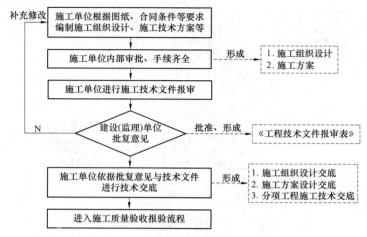

附图 5-8 施工技术资料管理流程

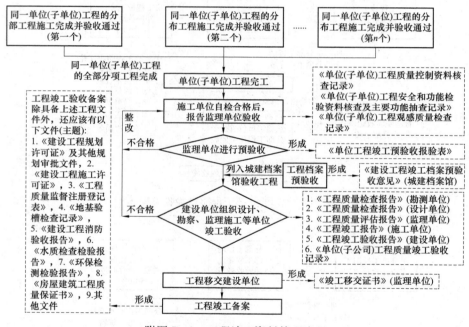

附图 5-9 工程竣工资料管理流程

4. 工程质量管理措施

4.1 建立质量管理制度

（1）质量会审制度。项目经理部分别组成钢筋、模板、混凝土、砌体、装修、安装等分项工程质量考评小组，对每个施工完毕的施工段进行质量会诊和总结，并对发生的原因进行分析说明。

（2）挂牌施工管理制度。以项目质量管理与保证体系规定每个管理人员的质量岗位责任，现场操作人员挂牌施工。标牌管理体现在以下两个方面：其一，标明小组负责施工区域，现场管理人员如发现某处施工质量有问题，可立即根据标牌查找到操作人员，及时提出整改要求；其二，现场悬挂施工交底标识，直接将施工操作顺序和工艺标准在现场向工人交底，让工人在施工过程中始终可以对照交底要求操作，从而实现高标准、高质量的目标。

（3）奖惩制度。项目经理部设立质量奖励基金，通过奖优罚劣，促使施工人员加强责任心，把工作做得更细、更认真，避免不必要的错误发生并杜绝今后再发生类似的错误。

（4）"三检"制度。各分项工程质量严格执行"三检"制度（即自检、互检和交接检、专业检），隐蔽工程做好隐、预检记录，质量员做好复检工作并请业主或监理验收。

（5）样板引路制度。对各分项工程都实行样板间、样板墙、样板层制度，统一操作要求，明确质量目标。样板经监理、业主认可后再大面积展开，以消除各种质量通病。

（6）成品保护制度。对易破损、破坏的成品、半成品或设备、器具，采取相应措施加以保护，由专人负责，实行相应的奖惩措施。

4.2　技术保证措施

（1）收到业主提供的图纸后，及时进行内部图纸会审及深化设计，汇总发现的问题；参与由业主、监理、设计等单位参加的图纸会审，进行会审记录的会签、发放、归档。

（2）编制具有指导性、针对性、可操作性的施工组织设计、施工方案、施工技术交底，认真实施。

（3）根据工程实际情况，积极推广"四新"技术。

（4）组织管理人员学习创优经验，提高管理人员的质量与技术意识。

4.3　采购物资质量保证措施

物资部负责物资统一采购、供应与管理，对本工程所需采购和分供方供应的物资进行严格的质量检验和控制。

（1）采购物资时，须在确定合格的分供方厂家或有信誉的商店中采购，所采购的材料或设备必须有出厂合格证、材质证明和使用说明书，对材料、设备有疑问的禁止进货。

（2）物资部委托分供方供货时，应事前对分供方进行认可和评价，建立合格的分供方档案，在合格的分供方中选择材料供应人。同时，项目经理部对分供方实施动态管理，定期对分供方的业绩进行评审、考核，并作记录，不合格的分供方从档案中予以除名。

（3）加强计量检测，项目设专职计量员一名。对采购的物资（包括分供方采购的物资）、构配件，应根据国家和地方政府主管部门规定的标准、规范、合同、质量策划要求抽样检验和试验，做好标记。当对其质量有怀疑时，加倍抽样或全数检验。

4.4　试验保证措施

（1）项目经理部设置专门的试验室和试验员，负责工程各种相关试验、见证取样试验以及配比试验。各种材料、构件需按规范要求取样试验，合格后方可使用。同时，项目经理部加强计量管理。

（2）根据工程需求，配备相应精度的检验和试验设备。

（3）对于进入工地现场的所有检验、试验设备，必须贴上标识，并注明有效期，禁止使用未检定和检定不合格的设备。

（4）设专人保管和使用经检验和试验的设备。定期对仪器的使用情况进行检查或抽查，对重要的检验、试验设备建立使用台账。

4.5　项目创优管理措施

（1）前期准备工作的措施：创优工作贯穿于工程建设全过程，一旦目标确定下来，就应在工程开工前做好准备，按照市优评选办法确定好相应措施，全员努力围绕目标开展工作，搞好宣传发动，使参与本工程建设的全体人员有创优意识。

（2）做好创优的技术准备工作。

1）在施工组织设计中，针对工程特点编制施工质量保证措施，编制创优方案和创优计划，按照市级创优的评选办法，管理相应创优文件。

2）由项目总工程师牵头，根据施工图与设计交底文件的要求，收集本工程中涉及的施工工艺标准、质量验收规范、强制性标准条文和施工图集，组织编制各种施工文件。

3）由项目总工程师组织相关专业技术人员，认真研究施工图纸和施工方案，编制"四新"推广应用计划并报业主方和设计方批准，向省、市及国家的有关职能部门申报。

4）针对工程中可能出现的质量通病，组织技术人员编制相应的预防措施，并将措施中的资源利用计划报项目经理批准。

（3）工程施工过程中对主要材料进货严格执行"四验"（验规格、验品种、验质量、验数量）与"三把关"（材料供应人员把关，质量、试验人员把关、施工操作者把关）制度。检验结果应当有书面记录和专人签字，杜绝不合格的材料进入现场。对影响工程质量、安全和功能的有关建筑材料不得使用。做好施工质量的事前、事中、事后三阶段控制。工程一次交验合格率达100％。具体措施如下：

1）项目经理部分解质量目标，建立各级质量责任制，并落实到每个职能部门及个人。

2）加强检查力度。各工序应按施工技术标准进行质量控制，每道工序完成后应进行检查；相关各专业工种之间应进行交接检验，并形成记录；未经监理工程师（或业主技术负责人）检查认可的，不得进入下道工序施工；专业工程师、质检员每天在现场监督检查，按照质量控制点逐一检查，上道工序不合格的下道工序不得接受；严格工序取验制度。

3）坚持持证上岗。为提高分部（子分部）、分项工程等施工管理的科学性与严肃性，项目管理人员与特殊工种作业人员都要持有效证件上岗。对此，企业总部将加大检查、指导和协调力度。专职资料员和质量员要在岗位中进行培训，使其明确各项创优标准和要求，严格履行岗位责任制。

（4）施工全过程的摄像记录以积累完整的施工信息。为此，由项目经理部专门配备摄像、照相设备，设专人操作并保管，形成过程记录音像档案，最后整理移交存档。

参 考 文 献

［1］ 中华人民共和国国家标准 GB/T 50502—2009《建筑施工组织设计规范》.

［2］ 中华人民共和国国家标准 GB/T 50905—2014《建筑工程绿色施工规范》.

［3］ 中华人民共和国国家标准 GB/T 13400.1—2011《网络计划技术　第 1 部分：常用术语》.

［4］ 中华人民共和国国家标准 GB/T 13400.2—2009《网络计划技术　第 2 部分：网络图画法的一般规定》.

［5］ 中华人民共和国国家标准 GB/T 13400.3—2009《网络计划技术　第 3 部分：在项目管理中应用的一般程序》.

［6］ 中华人民共和国行业标准 JGJ/T 121—2015《工程网络计划技术规程》.

［7］ 北京市地方标准 DB11/T 363—2006《建筑工程施工组织设计管理规程》.

［8］ 厦门大学翔安校区工程施工组织设计. 北京：北京城建集团工程总承包部档案室，2013.

［9］ 丛培经. 建设工程施工网络计划技术. 北京：中国电力出版社，2011.

［10］ 丛培经. 工程项目管理. 4 版. 北京：中国建筑工业出版社，2012.